全国高等院校“十二五”规划教材

数据结构
——C 语言描述

曹丽君　崔　勇　蔡黔鹰　主编

中国农业科学技术出版社

图书在版编目（CIP）数据

数据结构：C 语言描述 / 曹丽君，崔勇，蔡黔鹰主编 . —北京：中国农业科学技术出版社，2012. 8

ISBN 978 - 7 - 5116 - 0940 - 3

Ⅰ. ①数… Ⅱ. ①曹… ②崔… ③蔡… Ⅲ. ①数据结构②C 语言 - 程序设计 Ⅳ. ①TP311. 12②TP312

中国版本图书馆 CIP 数据核字（2012）第 121749 号

责任编辑 闫庆健 胡晓蕾
责任校对 贾晓红

出 版 者 中国农业科学技术出版社
北京市中关村南大街 12 号 邮编：100081
电　　话 (010)82106632(编辑室)(010)82109704(发行部)
(010)82109709(读者服务部)
传　　真 (010) 82106632
网　　址 http://www. castp. cn
经 销 者 各地新华书店
印 刷 者 秦皇岛市昌黎文苑印刷有限公司
开　　本 787 mm × 1 092 mm 1/16
印　　张 16. 375
字　　数 404 千字
版　　次 2012 年 8 月第 1 版 2012 年 8 月第 1 次印刷
定　　价 25. 00 元

《数据结构——C语言描述》编委会

主　　编　曹丽君　崔　勇　蔡黔鹰

副 主 编　周艳红　陈　鸿　肖　娟　于张红

编　　委　李玉香　康　燕　王　纲

刘西印　刘　闪　周铁军

内容提要

本书共分为10章，包括绪论、线性表、栈与队列、串、数组与广义表、树和二叉树、图、查找、内部排序、外部排序等内容。书中详细叙述了线性结构、树结构和图结构中的数据表示及数据处理的方法，对查找和排序两种重要数据处理的技术进行了详细探讨。每章均附有小结与典型例题，便于学习者总结提高。每章后面都有习题，并且在附录中给出了2套考研测试题，便于学习者模拟练习和考研时参考。

根据本书作者多年的教学经验，在书中给出了许多经典算法，并且书中所有算法都用C语言进行了描述，可读性好，应用性强，便于学者理解和掌握数据结构中的数据表示方法和数据处理方法。

本书可作为高等院校计算机及相关专业数据结构课程教材，也可供从事计算机应用开发的工程技术人员参考使用。

前　　言

早在20世纪80年代初，数据结构课程就已成为国内计算机专业教学计划中的核心课程。数据结构课程是计算机或信息等相关专业的一门重要专业基础课程，对专业的学习起着举足轻重的作用，同时也是各高等院校研究生的入学考试科目之一。

用计算机来解决现实世界中的问题，已进入了全方位、多层次应用新阶段，使用计算机进行信息处理，需要将现实的事物信息数字化。数字化后的信息，我们通常称其为数据，数据在计算机中有着统一的表示方法，并成为被计算机程序处理的符号集合。所有研究数据在计算机中的表示方法、关联方法、存储方法及在其延伸的典型处理方法，是数据结构课程的主要内容。

数据结构作为专业基础课程，通常在大学二年级开设，为前序性计算机语言课程进行总结，同时也将为后续专业课程学习打下基础，它承上启下，对计算机技术和信息技术人才的能力培养至关重要。通过本课程的学习，学生能够以问题的求解方法、程序设计方法及一些典型的数据结构算法作为研究对象，学会分析数据对象的特征，掌握数据组织方法和在计算机中的表示方法，为数据选择出适当的逻辑结构，存储结构及相应的处理算法，能初步掌握算法的时间、空间复杂度分析的基础，培养良好的程序设计风格，并有了进行复杂程序设计的技能。

本书“语言叙述通俗易懂，讲解由浅入深，算法可读性好，应用性强，易教易学”。使用标准C作为算法描述语言为指导，使数据结构的表示简化，突出了算法的实质。并且书中所有算法均在TURBO C2.0环境下经调试通过。

课程教学资源丰富是本书的特色，编者建设了与教材配套的多媒体科技和课程教学网站，可提供给师长、学生及同行之间作为课程教学资源与交流的平台。

本书由曹丽君副教授统稿，并负责全书的总体设计。崔勇教授编写内容提要和前言，曹丽君副教授编写第三章、第四章、第五章，肖娟老师编写第七章、第八章，周艳红老师编写第二章、第六章，陈鸿老师编写第九章、第十章，蔡黔鹰老师编写第一章，康燕老师编写附录，于张红、李玉香、刘西印、刘闪、王纲、周铁军等老师参与算法调试与格式校对工作。

在本书编写过程中，得到马国光教授、王海明教授、李密生教授大力支持，在此表示衷心感谢！

在本书中，笔者是将多年从事数据结构教学的经验与体会写了出来，虽然力求精益求精，但难免存在一些差错和不足，敬请广大读者批评指正。

编者

2012. 5

目　录

第一章 1 绪论

教学目的

◎ 掌握数据类型、数据结构等基本概念

◎ 了解数据结构中的逻辑结构及常用的几种存储结构

◎ 掌握算法的概念、算法的时间性能和空间性能评价方法

1.1 引　言

从20世纪60年代末到70年代初，出现了大型程序，其软件也相对独立，而结构程序设计成为程序设计方法学中的主要内容，人们越来越重视数据结构。从70年代中期到80年代，各种版本的数据结构著作相继出现。目前，数据结构的发展并未终结，一方面，面向各专门领域中的特殊问题数据结构得到研究和发展，如多维图形数据结构等；另一方面，从抽象数据类型和面向对象的观点来讨论数据结构，已成为一种新的趋势，利用面向对象技术讨论数据结构也越来越被人们所重视。

1.1.1　为什么要学习数据结构

计算机科学是关于信息结构转换的科学，信息结构（数据结构）是计算机科学研究的基本课题。计算机科学的重要基石是关于算法的学问，数据结构是算法研究的基础。随着计算机科学的飞速发展，数据结构的基础研究也逐渐走向成熟。

数据结构是计算机各专业的专业基础课程，也是一门十分重要的核心课程。数据结构的知识为后续专业课程的学习，提供必要的知识和技能准备。数据结构与数学、计算机硬件和软件有十分密切的关系。它是介于数学、计算机硬件和软件之间的一门供计算机各专业学习的核心课程。数据结构是高级程序设计语言、编译原理、操作系统、数据库、人工智能等课程的基础，同时，也广泛应用于信息科学、系统工程、应用数学以及各种工程技术领域。

1.1.2　数据结构课程的内容

数据结构课程主要讨论软件开发过程中设计阶段的问题，同时涉及编码和分析阶段的若干基本问题。此外，为了构造出优化的数据结构及其实现，还需要考虑该数据结构及其实现的评价与选择。

数据结构的核心技术是分解与抽象。通过分解可将处理要求划分成各种功能，再通过抽象舍弃，舍弃实现细节，得到运算的定义。通过分解与抽象的结合，将问题变换为数据结构。然后通过增加对实现细节的考虑，进一步得到存储结构和实行运算，从而完成设计任务。即从抽象（数据结构）到具体（具体实现）的过程。熟练地掌握这两个过程，是数据结构课程在专业技能培养方面的基本目标。

1.2　数据结构的概念

1.2.1　基础概念和术语

为了更好地系统学习数据结构知识，首先介绍数据结构的基本概念和术语。

1. 数据（Data）

数据是所有能够被计算机识别、存贮和加工处理符号的总称，是信息的载体，是计算机加工处理的对象，它可以是数值数据，也可以是非数值型数据，数值型数据包括整型数、实型数等；非数值型数据包括字符、文字、图形、图像、语音等。

2. 数据元素（Data Element）

数据元素是组成数据的基本单位。在不同的条件下，数据元素又可称为元素、结点、顶点、记录等。在计算机中数据元素通常作为一个整体进行考虑和处理。一个数据元素可由一个或多个数据项组成，数据项是有独立含义的最小单位，此时的数据元素通常称为记录。例如：学生表是数据，每一个学生的记录就是一个数据元素。

3. 数据对象（Data OB ject）

数据对象是具有相同性质的数据元素的集合。在某个具体问题中，数据元素都具有相同的性质，属于同一个数据对象。例如：整数数据对象是集合 N = {0，±1，±2，…}，字母字符数据对象是集合 C = {′A′，′B′，…，′Z′}，不论数据元素集合是无限集（如整数集），是有限集（如字符集），还是由多个数据项组成的复合数据元（如学籍表），只要性质相同，都是同一个数据对象。

4. 数据结构（DATA Structure）

数据结构是指相互之间存在一种或多种特定关系的数据元素的集合。数据结构包含数据元素之间的逻辑关系，数据在计算机中的存储方式和有关数据定义的一组运算。人们通常将这三个方面称为：数据的逻辑结构、数据的存储结构和数据的运算。

（1）逻辑结构　数据的逻辑结构是指数据元素之间逻辑关系的描述。数据的逻辑结构包含两个要素：一个是数据元素的集合；一个是关系的集合。

数据的逻辑结构是一个二元组，其形式定义为：

Data_ Structure =（D，R）

其中：D 是数据元素的有限集，R 是 D 上关系的有限集。

根据数据元素之间关系的不同特性，通常有下列 4 类基本的逻辑结构。

①集合。集合中的数据元素之间除了同属于一个集合的关系外，无任何其他关系。

②线性结构。该结构中的数据元素之间存在着一对一的线性关系。

③树型结构。该结构中的数据元素之间存在着一对多的层次关系。

④图状结构（网状结构）。该结构中的数据元素之间存在着多对多的任意关系。

集合是数据元素之间关系极为松散的一种结构，所以，可用其他结构来表示。

数据的逻辑结构通常被看作是从具体问题抽象出来的数学模型，它并不表示数据的存储，而研究数据结构的目的是为了在计算机中实现对它的操作，所以除了研究数据的逻辑结构，还需要研究数据其逻辑结构在计算机中的实现方法，即数据结构中元素的表示及元素间关系的表示。

（2）存储结构　存储结构（又称物理结构）是逻辑结构在计算机中的存储映象，是逻辑结构在计算机中的实现，它包括数据元素的表示和关系的表示。

逻辑结构与存储结构的关系为：存储结构就是逻辑关系的存储与元素本身存储。逻辑结构是抽象的，存储结构是现实的，两者综合起来就建立了数据元素之间的结构关系。

数据元素之间关系，其在计算机中有两种不同的表示方法：顺序存储方法、非顺序存储方法。

顺序存储方法是把逻辑上相邻的元素存储在物理位置相邻的存储单元中，结点间的逻辑关系由存储单元的邻接关系来体现，从而得到的存储表示被称为顺序存储结构。顺序存储结构是一种最基本的存储表示方法，通常借助于程序设计语言中的数组来实现。

非顺序存储方法包括：链式存储方法、索引存储方法和散列存储方法。链式存储方法是一种比较常用的存储方法，指对逻辑上相邻的元素不要求其物理位置相邻，元素间的逻辑关系通过附设的指针字段来表示，链式存储结构通常借助于程序设计语言的指针来实现。索引存储主要是针对数据内容的存储，而不是强调关系的存储，索引存储方法主要是面向查找操作。散列存储方法是以数据元素的关键字的值为自变量，通过某个函数计算出该元素的存储位置。

数据在计算机中可用顺序存储结构或非顺序存储结构，两种不同表示方式来存放。逻辑结构在计算机存储器中实现时，可采用不同的存储方法，选用哪种存储结构来表示相应的逻辑结构要视具体情况而定，主要考虑运算的实现及算法的时空要求。

（3）运算集合　讨论数据结构的目的是为了在计算机中实现操作，因此在结构上的运算集合是很重要的部分。数据结构就是研究一类数据的表示及其相关的运算操作。根据操作的结果，可将运算分为两种类型，引用型运算和加工型运算。引用型运算不改变数据结构中原有的数据元素的状态，只根据需要来读取某些信息。加工型运算的结果会改变数据结构中原有的数据元素的状态，只是根据需要读取某些信息。

综上所述，数据结构的内容可归纳为三个部分：逻辑结构、存储结构、运算集合。按某种逻辑关系组织起来的一批数据，按一定的方式把它存放在计算机存储器中，并在这些数据上定义了一个运算的集合，就叫做数据结构。

数据结构是一门学科主要研究怎样合理地组织数据、建立合适的数据结构、提高计算机执行程序所用的时空效率。数据结构课程不仅讲授数据信息在计算机中的组织和表示方法，同时也训练高效地解决复杂问题的能力。

1.2.2　抽象数据类型

1. 数据类型（Data Type）

数据类型是和数据结构密切相关的一个概念，是一组性质相同的值集合，以及定义在这个值集合上的一组操作的总称。数据类型中定义了两个集合，一是该类型的取值范围；二是该类型中可允许使用的一组运算。例如高级语言中的数据类型，就是已经实现的数据结构的实例。从这个意义上讲，数据类型是高级语言中允许的变量种类，是程序语言中已经实现的数据结构（即程序中允许出现的数据形式）在高级语言中的整型类型，则它可能的取值范围是 -32 768到 +32 767，可用运算符集合为加、减、乘、除、乘方、取模（如 C 语言中+，-，*，/,%）。

按“值”的不同特性，高级程序语言中的数据类型可分为两大类：一类是非结构的原子类型。原子类型的值是不可分解的，如C语言中的标准类型（整型、实型、字符型）及指针；另一类是结构类型，结构类型的值是由若干成分按某种结构组成的，因此是可以分解的，并且它的成分可以是非结构的，也可以是结构的。例如数组的值由若干分量组成，每个分量可以是整数，也可以是数组等。在某种意义上，数据结构可以看成是“一组数据具有相同的值”，则结构类型可以看成由一种数据构成和定义在其上的一组数据的操作组成。从此意义上看，数据类型指由系统定义、用户可直接使用、可构造的数据类型。

2. 抽象数据类型（AB stract Data Type）

抽象数据类型（简称 ADT）是指基于一种逻辑关系的数据类型以及定义在这个类型之上的一组操作。抽象数据类型的定义取决于客观存在的一组逻辑特性，而与其在计算机内的如何表示和实现无关。即不论其内部结构如何变化，只要数学特性不变，都不影响其外部使用。

抽象数据类型的特征是使用与实现分离，实现封装和信息隐蔽，也就是说，在抽象数据类型设计时，类型的定义与其实现分离。

在某种意义上讲，抽象数据类型和数据类型实质上是一个概念。整数类型就是一个简单的抽象数据类型实例。“抽象” 的意义在于教学特性的抽象。一个 ADT 定义了一个数据对象、数据对象中各元素间的结构关系以及一组处理数据的操作。ADT 通常是指由用户定义、用以表示应用问题的数据模型，通常由基本的数据类型组成，并包括一组相关服务操作。

ADT 包括定义和实现两方面，其中定义是独立于实现的。定义仅给出一个 ADT 的逻辑特性，不必考虑如何在计算机中实现。

抽象数据类型的含义不仅限于各种不同的计算机处理器中已定义并实现的数据类型，还包括设计软件系统时用户自己定义的复杂数据类型。所定义的数据类型的抽象层次越高，含有该抽象数据类型的软件复用程度就越高。ADT 定义该抽象数据类型需要包含那些信息，并根据功能确定公共界面的服务，使用者可以使用公共界面中的服务对该抽象数据类型进行操作。从使用者的角度看，只要了解该抽象数据类型的规格说明，就可以利用其公用界面中的服务来使用这个类型，不必关心其物理实现，只需集中考虑如何解决实际问题。

无论从计算机理论和计算机工程的角度来看，抽象数据类型的概念都是十分重要的。一方面，它抽象和推广了高级程序设计语言（例如：C 语言）中的类型概念；另一方面，也为软件工程提供了一个自顶向下的实现图式。

1.3 算　法

数据结构与算法之间存在本质联系，在某一类型数据结构上，总要涉及其上施加的运算，而只有通过对定义运算的研究，才能清楚地理解数据结构的定义和作用；在涉及运算时，总要联系到该算法处理的对象和结果的数据。算法是研究数据结构的重要途径。

1.3.1 算法及其特征

1. 算法（Algorithm）定义

算法是规则的有限集合，是为解决特定问题而规定的一系列操作。

2. 算法的特性

①有限性。有限步骤之内正常结束，不能形成无穷循环。

②确定性。算法中的每一个步骤必须有确定含义，无二义性得以实现。

③输入。有多个或 0 个输入。

④输出。至少有一个或多个输出。

⑤可行性。原则上能精确进行，操作可通过已实现基本运算执行有限次而完成。

在算法的5大特性中，最基本的是有限性、确定性、可行性。

3. 算法设计的要求

当人们用算法来解决某问题时，算法设计要达到的目标是：正确、可读、健壮、高效低耗。通常作为一个好的算法，一般应该具有以下几个基本特征。

①算法的正确性。算法正确性是指算法应该满足具体问题的需求。

②可读性。一个好的算法首先应该便于人们理解和相互交流，其次才是机器可执行。可读性好的算法有助于人们对算法的理解，并且难懂的算法易于隐藏错误且难于调试和修改。

③健壮性。作为一个好的算法，当输入的数据非法时，也能适当地作出正确反应或进行相应的处理，而不会产生一些莫名其妙的输出结果。

④高效率和低存储量。算法的效率通常是指算法的执行时间。对于一个具体问题的解决通常可以有多个算法，对于执行时间短的算法其效率就高。所谓存储量需求，是算法在执行过程中所需要的最大存储空间，这两者都与问题的规模有关。

1.3.2 算法描述工具

算法描述了数据对象的元素之间的关系（包括数据逻辑关系、存贮关系描述）。算法的设计通常包含5个步骤，即：找出与求解有关的数据元素之间的关系、确定在某一数据对象上所施加运算、考虑数据元素的存储表示、选择描述算法的语言、设计实现求解的算法并用程序语言加以描述。

算法可以使用各种不同的方法来描述，最简单的方法是使用自然语言，还可以使用程序流程图、N－S图等算法描述工具。自然语言简单便于阅读，但不够严谨；流程图及N－S图描述过程简洁、明了，但框图不擅长表达数据组织结构。

近年来在计算机科学研究、系统开发、教学以及应用开发中，C语言的使用越来越广，成为计算机专业与非专业必修的高级程序设计语言。C语言类型丰富，执行效率高，学习数据结构课程之前，都已具备了熟悉C语言的基础条件，因此，本教材采用了标准C语言作为算法描述的工具。为了便于学习者掌握算法的本质，尽量压低语言描述的细节，在每一部分所使用的结构类型，都统一在相应部分的首部统一定义，类型定义不重复。目的是能够简明扼要地描述算法，突出算法的思路，而不拘泥于语言语法的细节。

本书中所采用的是C语言，个别处使用了对标准C语言的一种简单化表示。

1.3.3 算法性能评价

一种数据结构的优劣是由实现其各种运算的算法具体体现，对数据结构的分析实质上就是对实现运算算法的分析，除了要验证算法是否正确解决该问题之外，需要对算法的效率作性能评价。在计算机程序设计中，对算法分析是十分重要的。通常对于一个实际问题的解决，可以提出若干个算法，那么如何从这些可行的算法中找出最有效的算法呢？在计算机科学中，一般从算法的计算时间与所需存储空间来评价一个算法的优劣。

1. 算法的时间复杂度

将一个算法转换成程序并在计算机上执行时，其运行所需要的时间取决于硬件的速度、书写程序的语言、编译程序所生成目标代码的质量、问题的规模等几方面的因素。显然，如果通过从以上几个方面算出执行算法的绝对时间，从而衡量算法的效率是不合适的，为了突出算法本身的性能，而是从分析算法中语句总的执行次数 Tn 关于问题规模 n 的函数入手，进而分析 Tn 随 n 的变化情况，并确定 Tn 的数量级（Order of Magnitude）。用“O”来表示数量级，这样可以得到算法的时间复杂度概念，所谓算法的时间复杂度，即是算法的时间耗费，记为：

T（n）＝O（f（n））

在算法的分析中，往往放弃用复杂的函数来表示确切的时间复杂度，而采用一些简单的函数来近似表示时间性能，这就是渐进时间复杂度，简称为时间复杂度。一般情况下，随着 n 值的增大，Tn 的增长较慢的算法为最优的算法。

例如：在下列 4 段程序段中，原操作 x：＝x＋1 的时间复杂度分析。

①x＝x＋1；其时间复杂度为 O（1），称为常量阶；

②for（i＝1；i＜＝n；i＋＋）x＝x＋1；其时间复杂度为 O（n），称为线性阶；

③for（i＝1；i＜＝n；i＋＋）

for（j＝1；j＜＝n；j＋＋）x＝x＋1；

其时间复杂度为 O（n^2），称为平方阶；

④for（i＝1；i＜＝n；i＋＋）

for（j＝1；j＜＝n；j＋＋）

for（mj＝1；m＜＝n；m＋＋）x＝x＋1；

其时间复杂度为 O（n^3），称为立方阶。

其他情况下算法的时间复杂度还有：对数阶 O（logn）、指数阶 O（2^n）等。数据结构中常用的时间复杂度频率计数有 7 个：

O（1）常数型　　O（n）线性型　　O（$n^{2)}$平方型　　O（n^3）立方型

O（2^n）指数型　　O（$\log_2 n$）对数型　　O（$n\log_2 n$）二维型

按时间复杂度由小到大递增排列为：

O（1）＜O（$\log_2 n$）＜O（n）＜O（$n\log_2 n$）＜O（n^2）＜O（n^3）＜O（2^n）

人们可以讨论算法在最坏情况下的时间复杂度，即分析最坏情况下以估计出算法执行时间的上界。例如冒泡排序在最坏情况下的时间复杂度为：T（n）＝O（n^2）。在本书中，如不作特殊说明，所讨论的各算法的时间复杂度均指最坏情况下的时间复杂度。

2. 算法的空间复杂度

与算法的时间复杂度类似，算法空间复杂度是指算法运行从开始到结束所需的存储空间，记为：S（n）＝O（f（n））。

其中 n 为问题的规模。一般情况下，一个程序在机器上执行时，除了需要寄存本身所用的指令、常数、变量和输入数据以外，还需要一些对数据进行操作的辅助存储空间。其中对于输入数据所占的具体存储空间只取决于问题本身，与算法无关，算法在实现时所需要的辅助空间主要包括程序代码、常量、简单变量、定长成分的结构变量所占的空间。若算法执行时所需要的辅助空间相对于输入数据量而言是个常数，则称这个算法为原地工作，辅助空间为：O（1）。

算法的执行时间的耗费和所序的存储空间的耗费两者是矛盾的，难以兼得。即算法执行时间上的节省一定是以增加空间存储为代价的，反之亦然。不过，就一般情况而言，常常以算法执行时间作为算法优劣的主要衡量指标。

1.4 总结与提高

主要知识点

①数据类型、数据结构等基本概念。

②几种基本数据结构的逻辑结构及常用的几种存储结构。

③算法的概念、算法的表示、算法的时间性能和空间性能评价方法。

练习题目

一、选择题

1. 从逻辑上可以把数据结构分为（　　）两大类。

A. 线性结构、非线性结构　　B. 初等结构、构造型结构

C. 顺结构、链式结构　　D. 动态结构、静态结构

2. 采用顺序存储结构表示数据时，相邻的数据元素的存储地址（　　）。

A. 一定不连续　　B. 一定连续

C. 不一定连续　　D. 部分连续，部分不连续

3. 在发生非法操作时，算法能够做出适当处理的特性称为（　　）。

A. 健壮性　　B. 可读性　　C. 正确性　　D. 可移植性

4. 执行下面程序段的时间复杂度为（　　）。

```
For (int i=0; i<m; i++)
For (int j=0; j<n; j++)    A[i][j] =i*j;
```

A. O（m^2）　　B. O（n^2）　　C. O（m*n）　　D. O（m+n）

5. 执行下面程序段时，语句S的执行次数为（　　）。

```
For (int i=0i<=n; i++)
For (int j=0; j<=i; j++) S;
```

A. n^2　　B. $n^2/2$　　C. n（n+1）　　D. n（n+1）/2

二、判断题

1. 算法就是程序。（　　）

2. 算法必须有输入，但可以没有输出。（　　）

3. 线性结构只能用顺序结构存储，非线性结构只能用非顺序结构存储。（　　）

4. 顺序存储结构的特点是对于插入和删除操作的效率非常高。（　　）

5. 算法的优劣与所用计算机的性能有关，与描述算法的语言无关。（　　）

三、简答题

1. 简述数据结构的含义。

2. 简述算法的时间复杂度。

3. 简述数据类型的概念。

4. 简述算法和程序的区别。
5. 常见的逻辑结构有哪些？存储结构有哪些？各自的特点是什么？

实验题目

试着写一算法，自大至小依次输出需读入的三个整数 X，Y 和 Z 的值。

第二章

2 线性表

教学目的

◎ 掌握线性表的逻辑结构及相关概念
◎ 掌握顺序表上各种基本运算的实现过程
◎ 掌握链表（单链表、双链表和循环链表）上各种基本运算的实现过程
◎ 灵活运用顺序表和链表的特点解决复杂的应用问题

2.1 线性表的逻辑结构

2.1.1 线性表的概念

线性表（Linear List）是一种线性数据结构，其特点是：在数据元素的非空有限集合中，存在唯一的一个被称做“第一个”的数据元素；存在唯一的一个被称做“最后一个”的数据元素；除第一个之外，集合中的每个数据元素均只有一个前驱；除最后一个之外，集合中每个数据元素均只有一个后继。

例如，一个简单的线性表，一年 12 个月，其表示如下所示。

（1，2，3，4，5，6，7，8，9，10，11，12）

又例如，一个复杂的线性表，学生入学情况的登记表，如表 2－1。

表 2－1 学生入学情况的登记表

学号	姓名	性别	入学总分
01	王小林	男	531
02	陈晓	女	569
03	张丽	女	511

由上述的两个例子，可以看出，在线性表中每个数据元素的类型都是相同的，即线性表是由同一类型的数据元素构成的线性结构，其相邻数据元素之间存在着序偶关系。若将线性表记为

$(a_1, \cdots, a_{i-1}, a_i, a_{i+1}, \cdots, a_n)$

则表中 a_{i-1} 领先于 a_i，a_i 领先于 a_{i+1}，称 a_{i-1} 是 a_i 的直接前驱元素，a_{i+1} 是 a_i 的直接后继元素。线性表中元素的个数 n（$n >= 0$）定义为线性表的长度，$n = 0$ 时为空表。在非空表中的每个数据元素都有一个确定的位置，如 a_i 是第 i 个数据元素，称 i 为数据元素 a_i 在线性表中的位序。

线性表是一个非常灵活的数据结构，它的长度可根据需要增长或缩短，即对线性表的数据元素不仅可以进行访问，还可进行插入和删除等。

2.1.2 线性表的抽象数据类型定义

抽象数据类型线性表的定义如下。

ADT List {

数据对象：$D = \{a_i \mid a_i \in ElemSet, i = 1, 2, \cdots, n, n \geq 0$，其中 ElemSet 为数据元素的类型，可根据实际需要定义$\}$

数据关系：$R_1 = \{ < a_{i-1}, a_i > \mid a_{i-1}, a_i \in D, i = 1, 2, \cdots, n\}$

基本操作：

InitList（&L）

操作结果：构造一个空的线性表 L。

DestroyList（&L）

初始条件：线性表 L 已存在。

操作结果：销毁线性表 L。

ClearList（&L）

初始条件：线性表 L 已存在。

操作结果：将 L 重置为空表。

ListEmpty（L）

初始条件：线性表 L 已存在。

操作结果：若 L 为空表，则返回 TRUE，否则返回 FALSE。

ListLength（L）

初始条件：线性表 L 已存在。

操作结果：返回 L 中数据元素个数。

GetElem（L，*i*，&e）

初始条件：线性表 L 已存在，且 $1 \leq i \leq$ ListLength（L）。

操作结果：用 e 返回 L 中第 i 个数据元素的值。

LocateElem（L，e，compare（））

初始条件：线性表 L 已存在，e 为给定值，compare（）是数据元素判定函数。

操作结果：返回 L 中第 1 个与 e 满足关系 compare（）的数据元素的位序。若这样的元素不存在，则返回值为 0。

PriorElem（L，cur_ e，&pre_ e）

初始条件：线性表 L 已存在。

操作结果：若 cur_ e 是 L 的元素，但不是第一个，则用 pre_ e 返回它的前驱，否则操作失败，pre_ e 无定义。

NextElem（L，cur_ e，&next_ e）

初始条件：线性表 L 已存在。

操作结果：若 cur_ e 是 L 的元素，但不是最后一个，则用 next_ e 返回它的后继，否则操作失败，next_ e 无定义。

ListInsert（&L，*i*，e）

初始条件：线性表 L 已存在，且 $1 \leq i \leq$ ListLength（L）+1。

操作结果：在 L 的第 *i* 个元素之前插入新的元素 e，L 的长度增 1。

ListDelete（&L，*i*，&e）

初始条件：线性表 L 已存在且非空，$1 \leq i \leq$ ListLength（L）。

操作结果：删除 L 的第 *i* 个元素，并用 e 返回其值，L 的长度减 1。

ListTraverse（L，visit（））

初始条件：线性表 L 已存在，Visit（）为某个访问函数。

操作结果：依次对 L 的每个元素调用函数 visit（），visit（）失败，操作失败。

} ADT List

2.2　线性表的顺序存储

2.2.1　线性表的顺序存储结构

线性表的顺序存储是指用一组地址连续的存储单元依次存储线性表的数据元素，人们把用这种存储形式存储的线性表称为顺序表。顺序表的逻辑顺序和物理顺序是一致的，如图2－1所示。

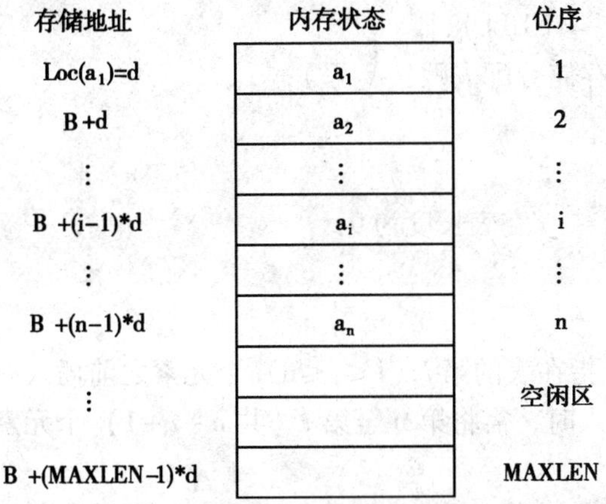

存储地址	内存状态	位序
$Loc(a_1)=d$	a_1	1
B +d	a_2	2
⋮	⋮	⋮
B +(i−1)*d	a_i	i
⋮	⋮	⋮
B +(n−1)*d	a_n	n
⋮		空闲区
B +(MAXLEN−1)*d		MAXLEN

图2－1　线性表的顺序存储示意图

假设 a_1 的存储地址 Loc（a_1）为基地址，用 B 表示。每个数据元素占 d 个存储单元，则第 i 个数据元素的地址为：

$Loc(a_i) = Loc(a_1) + (i-1) * d$

即 $Loc(a_i) = B + (i-1) * d$

以上说明，只要知道顺序表的基地址和每个数据元素所占的存储单元的个数，就可以求出第 i 个数据元素的存储地址，这也是顺序表具有按数据元素的序号随机存取特点。由于高级程序设计语言中的数据类型也有随机存取的特性，因此，通常都是用数组来描述数据结构中的顺序存储结构。在此，由于线性表的长度可变，且所需最大存储空间随问题不同而不同，所以在 C 语言中可用动态分配的一维数组，如下描述。

```
#define LIST_ INIT_ SIZE 100    //最大允许长度
typedef struct {
    ElemType *elem;    //存储空间基址，ElemType 为数据元素的类型，可根据实
                        际需要定义
    int length;         //当前长度
} SqList;
```

2.2.2 线性表顺序存储结构上的基本运算

1. 顺序表的初始化

顺序表的初始化即为顺序表分配一个预定义大小的数组空间，并将线性表的当前长度设为0。

算法2-1：

```
void InitList (SqList & L) {
    //构造一个空的线性表 L
    L.elem = (ElemType *) malloc (LIST_INIT_SIZE * sizeof (ElemType));
    if ( L.elem == NULL) {
        printf ("存储分配失败！\n");
        exit (1);
    }
    L.length = 0;    //空表长度为0
}
```

2. 插入运算

线性表的插入运算是指在表的第 i（$1\leqslant i\leqslant n$）个元素之前插入一个值为 e 的新元素，插入后使原表长度加1。插入时，需将第 n 至第 i（共 $n-i+1$）个元素向后移动一个位置。

算法2-2：

```
int ListInsert ( SqList &L, ElemType e, int i) {
    //在表中第 i 个元素前插入新元素 e
    if (i < 0 || i > L.length) return 0;    //插入不成功
else {
        for (j = L.length; j > i; j--)
L.elem [j] = L.elem [j -1];
            L.elem [i] = e;
        L.length++;
        return 1;    //插入成功
    }
}
```

顺序表上的插入运算，时间主要消耗在了数据的移动上，在第 i 个元素之前插入元素 e，从 a_n 到 a_i 都要向后移动一个位置，共需要移动 $n-i+1$ 个元素，而 i 的取值范围为 $1\leqslant i\leqslant n+1$，即有 $n+1$ 个位置可以插入。设在第 i 个数据元素前插入的概率为 p_i，则平均移动数据元素次数的期望值（平均次数）为：

$$E_{in} = \sum_{i=1}^{n+1} p_i(n-i+1)$$

假定在线性表的任何位置上插入元素都是等概率的，即 $p_i = 1/(n+1)$，则：

$$E_{in} = \sum_{i=1}^{n+1} p_i(n-i+1) = \frac{1}{n+1}\sum_{i=1}^{n+1}(n-i+1) = \frac{n}{2}$$

由上述可以得出在顺序表上做插入操作平均需移动表中一半的数据元素，显然时间复杂度为 O（n）。

3. 删除运算

线性表的删除运算是指将表中的第 i（$1 \leqslant i \leqslant n$）个元素从线性表中去掉，删除后使原表长度减 1。删除时，需将第 $i+1$ 至第 n（共 $n-i$）个元素向前移动一个位置。

算法 2-3：

```
int ListDelete ( SqList &L, int i) {
    //在表中删除第 i 个元素
    if ( (i<1) || (i>L.length) return 0;
    p=& (L.elem [i-1]); //p 为被删除元素的位置
    q=L.elem+L.length-1;
    for ( ++p; p<=q; ++p)
        * (p-1) =*p;
    --L.length;
    return 1;
}
```

与插入算法相同，其时间主要消耗在了移动表中元素上，删除第 i 个元素时，其后面的元素 a_{i+1} 到 a_n 都要向前移动一个位置，共移动了 n-i 个元素，则平均移动数据元素次数的期望值（平均次数）为：

$$E_{de} = \sum_{i=1}^{n} p_i(n-i)$$

假定在线性表的任何位置上删除元素都是等概率的，即 $p_i = 1/n$，则：

$$E_{de} = \sum_{i=1}^{n} p_i(n-i) = \frac{1}{n}\sum_{i=1}^{n}(n-i) = \frac{n-1}{2}$$

由上述可以得出在顺序表上做删除操作平均需移动表中一半的数据元素，显然时间复杂度为 O（n）。

4. 按值查找

线性表中的按值查找是指在线性表中查找与给定值 e 相等的数据元素。如果找到与 e 相等的数据元素，则返回它在顺序表中的存储位置，否则返回 -1。

算法 2-4：

```
int LocationElem ( SqList &L, ElemType e) {
    //在表中查找是否有与给定值 e 相等的数据元素
    i = 0;
    while ( i < L.length && L.elem [i] ! = e)
        i++;
    if ( i < L.length) return i;
    else return -1;
}
```

线性表中的按值查找主要运算是比较，显然比较的次数与 e 在表中的位置及表的长度有关，$a_1=e$ 时，比较1次成功；$a_n=e$ 时，比较 n 次成功，平均比较次数为（n+1）/2，时间复杂度为 O（n）。

2.2.3 顺序表的应用举例

1. 假设有两个集合 A 和 B

分别用两个线性表 LA 和 LB 表示，即：线性表中的数据元素即为集合中的成员，现要求一个新的集合 $A=A\cup B$ 。

上述问题可演绎为要求对线性表作如下操作。

扩大线性表 LA，将存在于线性表 LB 中而不存在于线性表 LA 中的数据元素插入到线性表 LA 中去，其算法如下。

算法2-5：

```
void union (List &La, List LB) {
    La_ len = ListLength (La);        // 求线性表的长度
    LB _ len = ListLength (LB);
    for (i = 1; i < = LB _ len; i + +) {
        e = GetElem (LB, i); // 取 LB 中第 i 个数据元素赋给 e
        if (! LocateElem (La, e)    // La 中不存在和 e 相同的数据元素，则插入之
            ListInsert (La, + + La_ len, e);
    } // for
} // union
```

2. 改变例1中的结构，以有序表表示集合再次求 $A=A\cup B$

所谓有序表是指若线性表中的数据元素相互之间可以比较，并且数据元素在线性表中依值非递减或非递增有序排列，即 $a_i \geq a_{i-1}$ 或 $a_i \leq a_{i-1}$（i = 2, 3, …, n），则称该线性表为有序表（Ordered List），例如：（2, 5, 5, 5, 6, 8, 8, 12, 16）为有序表。

对集合 B 而言，值相同的数据元素必定相邻；对集合 A 而言，数据元素依值从小至大的顺序插入。数据结构改变了，解决问题的策略也要相应改变。

算法2-6：

```
void MergeList (List La, List LB, List &Lc) {
    // 本算法将非递减的有序表 La 和 LB  归并为 Lc
    InitList (Lc);    // 构造空的线性表 Lc
    i = j = 1;        k = 0;
    La_ len = ListLength (La);
    LB _ len = ListLength (LB);
    while ( (i < = La_ len) && (j < = LB _ len)) {// La 和 LB  均非空
        ai = GetElem (La, i);
        B j = GetElem (LB, j);
    if (ai < = B j) {  // 将 ai 插入到 Lc 中
        ListInsert (Lc, + + k, ai);    + + i;}
    else {  // 将 B j 插入到 Lc 中
```

```
        ListInsert (Lc, + +k, B j);    + +j;}
    } // while
    while (i < = La_ len) {// 当 La 不空时，插入 La 表中剩余元素
        ai = GetElem (La, i+ +);
        ListInsert (Lc, + +k, ai);
    }
    while (j < = LB _ len) {// 当 LB 不空时，插入 LB 表中剩余元素
        B j = GetElem (LB, j+ +);
        ListInsert (Lc, + +k, B j);
    }
} // MergeList
```

2.3 线性表的链式存储

2.3.1 单链表

1. 线性链式存储结构的特点

①用一组任意的存储单元存储线性表的数据元素，存储单元可以是连续的，也可以是不连续的。

②单链表的结点由一个数据域和一个指针域组成，其结构如图 2－2 所示。数据域用来存储数据元素信息；指针域存储直接后继的存储位置。指针域中存储的信息称为指针或链。若干个结点链接成一个链表，即为线性表的链式存储结构。又由于此链表的每个结点中只包含一个指针域，因此又称线性链表或单链表。

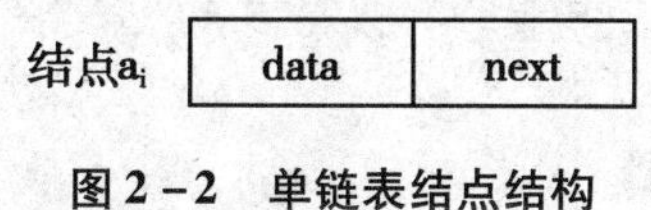

图 2－2 单链表结点结构

③单链表的存取必须从头指针开始。头指针指示链表中第一个结点的存储位置。同时，由于最后一个数据元素没有直接后继，则线性链表中最后一个结点的指针为空（NULL）。

作为线性表的一种存储结构，我们考虑的是结点间的逻辑结构，而对每个结点的实际地址并不关心，所以通常的线性链表如图 2－3 所示。

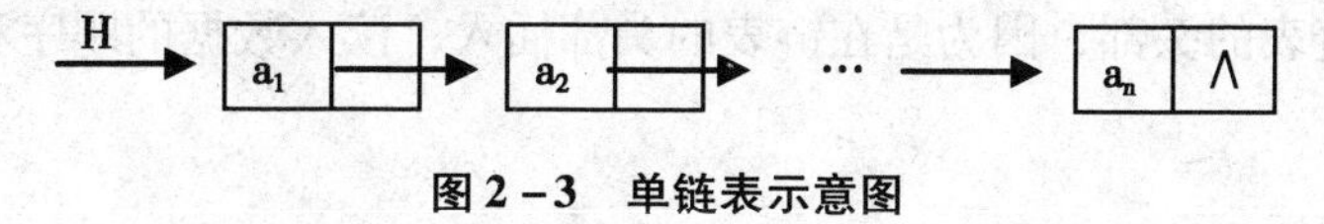

图 2－3 单链表示意图

2. 几个概念

①头结点。在开始结点之前附加的一个结点。头结点的加入完全是为了运算方便，它的数据域无定义，指针域中存放的是第一个数据结点的地址，空表时为空，如图 2－4（A）所示；非空的线性链表如图 2－4（B）所示。

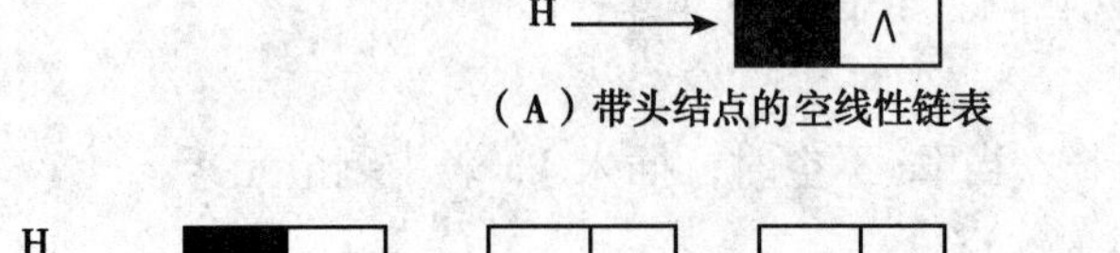

（A）带头结点的空线性链表

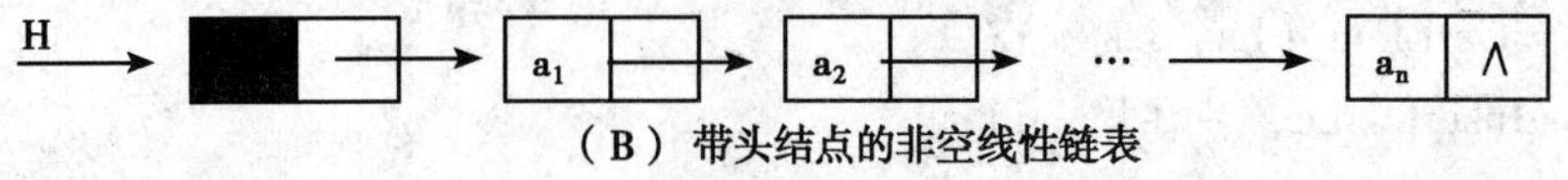

（B）带头结点的非空线性链表

图 2－4　带头结点的单链表示意图

②开始结点。在链表中，存储第一数据元素（a_1）的结点。

③头指针。指向链表中第一个结点（头结点或无头结点时的开始结点）的指针。

通常我们用“头指针”来标识一个线性表，如线性表 L、线性表 H 等，是指某链表的第一个结点的地址放在了指针变量 L、H 中，头指针为“空”（NULL）则表示一个空表。

3. 线性表的单链表的存储结构

单链表由一个个结点构成，其结点的定义如下。

```
typedef struct LNode {
    ElemType data;    // ElemType 为数据元素的类型，可根据实际需要定义
    Struct LNode *next;
} LNode, *LinkList;
```

定义一个头指针变量，则有 LinkList L，表示 L 为单链表的头指针。

在线性表的顺序结构中，由于逻辑上相邻的两个元素在物理位置上紧邻，则每个元素的存储位置都可以从线性表的起始位置计算得到。而在单链表中，任何两个元素的存储位置之间没有固定的联系。然而，每个元素的存储位置都包含在其直接前驱结点的信息之中。假设 p 是指向线性表中第 i 个数据元素（结点 a_i）的指针，则 p－＞next 是指向第 i＋1 个数据元素（结点 a_{i+1}）的指针。换句话说，若 p－＞data＝a_i，则 p－＞next－＞data＝a_{i+1}。由此，在单链表中，取得第 i 个数据元素必须从头指针出发寻找，因此，单链表是非随机存取的存储结构。

2.3.2　单链表上的基本运算

1. 建立线性链表

本例以逆位序输入 n 个元素的值，建立带头结点的单链表 L。链表与顺序表不同，它是一种动态管理的存储结构，链表中的每个结点占用的存储空间不是预先分配，而是运行时系统根据需求而生成的，因此建立链表从头结点的空表开始，每读入一个数据元素则申请一个结点，然后插在链表的头部，因为是在链表的头部插入，读入数据的顺序和线性表中的逻辑顺序是相反的。

算法 2－7：

```
void CreateList (LinkList &L, int n) {
    //逆位序输入 n 个元素的值，建立带头结点的单链表 L
    L = (LinkList) malloc (sizeof (LNode));
    L->next = NULL; //先建立一个带头结点的单链表
```

```
        for (i=n; i>0; --i) {
            p= (LinkList) malloc (sizeof (LNode)); //生成新的结点
            scanf (&p->data);
            p>next= L->next;
            L->next= p;
        }
    } // CreateList
```

2. 求表长

设一个移动指针p和计数器n，初始化后，p所指结点后面若还有结点，p向后移动，计数器加1。设链表L是带头结点的线性链表（线性表的长度不包括头结点）。

算法2-8：

```
int List Length (LinkList L) {
        //求带头结点的单链表L中元素的个数n
        n=0;
        p=L; //p指向头结点
        while (p->next) {
            p=p->next; n++; //p指向第n个结点
        }
        return n;
    } // ListLength
```

3. 序号查找

若带头结点的链表L中存在第i个元素，则将其值赋给e并返回1，否则返回0。

算法2-9：

```
int GetElemList (LinkList L, int i, ElemType &e) {
        //在带头结点的链表L中查找第i个元素结点
        //当第i个元素存在时，其值赋给e并返回1，否则返回0
        p=L->next;    j=1; //p指向第一个结点，j为计数器
        while (p && j<i) {//顺指针向后查找，直到p指向第i个元素或p为空
          p=p->next;
      ++j;
    }
    if (! p| |j>i) return 0; //第i个元素不存在
    e=p->data; //取第i个元素的值
    return 1;
    } // GetElemList
```

4. 插入运算

假设我们要在线性表的两个数据元素a和B之间插入一个数据元素x，已知p为其单链表存储结构中指向结点a的指针，如图2-5（A）所示。

为插入数据元素x，首先要生成一个数据域为x的结点，然后插入在单链表中。插入时

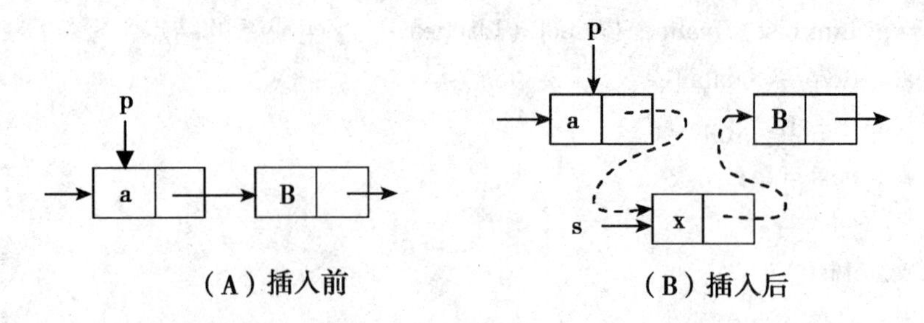

（A）插入前　　　　（B）插入后

图 2-5　在单链表中插入结点时指针变化情况

需要修改结点 a 中的指针域，令其指向结点 x，而结点 x 中的指针域应指向结点 B，从而实现 3 个元素 a、B 和 x 之间逻辑关系的变化。插入 x 结点后的单链表如图 2-5（B）所示。假设 s 为指向结点 x 的指针，则上述指针修改可用语句描述为：

s->next=p->next;　　p->next=s;

以上两条语句，两个指针的操作顺序不能交换。

算法 2-10：

```
int InsertList (LinkList &L, int i, ElemType e) {
    //在带头结点的单链表 L 中第 i 个结点前插入元素 e
    p=L;    j=0;
    while (p && j<i-1) {//寻找第 i-1 个结点
        p=p->next;
        ++j;
    }
    if (!p||j<i-1) return 0;
    s= (LinkList) malloc (sizeof (LNode)); //生成新结点
    s->data=e;
    s->next=p->next; //插入 L 中
    p->next=s;
    return 1;
} // InsertList
```

5. 删除运算

在如图 2-6 所示的线性表中删除元素 B 时，为在单链表中实现元素 a、B 和 c 之间逻辑关系的变化，仅需修改结点 a 中的指针域即可。假设 p 为指向结点 a 的指针，则修改指针的语句为：

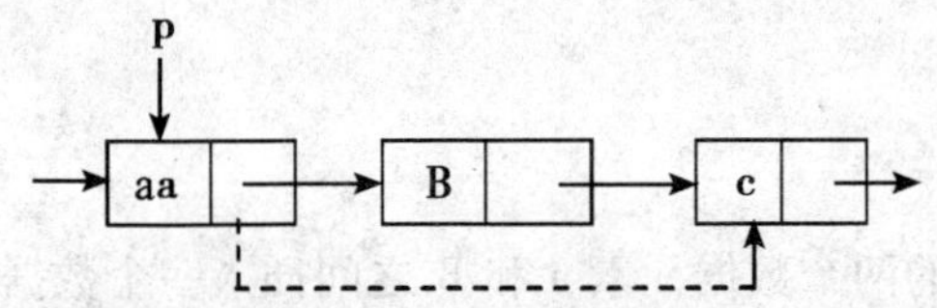

图 2-6　在单链表中删除结点时指针变化情况

p - >next = p - >next - >next;

或 q = p - >next; p - >next = q - >next;

其删除元素的运算如下。

算法 2-11:

```
int DeleteList (LinkList &L, int i) {
    //在带头结点的单链表 L 中，删除第 i 个元素
    p = L; j = 0;
    while (p - >next && j < i - 1) {
        p = p - >next; + + j;
    }
    if (! (p - >next) | | j < i - 1) return 0;
    q = p - >next; p - >next = q - >next;
    free (q);
    return 1;
} // DeleteList
```

温馨提示

由上面的插入和删除运算操作可知，在已知链表中元素插入或删除的确切位置的情况下，在单链表中插入或删除一个结点时，仅需修改指针而不需要移动元素。

2.3.3 循环链表

1. 循环链表的特点

表中最后一个结点的指针域指向头结点，整个链表形成一个环，就构成了单循环链表。由此，从表中任一结点出发均可找到表中其他结点，如图 2-7 所示。

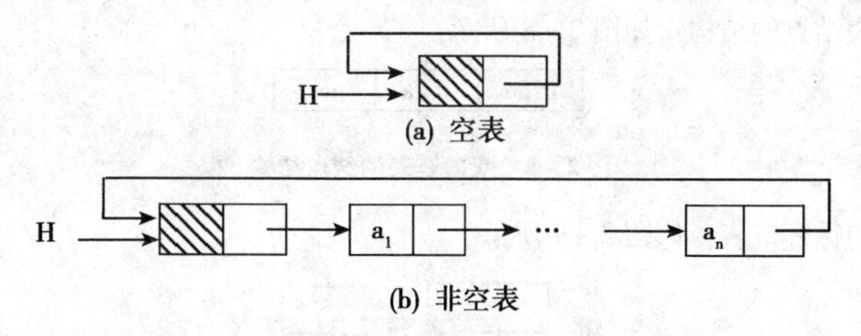

图 2-7 带头结点的单循环链表

2. 循环链表上的操作

循环链表上的操作和非循环链表上的操作基本相同，差别仅在于算法中循环条件不是判断指针是否为空，而是判断指针是否为头指针。

3. 在循环链表中设尾指针可以简化某些操作

对于线性链表只能从头结点开始遍历整个链表，而对于单循环链表则可以从表中任意结点开始遍历整个链表。而且有时对链表常做的操作是在表尾、表头进行，此时可以改变一下链表的标识方法，不用头指针而用一个指向尾结点的指针来标识，可以使得操作效率得以提

高。当知道其尾指针后（设为T），其另一端的头指针是 T－＞next－＞next；（带头结点的单循环链表），仅改变两个指针值即可，其运算时间复杂度为 O（1）。

例如对两个单循环链表 H1、H2 的连接操作，是将 H2 的第一个数据结点连接到 H1 尾结点。如果用头指针标识，则需要找到第一个链表的尾结点，其时间复杂度为 O（n），而链表若分别用尾指针 T1、T2 来标识，则时间复杂度为 O（1），其操作如下所示。

```
p=T1->next;    //保存 T1 的头结点指针
T1->next=T2->next->next;    //头尾连接
free(T2->next);    //释放第 2 个表的头结点
T2->next=p;    //组成循环链表
```

2.3.4 双向链表

1. 单向链表的缺点

单向链表的结点中只有一个指示直接后继的指针域，由此，从某个结点出发只能顺指针往后寻找其他结点。若要寻找结点的直接前驱，则需要从表头指针出发。换句话说，求直接后继的操作时间复杂度为 O（1），而求直接前驱的时间复杂度为 O（n）。为克服单链表这种单向性的缺点，可利用双向链表（Doub le Linked List）。

2. 双向链表

在双向链表的结点中有两个指针域，其一指向直接后继，另一指向直接前驱，其存储结构描述如下。

```
typedef struct DuLNode {
    ElemType data;
    struct DuLNode *prior;
    struct DuLNode *next;
} DuLNode, *DuLinkList;
```

①双向链表结点的结构：如图 2－8 所示。

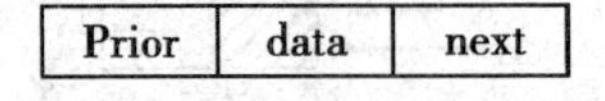

图 2－8 双向链表的结点结构

②空的双向循环链表：如图 2－9 所示。

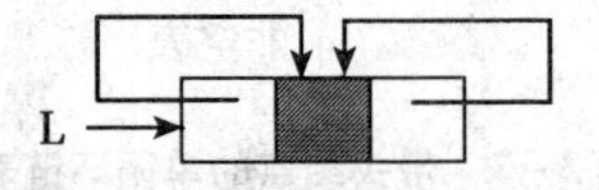

图 2－9 空的双向循环链表的结构

③非空的双向循环链表：如图 2－10 所示。

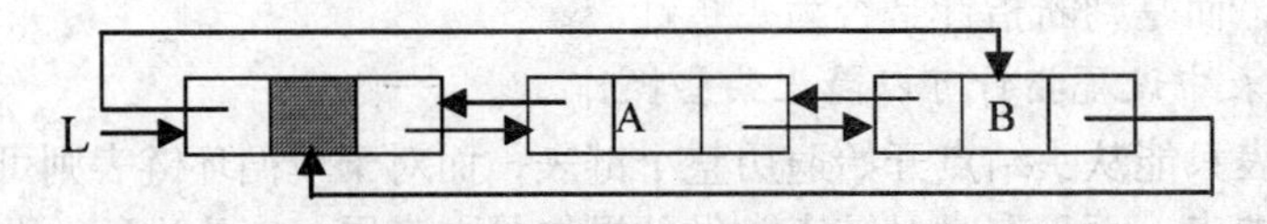

图 2－10 非空的双向循环链表的结构

3. 双向链表的操作

（1）删除结点。删除操作需修改两个方向的指针，如图 2－11 所示。

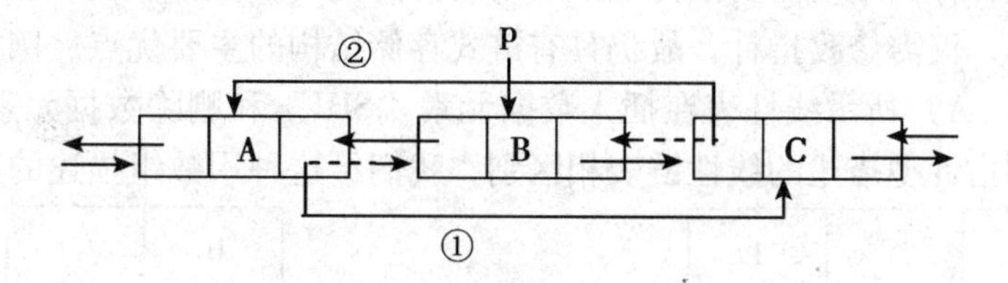

图 2－11 双向链表中删除结点时指针变化的情况

具体操作如下。

① p－>prior－>next=p－>next;

② p－>next－>prior=p－>prior;

③ free（p）。

（2）插入结点。插入操作需修改两个方向的指针，如图 2－12 所示。

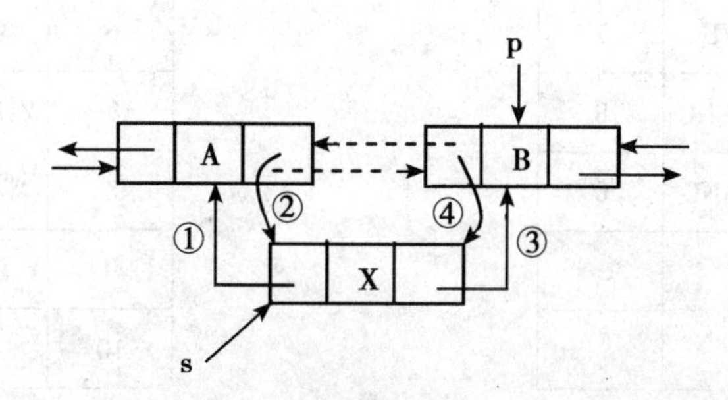

图 2－12 双向链表中插入结点时指针变化的情况

具体操作如下。

① s－>prior=p－>prior;

② p－>prior－>next=s;

③ s－>next=p;

④ p－>prior=s。

2.3.5 静态链表

有时，我们可借用一维数组来描述线性链表，其类型说明如下所示：

```
#define MAXSIZE 100 //链表的最大长度
typedef struct {
    ElemType data; // ElemType 为数据元素的类型，可根据实际需要定义
    int cur;
} component, SlinkList [MAXSIZE];
```

这种描述方法便于在不设“指针”类型的高级程序设计语言中使用链表结构。在如上描述的链表中，数组的一个分量表示一个结点，同时用游标（指示器 cur）代替指针指示结

点在数组中的相对位置。数组的第 0 分量可看成头结点，其指针域指示链表的第一个结点。如图 2－13（A）所示为线性表（ZHAO，QIAN，SUN，LI，ZHOU，WU，ZHENG，WANG）的存储结构。这种存储结构需要预先分配一个较大的空间，但在作线性表的插入和删除操作时不需移动元素，仅需修改指针，故仍具有链式存储结构的主要优点。例如，图 2－13（B）展示了图 2－13（A）所示线性表在插入数据元素“SHI”和删除数据元素“ZHENG”之后的状况。为了和指针型描述的线性链表相区别，我们给这种用数组描述的链表叫静态链表。

0		1
1	ZHAO	2
2	QIAN	3
3	SUN	4
4	LI	5
5	ZHOU	6
6	WU	7
7	ZHENG	8
8	WANG	0
9		
10		

（A）修改前状态

0		1
1	ZHAO	2
2	QIAN	3
3	SUN	4
4	LI	9
5	ZHOU	6
6	WU	8
7	ZHENG	8
8	WANG	0
9	SHI	5
10		

（B）修改后状态

图 2－13　静态链表示例

假设 S 为 SlinkList 型变量，则 S［0］．cur 指示第一个结点在数组中的位置，若设 i = S［0］. cur，则 S［i］．data 存储线性表的第一个数据元素，且 S［i］．cur 指示第二个结点在数组中的位置。一般情况，若第 i 个分量表示链表的第 k 个结点，则 S［i］．cur 指示第 k+1个结点的位置。因此在静态链表中实现线性表的操作和动态链表相似，以整型游标 i 代替动态指针 p，i = S［i］．cur 的操作实为指针后移（类似于 p = p－>next）。例如，静态链表的初始化及在静态链表中实现的定位函数算法如下。

算法 2－12：

```
void InitSpace（SlinkList &S）{
    //将一维数组 S 中各分量链成一个备用链表，S［0］．cur 为头指针
    //“0”表示空指针
    for（i=0；i<MAXSIZE-1；++i）
        S［i］．cur=i+1；
    S［MAXSIZE-1］．cur=0；
}   //InitSpace
```

算法2-13：

```
int LocateElem (SLinkList S, ElemType e) {
    //在静态单链线性表L中查找第1个值为e的元素
    //若找到，则返回它在L中的位序，否则返回0
        i=S [0] .cur;    //i指示表中第一个结点
    while (i && S [i] .data! =e)    //在表中顺链查找
        i=S [i] .cur;
    return i;
} // LocateElem
```

温馨提示

静态链表中，为了辨明数组中哪些分量未被使用，解决的办法是将所有未被使用过以及被删除的分量用游标链成一个备用的链表，每当进行插入时便可从备用链表上取得第一个结点作为待插入的新结点；反之，在删除时将从链表中删除下来的结点链接到备用链表上。

2.4 顺序表和链表的比较

1. 顺序表的特点

①线性表的顺序存储结构是逻辑上相邻的两个元素在物理位置上也相邻，因此，可以随机存取表中任意一个元素；

②顺序表的缺点是大小固定，不利于增减结点，因为对顺序表作插入、删除时需要移动大量的数据元素，影响了运行效率；

③顺序表预先分配空间时，必须按最大空间分配，存储空点得不到充分的利用。

2. 链表的特点

①线性表的链式存储结构，不需要用地址连续的存储单元来实现，因为它不要求逻辑上相邻的两个数据元素物理上也相邻，而是通过“链”，建立数据元素之间的逻辑关系，因此不能进行随机访问，只能顺序访问；

②链表的优点是采用指针方式增减结点，非常方便，只需修改指针的指向，不需移动数据元素；

③链表中每个结点上增加了指针域，造成额外存储空间增大。

2.5 总结与提高

2.5.1 主要知识点

①顺序表和链表存储结构的描述方法。

②顺序表的查找、插入和删除算法。

③各种链表的查找、插入和删除算法。

2.5.2 典型例题

1. 链表不具备的特点是（ ）。

A. 可随机访问任一结点　　B. 插入删除不需要移动元素

C. 不必事先估计存储空间　　D. 所需空间与其长度成正比

2. 带头结点的单链表 head 为空的判定条件是（ ）。

A. head = = NULL　　B. head - > next = = NULL

C. head - > next = = head　　D. head ! = NULL

3. 若某表最常用的操作是在最后一个结点之后插入一个结点或删除最后一个结点，则采用（ ）存储方式最节省运算时间。

A. 单链表　　B. 给出表头指针的单循环链表

C. 双链表　　D. 带头结点的双循环链表

4. 需要分配较大空间，插入和删除不需要移动元素的线性表，其存储结构是（ ）。

A. 单链表　　B．静态链表　　C. 线性链表　　D. 顺序存储结构

5. 与单链表相比，双链表的优点之一是（ ）。

A. 插入、删除操作更简单　　B. 可以进行随机访问

C. 可以省略表头指针或表尾指针　　D. 顺序访问相邻结点更灵活

6. 在一个单链表中的 p 所指结点之前插入结点 s，可执行如下的操作：

s - > next = ____①____;

p - > next = s;

t = p - > data;

p - > data = ____②____;

s - > data = ____③____;

练习题目

1. 下面是将不带头结点的链表 L 逆置的程序，请将程序补充完整：

```
void invert (Node *L)
  {Node *p, *q, *r;
  p = L;
  q = p - > next;
  while (q! = NULL)
       {________
        ________
        p = q; q = r;}
  L - > next = NULL;
  L = p;
}
```

2. 线性表中有 n 个元素，以下算法中，（ ）在顺序表上实现比在链表上实现效率

更高。

A. 输出第 i（0≤i≤n－1）个元素

B. 交换第 0 个元素与第 1 个元素的值

C. 顺序输出这 n 个元素的值

D. 输出与给定值 x 相等的元素在线性表中的序号

3. 单链表中，增加一个头结点的目的是为了（　　）。

A. 使单链表至少有一个结点　B. 标识表结点中首结点的位置

C. 方便运算的实现　　　　　D. 说明单链表是线性表的链式存储

4. 在一个单链表 HL 中，若要在指针 q 所指的结点的后面插入一个由指针 p 所指的结点，则执行（　　）。

A. q－＞next ＝ p－＞next；　p－＞next ＝ q

B. p－＞next ＝ q－＞next；　q ＝ p

C. q－＞next ＝ p－＞next；　p－＞next ＝ q

D. p－＞next ＝ q－＞next；　q－＞next ＝ p

5. 不带头结点的单链表 head 为空的判定条件是（　　）

A. head＝ ＝NULL　　　　B. head－＞next＝ ＝NULL

C. head－＞next＝ ＝head　　D. head！ ＝NULL

6. 设 p 结点是带表头结点的双循环链表中的结点，则在 p 结点前插入 s 结点的语句序列中正确的是（　　）。

A. p－＞prior＝s；p－＞prior－＞next＝s；s－＞prior＝p－＞prior；s－＞next＝p

B. p－＞prior－＞next＝s；p－＞prior＝s；s－＞prior＝p－＞prior；s－＞next＝p

C. s－＞prior＝p－＞prior；p－＞prior－＞next；p－＞prior＝s；s－＞next＝p

D. p－＞prior＝s；s－＞next＝p；p－＞prior－＞next＝s；s－＞prior＝p－＞prior

7. 在一个单链表中删除 p 所指的结点时，应执行以下操作：

q＝p－＞next；

____

____

free（q）；

实验题目

假设有两个集合 A 和 B 分别用两个线性表 La 和 LB 表示，即线性表中的数据元素即为集合中的成员，现要求一个新的集合 A＝A∪B，例如：A＝｛1，2，3，4｝，B ＝｛1，5，6，4，8，9｝，则 A∪B ＝｛1，2，3，4，5，6，8，9｝。

第三章

3 栈和队列

本章要点

◎ 了解栈和队列的定义及其特点
◎ 掌握栈和队列的存储结构及其基本运算的实现
◎ 利用栈和队列的特点解决实际问题
◎ 掌握递归的方法

3.1　栈

3.1.1　栈的定义及基本操作

1. 栈的定义

栈是一种有序关系的链表结构，数据的存取都由同一端点进出栈，此端点称为栈的顶端（top）。这样的特性就如同一个开口的桶子，放入或拿取东西都得通过此开口，因此有后进先出（Last in First out）的关系，简称 LIFO。若有一个数组 stack［N］当做栈，则 stack［0］称为栈的底部，指针 top 指向最顶端的元素。栈的两个基本运算是入栈（push）和出栈（pop），在栈中插入一个元素称为入栈（push），从栈中删除元素称为出栈（pop）。如图 3－1 所示，一开始将元素 a_1 放入栈底，再将元素 a_2，a_3，a_4 依次放入栈中；弹出时，从栈顶元素 a_4 开始取出，直到栈内没有数据时停止。

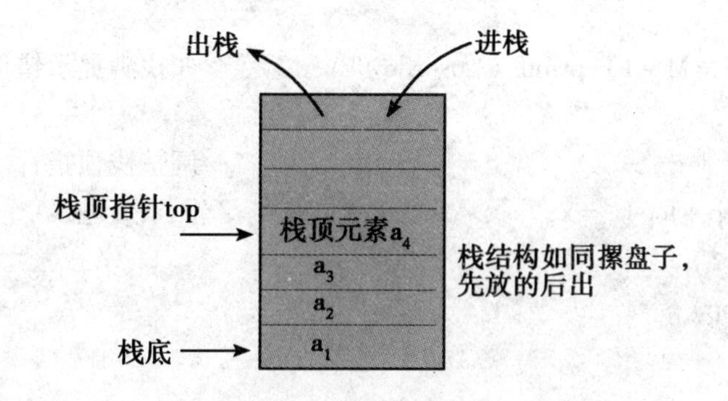

图 3－1　栈的逻辑结构

2. 栈的基本操作

①产生栈结构：利用程序语言的声明指令，将栈声明成数组或链表结构。

②将数据压入栈：若栈不是满的，则更改 top 指针后将数据压入栈。

③将数据弹出栈：若栈不是空的，则将顶端数据取出后，更改 top 指针值。

3.1.2　栈的存储和运算实现

栈的存储方式有两种：

静态的数组结构：以一固定大小的数组来表示栈，其优点为以任何语言处理都相当方便；但缺点为数组大小是固定的，而栈本身是变动的，如果进出栈的数据量无法预知，就很难声明数组的大小，若声明太大易造成内存资源的浪费，声明太小易造成栈不够使用的问题。

动态的链表结构：使用链表的结构来当做栈，因链表的声明是动态的，可随时改变链表的长度，优点为可以有效地利用内存资源；但缺点为处理较为复杂。

1. 以数组表示栈

栈的最大深度是限定的，设为 M。

int top = -1，stack［M］；//设栈空时指针为负数

定义栈顶指针 top 意义如图 3-2 所示。

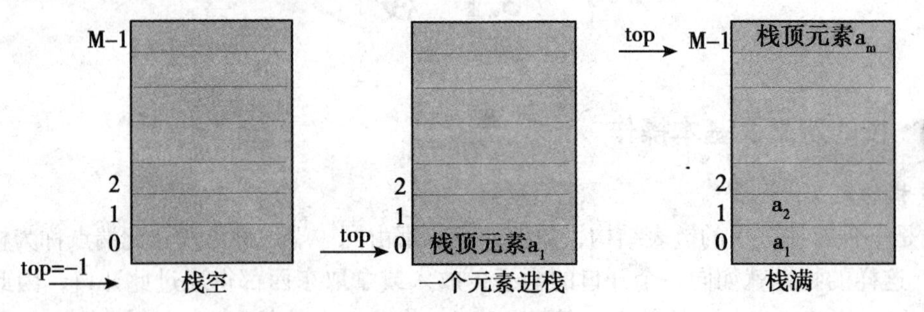

图 3-2 栈指针状态

其中，进栈函数的 C 语言实现如算法 3-1 所示，出栈函数的 C 语言实现如算法 3-2 所示。

算法 3-1：

```
int push (struct node *p, struct node x, int top)
{
    if (top = =M-1) printf ("overflow");        //如栈满提示错误信息
    esle {
        top++;                                   //调整栈顶指针
        *(p+top) =x;                             //元素 x 进栈
        }
    return (top);
}
```

算法 3-2：

```
int pop (struct node * p, struct node * x, int top)
{
        if (top<0) printf ("overflow");      //如栈空提示错误信息
        else    {
                *x = * (p+top);               //出栈
                top--;                        //调整栈顶指针
                }
return (top);
```

2. 以链表表示栈

声明方式：

```
typedef struct stack_ node
  {
     float info;
     struct stack_ node * next;
  } STKPTR;
 STKPTR * stk;
```

进栈函数的 C 语言实现如算法 3－3 所示，出栈函数的 C 语言实现如算法 3－4 所示。

算法 3－3：

```
void push STKPTR （＊＊stk，float x）
{
   STKPTR ＊top;
   top = malloc （sizeof （STKPTR））;
   top－>info = x;
   top－>next = ＊stk;
   ＊stk = top;
}
```

算法 3－4：

```
float pop （STKPTR ＊＊stk）
{
   STKPTR ＊top;
   if （＊ stk = = NULL） printf （"stack underflow!"）;
   else
   {
        float x;
        x = （＊stk） －>info;
        top = ＊stk;
        ＊stk = （＊stk） －>next;
        free （top）;
        return （x）;
   }
}
```

3.1.3　栈的应用举例

1. *表达式求值*

表达式求值是编译程序中最基本的问题。C 语言中每一种运算符对应着相应的优先数，优先数大的级别高，在表达式中优先处理。表 3－1 给出了 C 语言运算符优先级排列。

编译系统使用两个工作栈按运算符的优先级处理表达式求值问题。一个数据栈 NS，一个是运算符栈 OS，且 OS 初始装入运算符‘；’。工作时，编译程序从左至右扫描表达式，遇到操作数就压入数据栈；遇到运算符，则比较该运算符优先数和 OS 栈顶元素优先数的差别，若大于栈顶运算符的优先数，将该运算符压入 OS 栈成为新栈顶元素。否则，OS 栈顶运算符出栈（设为 θ），同时数据栈弹出两个操作数（设为 x 和 y），以出栈运算符 θ 连接这两个操作数进行运算（xθy），并将结果压入数据栈 NS。扫描过程一直到遇见边界符‘；’且 OS 栈顶运算符也是‘；’为止，此时的 NS 栈顶元素就是表达式值。

表 3 - 1　运算符的优先级与结合律

优先级	运算符	优先数	结合律
从高到低排列	( ) [ ] - > .	15	从左至右
	! ~ + + - - （类型） sizeof + - * &	14	从右至左
	* / %	13	从左至右
	+ -	12	从左至右
	< < > >	11	从左至右
	< < = > > =	10	从左至右
	= = ! =	9	从左至右
	&	8	从左至右
	^	7	从左至右
	|	6	从左至右
	&&	5	从左至右
	| |	4	从右至左
	?:	3	从右至左
	= + = - = * = / = % = & = ^ = | = < < = > > =	2	从左至右
	;	1	

例 3.1　求表达式 A/B * C + D；的值。

表达式的求值过程如图 3 - 3 所示。参考函数如算法 3 - 5 所示。

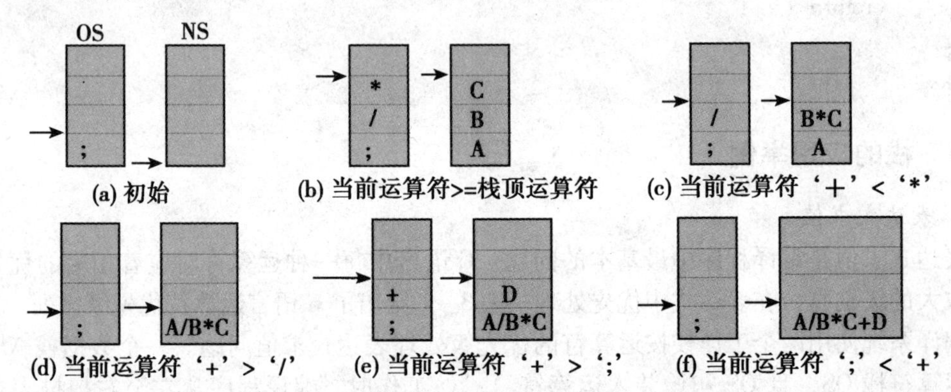

图 3 - 3　扫描表达式 A/B * C + D；栈的状态

算法 3 - 5：

```
int exp (char *p, int n)
{
int i, j=0, val;
char os_ stack [LENGTH], ns_ stack [LENGTH];
```

```
char t,w,q,iw,iq,z,x,y;
os_stack[0] =0;             //建立一个栈,stack[0]是栈顶指针
ns_stack[0] =0;
push(os_stack,';');         //初始运算符
t=0;                        //t=0 表示扫描下一个符号
while(t! =2){
    if(t= =0){
        w= *(p+j);          //w 是当前扫描符号
        if(w= ='=')w=';';
        }
    if((w! ='+')&&(w! ='-')&&(w! ='*')&&(w! ='/')&&(w! =';')){
        push(ns_stack,w);
        j++;
        }                   //假设仅限定 short 类型数据运算
    else{
        pop(os_stack,&q);   //取栈顶运算符
        taB le(w,&iw);
        taB le(q,&iq);      //取优先级数
        if(iw>iq){
            push(os_stack,q);      //恢复栈顶
            push(os_stack,w);      //新操作符进栈
            t=0;
            j++;
            }
        else{
        if((q= =';')&&(w= =';')){pop(ns_stack,&z);t=2;}//表达式求值结束
            else{
                pop (ns_ stack, &y); //数据出栈
                pop (ns_ stack, &x);
                x=operand (x, q, y); // operand () 是运算函数，q 是运算符
                push (ns_ stack, x);
                t=1;
                }
            }
        }
    }
    return (z);                //返回表达式值
}
```

2. 编译程序扫描问题

堆栈结构在程序编译中被广泛应用，一段程序需要编译成为 CPU 可执行的机器码才能运行，称为执行文件（*.exe）。当编译程序扫描每一行语句时，首先需要检查是否存在语法错误，例 3.2 说明了利用栈结构检查左右括弧是否匹配的方法。

例 3.2　设堆栈上限为 100，输入一行 C 语句的字符串，长度不超过 80，求：

①程序从左至右扫描字符串时判别该字符串中左、右圆括弧是否平衡。如果字符串不平衡，返回字符串中第一个不匹配的圆括弧位置；若平衡则返回正常匹配信息。即遇见第一个不匹配的右圆括弧时，中断扫描并返回其在字符串中的位置，如有多个左圆括弧不匹配就返回第一个不匹配的左圆括弧在字符串中的位置。

②设长度 0 至 n－1 的字符串在数组 str［80］中，写出用栈函数实现该算法。

解①：编译程序扫描下列语句存在左右括弧不平衡情况。

if（a>B）&&（c<d）c=10；//第 3 个位置的左圆括弧不匹配

if（a>B）&&（c>d））c=10；//第 15 个位置的右圆括弧不匹配

算法思想：用栈存储扫描过程中遇见的左圆括弧在字符串中的位置，每遇见一个左圆括弧就将其在字符串中的位置进栈，每遇见一个右圆括弧就弹出一个栈顶元素，因为右圆括弧总是与最近一个左圆括弧相匹配，即其位置最近进入堆栈的那个左圆括弧，利用堆栈先进后出原理可以检查左右匹配情况，如果栈空，则当前是不匹配的右圆括弧，将其位置返回；如果扫描结束并且栈不为空，则有左圆括弧不匹配，返回栈底元素。图 3－4 给出了用堆栈结构扫描语句 if（（a>B）&&（c<d）c=10；的过程。由于该语句的右括弧比左括弧少一个，当扫描到分号';'时，栈并不为空，栈顶元素是 3，表明该行语句的第三个字符位置上的左括弧没有匹配。

解②：栈函数算法实现如算法 3－6 所示。

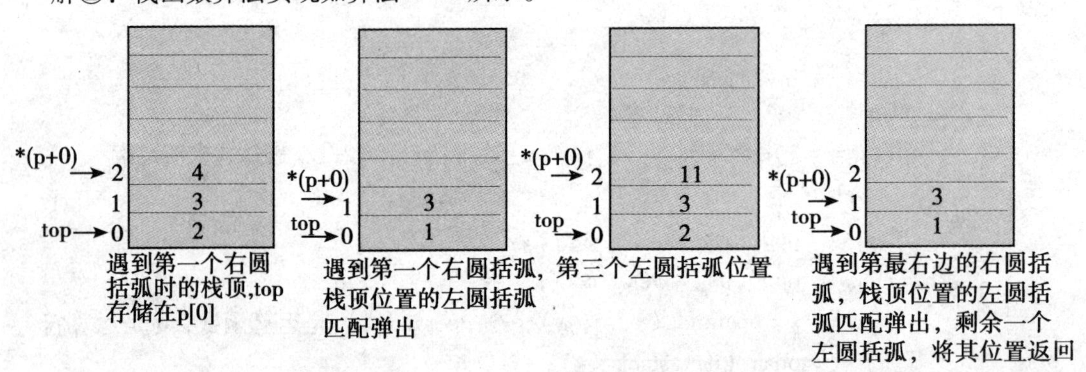

图 3－4　扫描例 3.2 第一条语句时匹配栈的状态

算法 3－6：

```
int B alance(char *p,int n,char *message)//p 指向输入行,n 是长度,message 返回信息
{   int i,val,stack[LENGTH];
    stack[0]=0;//建立一个栈,stack[0]是栈顶指针 top
    for(i=0;i<n;i++){
    if(*(p+i)=='(')push(stack,i);//'(' 所在位置 i 进栈
```

```
        else {
            if( *(p+i) = = ')'){
                        if(pop(stack,&val) = = -1){
                            strcpy(message,"右圆括弧不匹配,位置:");
                            return(i+1);//返回非法右圆括弧位置
                            }
                        }
            }
        }
        if((i = =n)&&(stack[0]! =0))
        {//左圆括弧多余,栈底元素是第一个非法的左圆括弧位置
            while(pop(stack,&val)! = -1){}
            strcpy(message,"左圆括弧不匹配,位置:");
            return(val);//返回失衡位置
            }
            strcpy(message,"圆括弧匹配正常");
            return( -1);//正常返回为 -1
}
    int push(int *p,int x)
    {
            if( *(p+0) = =LENGTH)return( -1);//如栈满提示错误信息
            else{
                    *(p+0) + =1;//调整栈顶指针
                    *(p+ *(p+0)) =x+1;       //元素位置进栈
                    }
            return(1);//如栈非满返回正常信息
        }
        int pop(int *p,int *val)
        {
            if( *(p+0) = =0)return( -1);//如栈空返回错误状态
            else{
                    *val = *(p+ *(p+0));          //出栈
                    *(p+0) - =1;                    //调整栈顶指针
                    }
            return(1);//如栈非空返回正常状态
    }
```

3.1.4　栈与递归的实现

读者在 C 语言程序设计中已经接触过递归的概念和程序设计方法。一个直接调用自己，

或通过一系列的过程调用语句间接的调用自己的过程（函数）称为递归调用过程（函数）。

递归是程序设计中很难掌握的内容，应用非常广泛。树、二叉树、广义表中的数据结构都是递归结构。某些数学函数，比如阶乘函数 n! 求值，也可以表达为递归形式：

$$Fact(n)=\begin{cases}1, & n=0;\\ n\cdot Fact(n-1) & n>0;\end{cases}$$

如果对象是递归结构的，用递归函数实现程序就非常简洁，但设计方法比较难掌握。而栈在递归调用中有着重要作用，调用一个函数需要完成：

将参与断点地址传送给被调用函数；

为被调用函数的局部变量在栈中分配数据区；

从被调用函数入口地址开始执行。

从被调用函数返回时正好相反：

传递被调用函数的运行结果给调用函数；

释放被调函数的数据区；

由保存的断点地址返回调用函数。

当一个递归函数被调用时，操作系统的工作栈必须是递归结构的。在一些计算机语言中并不支持递归函数。读者在 C 语言中已学习过递归的概念，知道它的每一步都由其前身来定义，在递归调用过程中，主调函数又是被调函数。执行递归函数将反复调用其自身。每调用一次就进入新的一层，如果编程中没有设定可以中止递归调用的出口条件，则递归过程会无限制的进行下去，最终会造成系统溢出错误。所以，程序必须有递归出口，即在满足一定条件时不再递归调用。

解决一个现实问题的算法是否应该设计成一个递归调用的形式，完全取决于实际应用问题本身的特性，只有在待处理对象本身具有递归结构特征的情况下，程序才应该设计为递归结构。比如在现实世界中描述一棵树的定义说，树是一个或多个结点组成的有限集合，其中：

必有且仅有一个特定的称为根（root）的结点；

剩下的结点被分成 m≥0 个互不相交的集合 T_1，T_2，···，T_m，而且其中的每一元素又都是一棵树，称为根的子树（SuB tree）（图 3－5）。

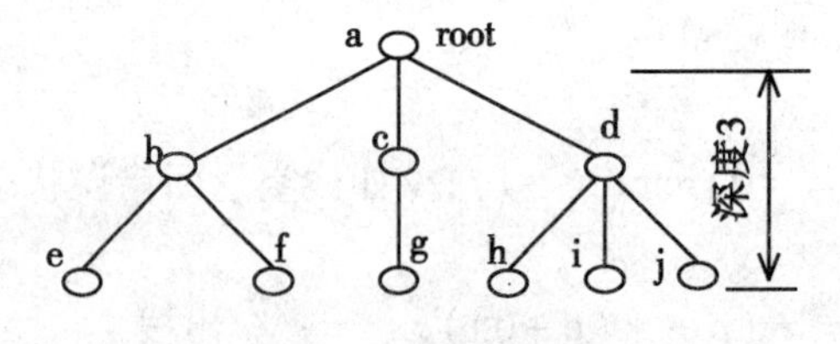

图 3－5　树的形式

显然树的定义是递归的。所以，有关树的函数结构都是递归形式的。如果任务对象本身不具备递归性质，比如，计算一个高阶方程式，就不可能设计递归形式的程序。

温馨提示

一个规模为 n 的问题，若该问题可以容易地解决（比如说规模 n 较小）则直接解决，否则将其分解为 k 个规模较小的子问题，这些子问题互相独立且与原问题形式相同，递归求解这些子问题，然后将各子问题的解合并得到原问题的解。

例 3.3　求 n 的阶乘。

分析方法过程如下。

从减小 n 的规模考虑，n 的阶乘可以看成是 n（n－1）!，而求（n－1）! 与求 n! 之间互相独立且与问题形式相同，显然，这是一个递归求解，因为我们追求将问题的规模一直分解到它的原子形式，也就是 1! ＝1，这就是出口条件，从底层回头，再将各子问题的解合并得到原问题的解，于是，2! ＝2，3! ＝6，…。阶乘函数的递归算法见算法 3－7。

算法 3－7：

```
int f (int n)
{
    if (n = =1) return (1);
    return (n*f (n-1));
}
```

例 3.4　汉诺塔算法。

Hanoi 塔问题：一个平面上有三根立柱：A，B，C。A 柱上套有 n 个大小不等的圆盘，大的在下，小的在上。如图 3－6 所示。要把这 n 个圆盘从 A 柱上移动 C 柱上，每次只能移动一个圆盘，移动可以借助 B 柱进行。但在任何时候，任何柱上的圆盘都必须保持大盘在下，小盘在上。求移动的步骤。

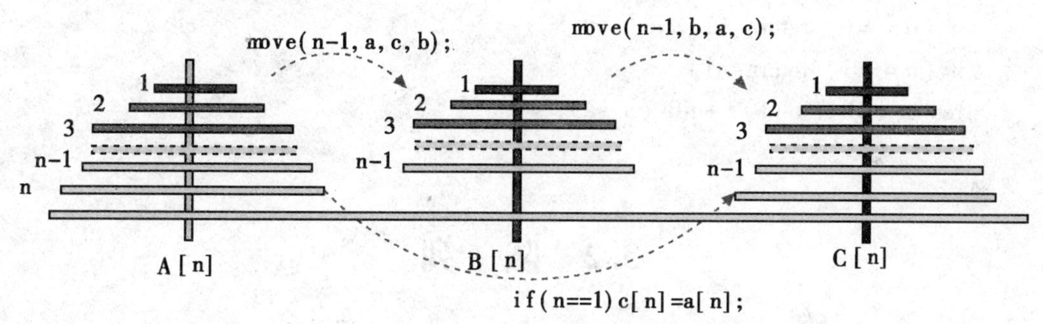

图 3－6　Hanoi 塔问题的递归求解

分析方法过程如下。

①简化问题：设盘子只有一个，则本问题可简化为 A→C。

②对于多于一个盘子的情况，首先减小问题规模，将问题分为两部分：第 n 个盘子和除 n 以外的 n－1 个盘子。如果将除 n 以外的 n－1 个盘子看成一个整体，则要解决本问题，可按以下步骤：

a. 将 A 杆上 n－1 个盘子借助于 C 先移到 B 杆；A→B　（n－1，A，C，B）

b. 将 A 杆上第 n 个盘子从 A 移到 C 杆；A→C

c. 将 B 杆上 n－1 个盘子借助 A 移到 C 杆。B →C（n－1，B，A，C）

现在，已经知道最小问题的解，也知道各个子问题的描述，于是从 n 开始递归求解各个子问题，由递归出口条件求得最小问题的解，再合并为原问题的解，过程如算法 3－8 所示。

算法 3 - 8：

```
void move (int n, int *a, int *B, int *c)
{
    if (n==1) *(c+n) = *(a+n); //出口条件
    else {
        move (n-1, a, c, B); //递归调用
        *(c+n) = *(a+n);
        move (n-1, B, a, c);
        }
}
```

例 3.5　求解 FiB onacci 序列的算法。FiB onacci 函数定义如下：

$$Fib(n) = \begin{cases} 1 & n = 0 \\ 1 & n = 1 \\ Fib(n-1) + Fib(n-2) & n > 1 \end{cases}$$

它的递归实现算法 3 - 9 如下所示。

算法 3 - 9：

```
int fiB (int n)
{
    if (n==0) return (1);
    if (n==1) return (1);
    return (fiB (n-1) +fiB (n-2));
}
```

3.2　队　列

3.2.1　队列的定义及基本操作

1. 队列的定义

队列和栈一样，都属于链表的一种，是一个有顺序的数据结构，但队列的插入和删除是在不同的两端分别进行的。删除数据的一端点称为队头（front），插入数据的一端称为队尾（rear），因此也就是“先进先出”的数据结构，与栈的“先进后出”不同，栈数据的插入和删除都发生在栈的同一端。举一个日常生活的例子，队列就好比正在排队买票的队伍，要买票的人都依序加在队伍的后面，此即为队尾；最先到的人当然就排在队伍的前面，可以先买到票，买完后就从前面离开队伍，此即为队头。故队列可用图 3 - 7 来表示。

综上所述，将队列的定义归纳如下。

①队列是一个有次序性的数据项目集合。

②其数据项目仅可由一端进入，而由另一端删除，这两端分别称为队尾和队头。

③队列具有“先进先出”的特性，称为 First in First out，简称 FIFO。

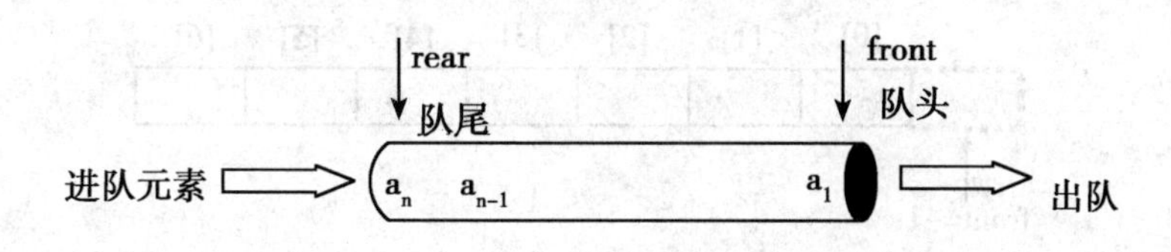

图 3－7　队列逻辑结构

2. 队列的基本操作

①建立一个空队。

②向队尾推入一新元素。

③从队头删除一个元素。

3.2.2　队列的存储及运算实现

1. 以数组表示线性队列

队列的插入与删除分别在队尾及队头执行，因此必须有两个变量记录队列头、尾的位置。

使用 C 语言的结构声明，可以同时包含存储队列的元素数组与队头及队尾变量。声明如下：

```
#define MAXQUE 100
typedef struct que_ rec
{
  float item [MAXQUE];
  int front, rear;
} QUEUE;
QUEUE que;
que. front = -1;
que. rear = -1;
```

（1）向队尾推入一新元素。

①将 rear 指针加 1；

②将数据存入 rear 指针所指到的位置上。

（2）从队头删除一个元素。

①将 front 指针加 1；

②取出 front 指针所指到的位置上的数据。

使用数组来完成线性队列，在插入数据时，还必须多注意是否要先将原本的数据移位，以下举一实例说明：

①设队列的大小为 7（即 MAXQUE =7），且一开始为空队列，如图 3－8 所示：

开始时 front 和 rear 均默认为 －1，表示为空队列。也就是说 front = rear，则为空队列。

②插入数据 A（图 3－9）（front = －1，rear =0）。

③继续插入数据 B 、C（图 3－10）（front = －1，rear =2）。

④删除 A（图 3－11）（front =0，rear =2）。

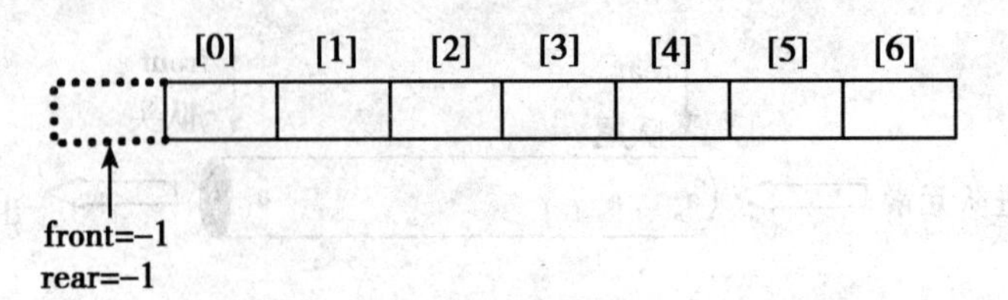

图 3－8　设队列大小为 7

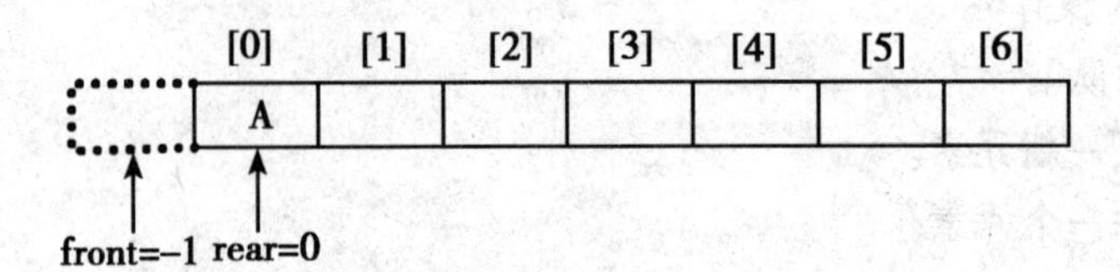

图 3－9　插入数据 A

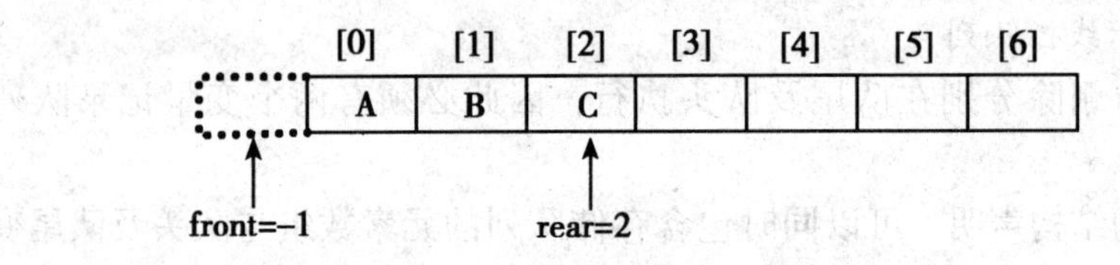

图 3－10　插入数据 B 、C

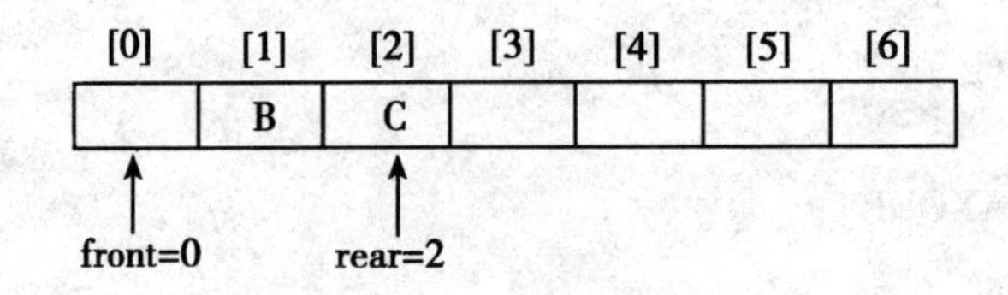

图 3－11　删除数据 A

⑤删除 B（图 3－12）（front ＝ 1，rear ＝2）。

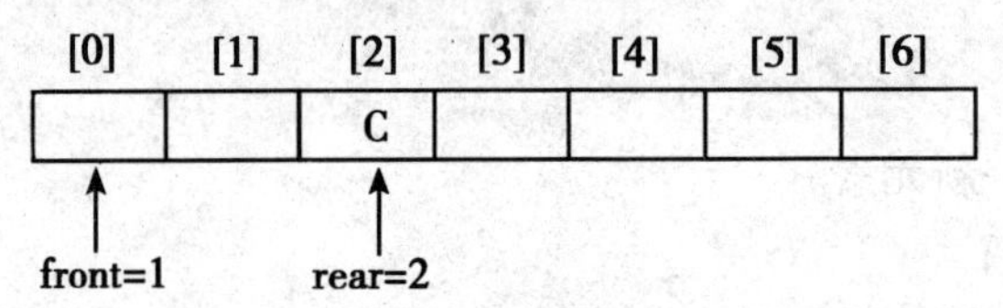

图 3－12　删除 B

⑥插入 D、E、F、G（图 3－13）（front ＝ 1，rear ＝6）。

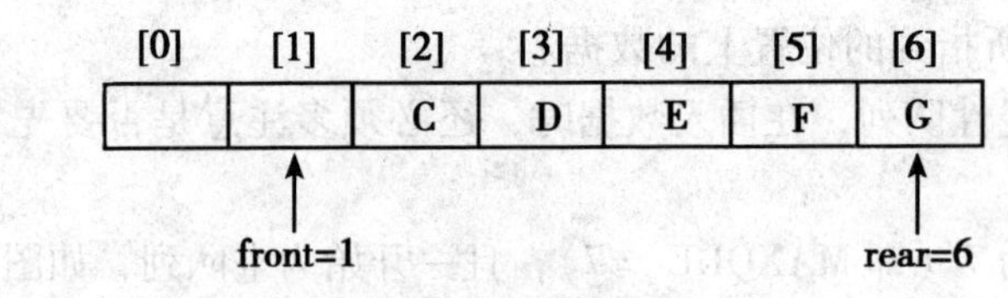

图 3－13　插入 D、E、F、G

⑦此时若还要继续插入数据 H 时，则变成如图 3－14 所示（front ＝ 1，rear ＝7），rear 指针变量的值变成 7，已经超过数组的声明 MAXQUE 范围了（在 C 语言中声明 que［MAX-

QUE]，则数组可用范围是从 que [0] ~que [MAXQUE -1])，队列已经无法再从队尾插入新的数据。

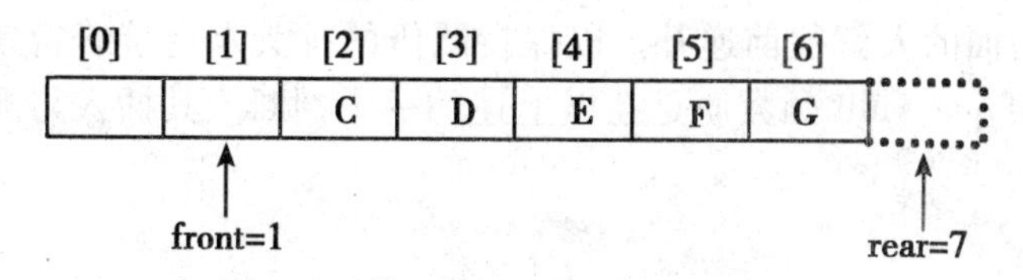

图 3-14　插入数据 H 时

但是实际上前面还有空的位置可供数据插入，但却因为插入的数据必须从队尾插入而无法使用，使得队头的空位没有被有效的利用。解决的方法，就是将所有的数据往前挪，让空间留在队尾，新数据才可以加进来，如图 3-15 所示。

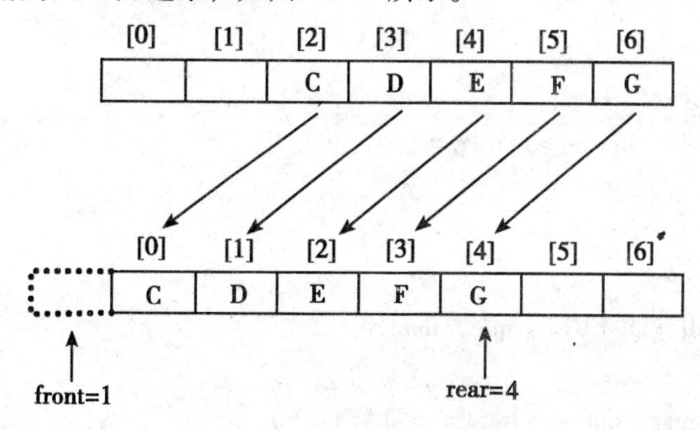

图 3-15　数据往前排留空在队尾

原本空在前面的两个位置变成空在后面，要再插入数据 H 时，便可以插入（图 3-16）。

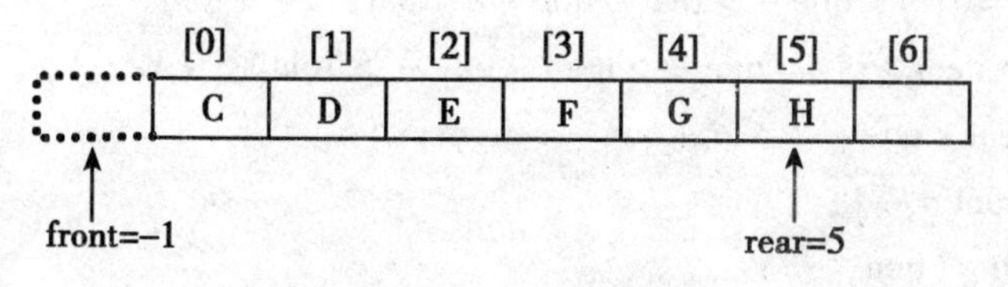

图 3-16　插入数据 H

再者我们考虑线性队列全满的情况，参见图 3-17 所示。

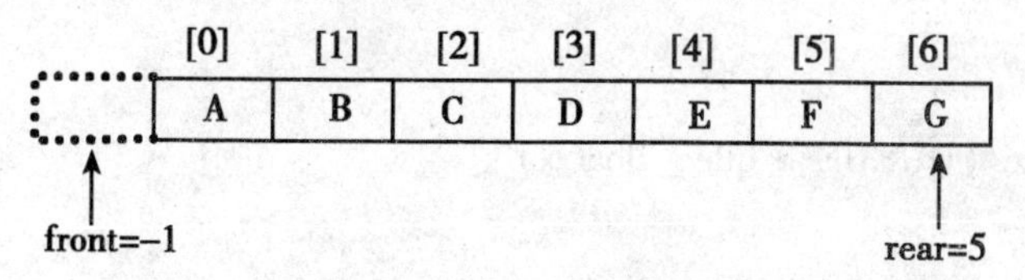

图 3-17　线性队列全满时

由上可知 rear -front 若等于 MAXQUE 的话，则表示队列已满。

总之，当我们要插入数据时，必须先检查 rear 指针是否已经到了数组声明的最高索引值，以上题为例，即要检查 rear 是否有等于 6（6 为 MAXQUE -1 的结果），如果有，则可能代表整个队列已满，或是队列的队尾已满，而队头并没有满，此时必须要将数据往前移动（如上例的步骤7所示）才可以将新的数据插入。这就如同大家在排队买票时，前面的人买到票离开后，其余后面的人就往前递补，以保持队伍的排头永远接着售票窗口是一样的道理。在下面的算法中 que_ full 函数便是在做上述的一个判断。其插入与删除数据的算法分别如下。

插入一个元素：

算法3-10：

```
void add_ queue (QUEUE *que, float x)
{
  if (que->rear==MAXQUE-1) queue_ full (que, x);
  else
  {
    (que->rear) ++;
    que->item [que->rear] =x;
  }
}

void queue_ full (QUEUE *que, float x)
{
  if (que->rear-que->front==MAXQUE)
    printf ("queue overflow!");
  else
  {
    for (int i=0; i<que->rear-que->front; i++)
      que->item [i] =que->item [que->front+i+1];
    que->rear=que->rear-que->front;
    que->front=-1;
    add_ queue (que, x);
  }
}
```

删除一个元素。

算法3-11：

```
float del_ queue (QUEUE *que, float x)
{
  if (que->front==que->rear)
    printf ("queue empty!");
  else
  {
    (que->front) ++;
```

```
    return (que->item [que->front]);
  }
}
```

2. 以链表表示线性队列

使用数组表示线性队列，如果常常执行删除运算，就会遇到数据必须不断往前移动的情况发生，造成时间上的浪费。使用链表表示线性队列，就没有上述的数据移动的问题，便可提高效率，因为C语言中的指针变量可将不连续的内存位置串联在一起，形成链表，再利用两个变量分别指到链表的前端和后端，即队头和队尾，则可形成一线性链接队列的结构。如图3－18所示：

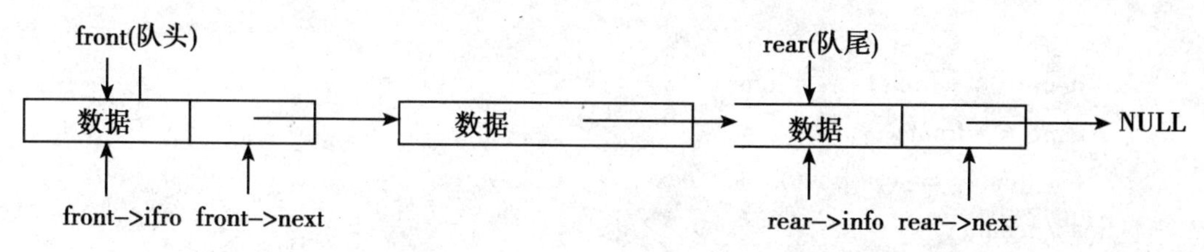

图3－18　以链表表示线性队列

声明如下。

```
typedef struct linkque
{
  float info;
  struct linkque *next;
} QUEPTR;
QUEPTR *front, *rear;
```

插入一个元素：

算法3－12：

```
void add_ queptr (QUEPTR **front, QUEPTR **rear, float x)
{
  QUEPTR *temp;
  temp = (QUEPTR *) malloc (sizeof (QUEPTR));
  temp->next = NULL;
  temp->info = x;
  if (*front == NULL)
    {
      *front = temp;
      *rear = temp;
    }
  else
  (*rear)->next = temp;
}
```

删除一个元素。

算法 3-13：

```
float del_ queptr (QUEPTR * * front)
{
   QUEPTR  * temp;
   float item;
   if ( * front = = NULL)
      printf ("queue empty!");
   else
   {
      item = ( * front) - > info;
      temp = * front;
      ( * front) = ( * front) - > next;
   free (temp);
   return (item);
   }
}
```

3. 以数组表示循环队列

利用数组来表示一个循环队列，其声明方法与线性队列的声明方式相同，只是数据的插入与删除的方法稍有改变而已，在概念上我们将原本线性的数组看为循环，即数组的第一个元素和数组的最后一个元素相连接，如图 3-19 所示：

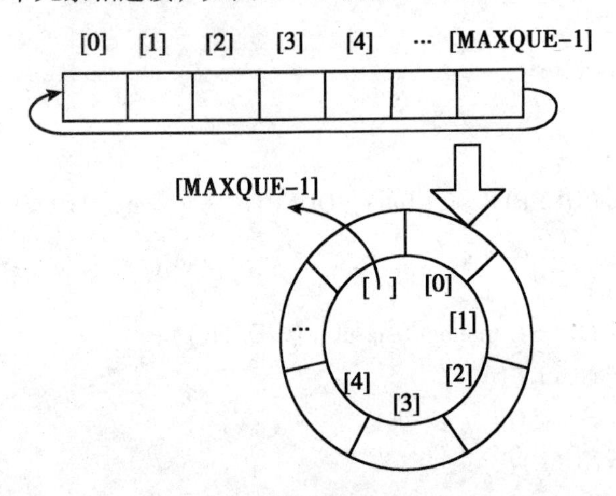

图 3-19 以数组表示循环队列

我们以讨论线性队列所举的例子为例，当执行到步骤（6）时，循环队列变成如图 3-20 所示（注意 front 指针是指到最前端数据的前一位置，不是最前端数据上的位置，这是为了避免无法判断队列溢出的困扰）。

当我们要再插入数据 H 时，因为循环队列的第一个元素和最后一个元素是相连的，所以 rear 的下一个位置就是［0］，数据 H 便插入到［0］的位置上，如图 3-21 所示：

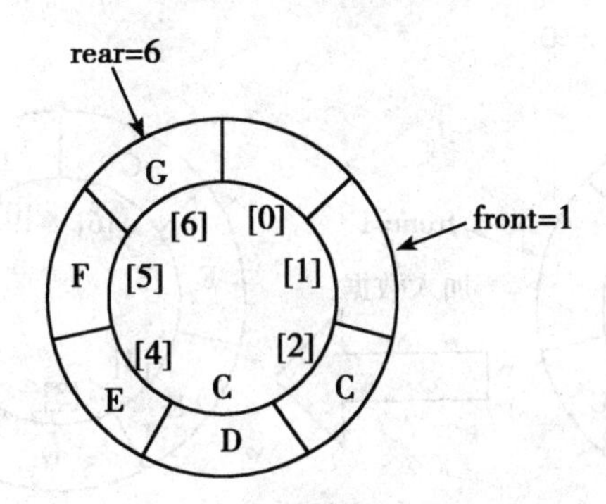

图 3－20 循环队列改变

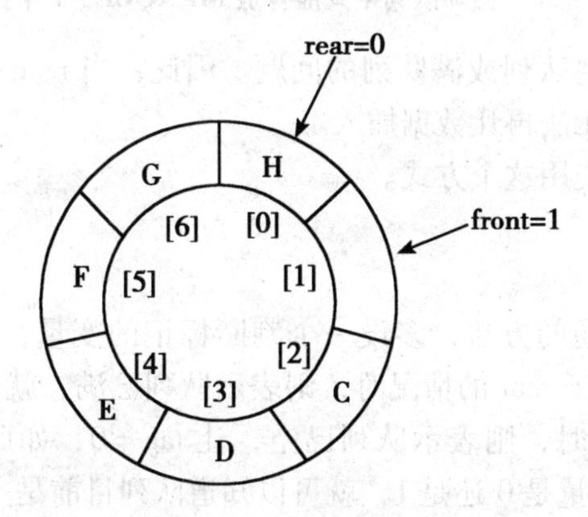

图 3－21 循环队列中 H 插入 0 的位置上

由上面的步骤，我们知道 rear 指针在每一次插入一项数据后，就会往顺时针方向走一格，但是 rear 指针的值却不一定是加 1 了，因为［6］的下一个位置是［0］，不是［7］，所以 rear 指针的下一个位置的索引值必须多一个判断式才可以求得：

```
if (rear = = MAXQUE - 1)
   rear = 0;
else
   rear + +;
```

上面的程序代码也可以直接由下面的运算式得到：

```
rear = (rear + 1) % MAXQUE;
```

其中，“%”是 C 语言中取余数的符号。当 rear＝6 时，我们插入一项数据后。rear 的值经上式计算后得出 rear＝（6＋1）%7＝0，会找到数组的第一个元素。

然而循环队列在判断空或满的情状是否和线性队列相同？在前面线性队列中，我们曾提过当 rear 等于 front 时可知队列为空，这也可以用在循环队列的判断上，但是我们现在要考虑如图 3－22 所示的问题。

在插入数据 I 之后，rear 指针顺时针移动一格，结果得知 rear＝1，竟然和 front 指针相同，也就是说循环队列为空队列和满队列时，rear 和 front 两指针都会指在相同的地方，如此一来我们便无法利用 front 等于 rear 这个判断式来分辨此时到底是空队列还是满队列。为了解决这个情况，我们允许队列最多只能存放 MAXQUE－1 个数据，也就是牺牲数组的最后

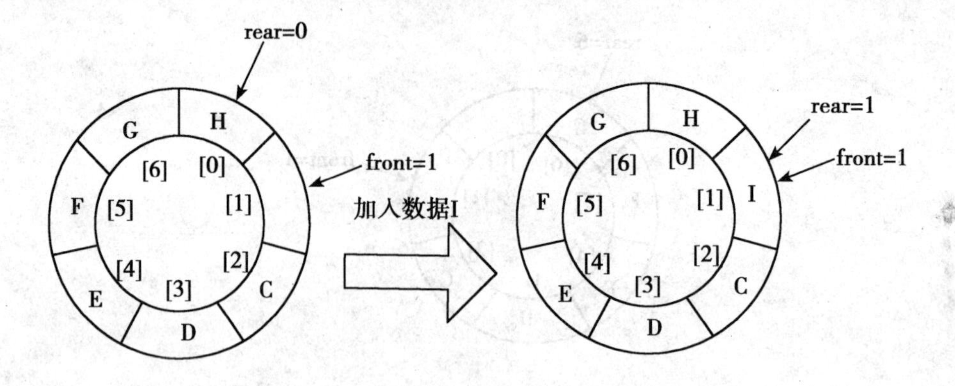

图 3－22 循环队列中只能存放 MAXQUE－1 个数据

一个空间来避免无法分辨空队列或满队列的问题。因此，当 rear 指针的下一个是 front 的位置时，就认定队列已满，无法再让数据插入。

在下面的算法中即是使用这个方式。

温馨提示

还有一种解决上述问题的方法，多设一个判断标记的变量，假设此变量的名称为 tag，当插入数据后遇到 front 等于 rear 的情况时，则表示队列已满，就让 tag = 1；当删除数据后遇到 front 等于 rear 的情况时，则表示队列已空，让 tag = 0，如此一来当发生了 front 等于 rear 时，就去看 tag 标记变量是 0 还是 1，就可以知道队列目前是空的还是满的。

插入一个元素。

算法 3－14：

```
void add_ queue (QUEUE *que, float x)
{
  if ( (que->rear+1)% MAXQUE ==front)
    printf ("queue overflow!");
  else
  {
    que->rear = (que->rear+1)%MAXQUE;
    que->item [que->rear] =x;
  }
}
```

删除一个元素。

算法 3－15：

```
float del_ queue (QUEUE *que, float x)
{
  if (que->front ==que->rear)
    printf ("queue empty!");
```

```
    else
      {
      que - >front = (que - >front + 1) % MAXQUE;
      return (que - >item [que - >front]);
      }
}
```

4. 以链表表示循环队列

以循环链表表示队列，可使队列由队头删除与由队尾插入的动作变得特别容易。如图 3 - 23 所示。

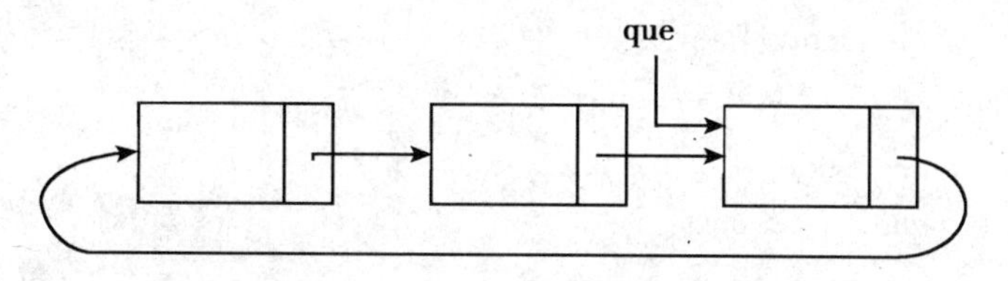

图 3 - 23　以链表表示循环队列

我们让指针 que 指向最后结点，结果发现：

（1）欲删除队头结点，相当于删掉结点 que 的下一个结点。

（2）欲向队尾插入一个结点，相当于加一结点在结点 que 的下一结点。

而上述两种情况都只需一个指针 que 指向最后一个结点即可，当 que 等于 NULL 时则表示为空队列。

算法如下：

插入一个元素。

算法 3 - 16：

```
void add_ cirqueptr (QUEPTR * * que, float x)
{
  QUEPTR * temp;
  temp = (QUEPTR * ) malloc (sizeof (QUEPTR));
  temp - > info = x;
  if ( * que = = NULL)
  {
    * que = temp;
    ( * que) - > next = * que;
  }
    else
    {
    temp - > next = ( * que) - > next;
    ( * que) - > next = temp;
     * que = temp;
```

```
    }
  }
```

删除一个元素。

算法 3－17：

```
void del_ cirqueptr (QUEUE *que)
{
   QUEPTR *front;
   float item;
   if ( *que = NULL)
      printf ("queue empty!");
   else
   {
      front = (*que) ->next;
      if (front == *que)
         *que = NULL;
      else
         (*que) ->next = front ->next;
      item = front ->info;
      free (front);
      return (item);
   }
}
```

3.2.3 队列的应用举例

例 3.5 滚动显示。工业记录仪和心电图仪的波形是队列结构的先进先出滚动显示方式，循环队列深度为 n，满屏时指针 sampling 指向队列尾端，采样信号到来时刻，当前采样数据被写入队列尾部，最旧的数据点在队列头部（屏幕顶端）被推出，每次显示时，指针 scan 总是从头部开始扫描输出整个队列的 n 点数据，并且，在没有最新数据点写入时，队列的数据被重复扫描输出。所以，画面只在有新采样点进入时被逐点滚动更新，如图 3－24 所示。

求①：根据题图画出长度为 n 的循环队列结构，标出 Sampling 和 Scan 指针位置。

求②：请描述最新采样数据点被写入时，Sampling 和 Scan 指针的动作过程（可以忽略实际地址关系）。

解①：

滚动采样广泛应用于工业记录仪和医用心电图显示，采样数据形成一个队列，队列头对应屏幕左端，队列尾对应屏幕右端。没有新采样点进入的时候数据被重复显示，一个新采样点进入的时候被置入队列尾，同时，队列头一个数据点出队列。本题是考查同学对队列头和队列尾两个指针动作的关联性理解，当元素进出队列没有时序上的关联时，两个指针动作是独立进行的，当元素进出队列有时序关联的时候，指针操作也同样具有关联，依题意，滚动采样进出队列是同步进行的，则需要同步调整两个指针指向即可，如图 3－25 所示。

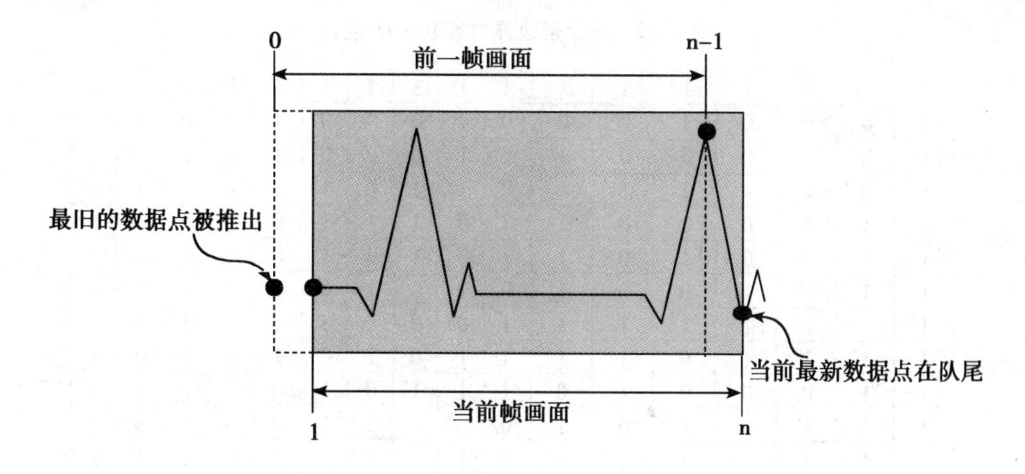

图 3-24 滚动显示原理

解②：

指针同步调整方式为：

```
Sampling + + ;
Q [Sampling] =数据;
Scan = Sampling + 1;
```

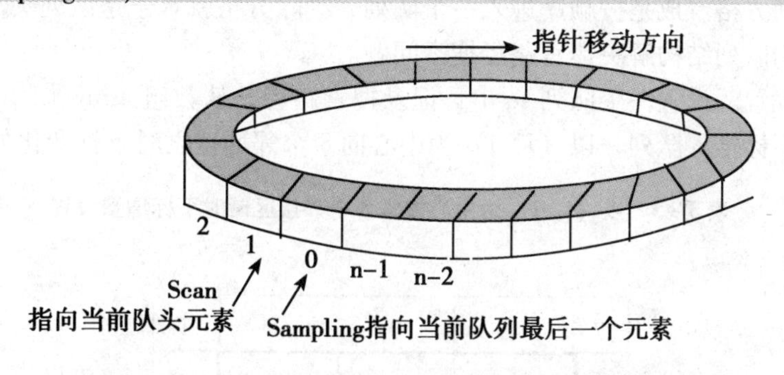

图 3-25 长度为 n 的滚动采样循环存储器指针位置

例 3.6 迷宫问题。n * m 迷宫是一个矩形区域，如表 3-2 所示（绿色区域是算法 3-18 搜索路径示意）。矩阵元素（1，1）为入口，（n，m）为出口，0 表示该方格可通过，1 表示该方格有阻碍不能通过。规则是每次只能从一个无障碍方格向其周围 8 各方向的邻接任一无障碍方格移动一步，问，当迷宫有解时如何寻找一条由入口到出口的路径并返回这个序列，或者不能连通时给出无解标志。求①提出思想；②给出算法。

解：

首先表 3-2 可以用二维数组表示 array [n] [m]，其中 array [0] [0] ~ array [0] [m]，array [0] [0] ~ array [n] [0]，array [n] [0] ~ array [n] [m]，array [0] [m] ~ array [n] [m]，这两行两列是我们设置的边界哨，取值为 1。

解题思路。初始我们不知道从哪一个方格沿哪个方向走，并通过邻接的方格逐步可以达到最后出口。但是，可以，如果把它每一步所有可能走的方向上的邻接方格都排列起来，下一步是把那些邻接方格它们所有可能走的方向上的所有邻接方格也继续排列起来，于是：

表 3-2 一个带边界哨的 10×15 迷宫

1	1	1	1	1	1	1	1	1	1	1	1	1	1	1	1	1
1	0	0	0	1	0	0	0	1	0	0	0	1	0	0	1	1
1	0	1	0	0	0	1	0	1	0	0	0	1	1	1	1	1
1	0	1	1	1	1	1	0	1	1	0	1	1	1	0	1	1
1	1	1	0	0	0	1	1	0	1	1	1	0	1	0	1	1
1	1	0	0	1	0	1	1	0	1	0	1	0	1	0	1	1
1	1	0	1	0	0	1	0	1	0	1	0	1	0	1	0	1
1	1	0	1	1	1	1	1	0	0	1	1	1	1	1	0	1
1	1	1	1	0	1	1	1	1	0	1	0	1	1	1	0	1
1	1	0	0	0	1	0	1	1	1	0	1	0	1	0	1	1
1	0	1	0	1	0	1	0	0	0	1	1	0	0	1	0	1
1	1	1	1	1	1	1	1	1	1	1	1	1	1	1	1	1

如果一个方格任何方向上都没有可走的邻接方格，我们就不再需要它，剔除；同样，一个方格所有可能走的方向上的邻接方格都已经列出来后，我们已经知道了后续搜索方向，也就不再需要这个方格，也可以剔除。

重复下去，我们会搜索到所有能走得到的方格，当发现有一个方格已是出口后停止。

选择数据结构。因为先搜索到的方格在排列出其后续要搜索的邻接方格之后，先被剔除，如果把排列方格看成是按顺序进入一个队列，剔除方格就等于是队列头部元素的出队操作，所以可以用队列结构解决迷宫路径搜索问题。

搜索方向设置。设置一个队列 sq［ ］记录搜索路径，从数组 array［1］［1］开始搜索时将每个方格下标推入队列，以（i，j）为中心向 8 个邻域搜索时下标变化如表 3-3 所示。

表 3-3 以（i，j）为中心搜索 8 个邻接区域时下标增量设置

7		0		1
	i-1,j-1	i-1,j	i-1,j+1	
6	i,j-1	i,j	i,j+1	2
	i+1,j-1	i+1,j	i+1,j+1	
5		4		3

算法步骤。首先定义结点及变量：

```
struct node{
        int x,y;//方格点坐标
        int pre; //前趋点指示
};
int array[N+2][M+2],i;//迷宫数组
struct node sq[M*N];//既是记录搜索路径的数组又是队列结构(非循环队列)
//初始化方向增量
```

```
int zx[8] = { -1, -1,0,1,1,1,0, -1};   //zx[0] = -1;zx[1] = -1;zx[2] =0;zx[3]
        =1;
//zx[4] =1;zx[5] =1;zx[6] =0; zx[7] = -1;
int zy[8] = {0,1,1,1,0, -1, -1, -1};//zy[0] =0; zy[1] =1;zy[2] =1;zy[3] =1;
//zy[4] =0;zy[5] = -1;zy[6] = -1;zy[7] = -1;
初始化迷宫边界（略）。
```

算法3-18：

```
int search(int array[N+2][M+2],struct node *q,int zx[8],int zy[8])
{
    int x,y,i,j,v;
    int front =1,rear =1;//设置队列指针
    struct node sq[N*M];//建立一个队列
    sq[1].x =1;
    sq[1].y =1;
    sq[1].pre =0;//从迷宫入口开始搜索
    *(*(array +1) +1) = -1;//第一行第一列,已经搜寻过方格的标记
    while(front <=rear){
        x =sq[front].x;
        y =sq[front].y;//当前搜索方格的坐标
        for(v =0;v <8;v++){//搜索8个方向邻接点
            i =x +zx[v];
            j =y +zy[v];//求得邻接点坐标
            if(*(*(array +i) +j) ==0){
                rear++;//该方格可走,准备进队列
                sq[rear].x =i;
                sq[rear].y =j;
                sq[rear].pre =front;//该方格的前趋
                *(*(array +i) +j) = -1;//当前方格已搜索过,打上标记防止重复
                                          搜索
            }
            if((i ==N)&&(j ==M)){
                i =rear;//从队列尾开始列出路经
                j =0;
                while(i){
                    (q+j)->x =sq[i].x;//返回的q中是搜索走过的路径
                    (q+j)->y =sq[i].y;
                    i =sq[i].pre;//根据前驱指针回溯
                    j++;
                }
```

```
                return( - -j);
            }
        }
        front + +;//8 个方向搜索完毕,该 aij元素出队列,注意只是指针在移动,
                //搜索过的方格坐标仍在 sq[ ]内,
        //front 指向的 sq[ ]中是已经列出的所有可能走的方向上的后续方格位置,
                //算法循环搜索它们 8 个方向上的所有可能走的后续方格位置
    }
    return( -1);//走出循环体是因为迷宫无解
}
```

程序调用返回值非负时表示迷宫得解，返回的 q 中是搜索路径过程中走过的点的行列坐标，而返回值指向搜索路径起点，下面是算法 3 – 18 对表 3 – 2 所示迷宫的运行结果。

迷宫:

1 1 1 1 1 1 1 1 1 1 1 1 1 1 1 1 1
1 0 0 0 1 0 0 0 1 0 0 0 1 0 0 1 1
1 0 1 0 0 0 1 0 1 0 0 0 1 1 1 1 1
1 0 1 1 1 1 1 0 1 1 0 1 1 1 0 1 1
1 1 1 0 0 0 1 1 0 1 1 1 0 1 0 1 1
1 1 0 0 1 0 1 1 0 1 0 1 0 1 0 1 1
1 1 0 1 0 0 1 0 1 0 1 0 1 0 1 0 1
1 1 0 1 1 1 1 1 0 0 1 1 1 1 1 0 1
1 1 1 1 0 1 1 1 1 0 1 0 1 1 1 0 1
1 1 0 1 0 1 0 1 1 1 0 1 0 1 0 1 1
1 0 1 0 1 0 1 0 0 0 1 1 0 0 1 0 1
1 1 1 1 1 1 1 1 1 1 1 1 1 1 1 1 1

搜索开始

(1, 1) (1, 2) (1, 3) (2, 4) (1, 5) (1, 6) (2, 7) (3, 7) (4, 8) (5, 8) (6, 9) (7, 9) (8, 9) (9, 10) (8, 11) (9, 12) (10, 13) (9, 14) (10, 15)

搜索完毕

这是宽度优先求解迷宫问题，如以深度优先为准则，请读者考虑如何用堆栈构造带方向加权的深度优先算法求解迷宫问题。要求：①给出迷宫求解两种方法的 C 语言程序；②在根据数据分析比较两种算法效率。

3.3 总结与提高

3.3.1 主要知识点

①栈和队列这两种抽象数据类型的特点。

②栈类型的两种实现方法，即两种存储结构表示时的基本操作实现算法，判断栈满和栈空的条件以及它们的描述方法。

③线性队列和循环队列的基本操作实现算法，判断队满和队空的条件以及它们的描述方法。

④递归算法执行过程中栈的状态变化过程。

3.3.2　典型例题

1. 如果输入序列为1 2 3 4 5 6，试问能否通过栈结构得到以下两个序列：4 3 5 6 1 2 和 1 3 5 4 2 6，请说明为什么不能或如何才能得到。

输入序列为1 2 3 4 5 6，不能得出4 3 5 6 1 2，其理由是，输出序列最后两元素是1 2，前面4个元素（4 3 5 6）得到后，栈中元素剩1 2，且2在栈顶，不可能栈底元素1在栈顶元素2之前出栈。

得到1 3 5 4 2 6的过程如下：1入栈并出栈，得到部分输出序列1；然后2和3入栈，3出栈，部分输出序列变为：1 3；接着4和5入栈，5，4和2依次出栈，部分输出序列变为1 3 5 4 2；最后6入栈并退栈，得最终结果1 3 5 4 2 6。

2. 设从键盘输入一整数的序列：a_1，a_2，a_3，…，a_n，试编写算法实现：用栈结构存储输入的整数，当$a_i \neq -1$时，将a_i进栈；当$a_i = -1$时，输出栈顶整数并出栈。算法应对异常情况（入栈满等）给出相应的信息。

```
#define maxsize                  //栈空间容量
void InOutS(int s[maxsize])      //s是元素为整数的栈,本算法进行入栈和退栈操作。
{
  int top =0;                    //top为栈顶指针,定义top =0时为栈空。
  for(i =1; i< =n; i+ +)         //n个整数序列作处理。
    {
      scanf("%d",&x);            //从键盘读入整数序列。
      if(x! = -1)                // 读入的整数不等于 -1时入栈。
      if(top = =maxsize -1)printf("栈满\n");
      else s[ + +top] =x;        //x入栈。
    else                         //读入的整数等于 -1时退栈。
    {
      if(top = =0)printf("栈空\n");
      else printf("出栈元素是%d\n",s[top - -]);
    }
  }
}
```

练习题目

一、单选题

1. 对于栈操作数据的原则是（　）。

A. 先进先出　　B. 后进先出　　C. 后进后出　　D. 不分顺序

2. 有六个元素按6，5，4，3，2，1的顺序进栈，问下列哪一个不是合法的出栈序列？

(　　)

A. 5 4 3 6 1 2　　B. 4 5 3 1 2 6　　C. 3 4 6 5 2 1　　D. 2 3 4 1 5 6

3. 输入序列为AB C，可以变为CB A时，经过的栈操作为（　　）。

A. push，pop，push，pop，push，pop　　B. push，push，push，pop，pop，pop

C. push，push，pop，pop，push，pop　　D. push，pop，push，push，pop，pop

4. 设计一个判别表达式中左，右括号是否配对出现的算法，采用（　　）数据结构最佳。

A. 线性表的顺序存储结构　　B. 队列　　C. 线性表的链式存储结构　　D. 栈

5. 用链接方式存储的队列，在进行删除运算时（　　）。

A. 仅修改头指针　　B. 仅修改尾指针

C. 头、尾指针都要修改　　D. 头、尾指针可能都要修改

6. 假设以数组A［m］存放循环队列的元素，其头尾指针分别为front和rear，则当前队列中的元素个数为（　　）。

A. （rear－front＋m）%m　　B. rear－front＋1

C. （front－rear＋m）%m　　D. （rear－front）%m

7. 若用一个大小为6的数组来实现循环队列，且当前rear和front的值分别为0和3，当从队列中删除一个元素，再加入两个元素后，rear和front的值分别为多少？（　　）

A. 1和5　　B. 2和4　　C. 4和2　　D. 5和1

8. 栈和队列的共同点是（　　）。

A. 都是先进先出　　B. 都是先进后出

C. 只允许在端点处插入和删除元素　　D. 没有共同点

9. 设栈S和队列Q的初始状态为空，元素e1，e2，e3，e4，e5和e6依次通过栈S，一个元素出栈后即进队列Q，若6个元素出队的序列是e2，e4，e3，e6，e5，e1，则栈S的容量至少应该是（　　）。

A. 6　　B. 4　　C. 3　　D. 2

10. 栈和队列都是（　　）。

A. 顺序存储的线性结构　　B. 链式存储的非线性结构

C. 限制存取点的线性结构　　D. 限制存取点的非线性结构

二、判断题

1. 若输入序列为1，2，3，4，5，6，则通过一个栈可以输出序列1，5，4，6，2，3。（　　）

2. 队列是一种插入与删除操作分别在表的两端进行的线性表，是一种先进后出型结构。（　　）

3. 队列和栈都是运算受限的线性表，只允许在表的两端进行运算。（　　）

4. 栈和队列的存储方式，既可以是顺序方式，又可以是链式方式。（　　）

5. 任何一个递归过程都可以转换成非递归过程。（　　）

三、填空题

1. 栈是________的线性表，其运算遵循________的原则。

2. 在作进栈运算时应先判别栈是否________；在作退栈运算时应先判别栈是否

________；当栈中元素为 n 个，作进栈运算时发生上溢，则说明该栈的最大容量为________。

3. 用 S 表示入栈操作，X 表示出栈操作，若元素入栈的顺序为 1 2 3 4，为了得到 1 3 4 2 出栈顺序，相应的 S 和 X 的操作串为________。

4. 顺序栈用 data［0…n－1］存储数据，栈顶指针是 top，则值为 x 的元素入栈的操作是________。

5. 队列是限制插入只能在表的一端，而删除在表的另一端进行的线性表，其特点是________。

6. 已知链队列的头尾指针分别是 f 和 r，则将值 x 入队的操作序列是________。

7. 表达式求值是________应用的一个典型例子。

8. 循环队列的引入，目的是为了克服________。

9. 循环队列用数组 A［0．．m－1］存放其元素值，已知其头尾指针分别是 front 和 rear，则当前队列的元素个数是________。

实验题目

1. 将编号为 0 和 1 的两个栈存放于一个数组空间 V［m］中，栈底分别处于数组的两端。当第 0 号栈的栈顶指针 top［0］等于－1 时该栈为空，当第 1 号栈的栈顶指针 top［1］等于 m 时该栈为空。两个栈均从两端向中间增长，当向第 0 号栈插入一个新元素时，使 top［0］增 1 得到新的栈顶位置，当向第 1 号栈插入一个新元素时，使 top［1］减 1 得到新的栈顶位置。当top［0］＋1 ＝＝ top［1］时或 top［0］＝ top［1］－1 时，栈空间满，此时不能再向任一栈加入新的元素。试定义这种双栈结构的类型定义，并实现判栈空、判栈满、插入、删除算法。

2. 假设以数组 Q［m］存放循环队列中的元素，同时设置一个标志 tag，以 tag ＝＝ 0 和tag ＝＝ 1来区别在队头指针（front）和队尾指针（rear）相等时，队列状态为“空”还是“满”。试编写与此结构相应的插入和删除算法。

第四章 4 串

教学目的

◎ 掌握串的相关概念，了解串的七种基本运算的定义
◎ 掌握串的存储结构（顺序串和链式串）及其基本运算的实现
◎ 掌握 KMP 算法的基本思想及其模式匹配过程
◎ 熟悉 NEXT 函数和改进 NEXT 函数的定义和计算
◎ 理解串的存储映象和在堆存储结构中实现串操作的方法

随着非数值处理的广泛应用，字符串数据已成为计算机上的一类重要的、常用的非数值处理对象。在早期的程序设计语言中，字符串是以输入、输出的常量而出现，随着计算机语言加工程序的发展，字符串也作为一种变量出现在越来越多的程序设计语言中，这样就产生了一系列的字符串处理操作。

字符串可以看成是一种特殊的线性表——结点内容（即数据元素）为字符的线性表，但是它的表示（存储）和操作方法又具有与普通线性表不同的特点。要有效的实现字符串的处理，就必须根据具体情况使用合适的存储结构，因此有必要从数据结构的角度，对以字符为结点内容的线性表加以专门研究。我们将以字符为结点内容的线性表当做一种独立的数据结构，一般简称成串。本章我们将从串与一般线性表不相同的两个方面来讨论串的一些基本的处理操作和集中不同的存储结构。

4.1　串的类型定义

4.1.1　串的基本概念

串（string）或字符串：由零个或多个字符组成的有限序列，一般记为

$$S = {}'a_1 a_2 \cdots a_n{}' \ (n \geqslant 0)$$

其中S是串名，用单引号括起来的字符序列是串的值，但是单引号本身并不属于串，它的作用只是为了避免与变量名或常量混淆。A_i（$1 \leqslant i \leqslant n$）可以是字母、数字或者其他的字符；串中的字符个数称为串的长度。长度为零的串称为空串（null string），用符号“φ”表示。由一个或多个空格组成的串称为空格串（blank string）。

串中任意个连续的字符组成的子序列称为该串的子串，包含子串的串相应的称为主串。通常称字符在序列中的序号为该字符在串中的位置。子串在主串中的位置则以子串的第一个字符在主串中的位置来表示。

特别地，空串是任意串的子串；任意串是它自身的子串，除了自身外，一个串的其他子串都是它的真子串。

例如，有a和B两个串：

A =′i′，B =′B ei′，C =′B ei jing′

则串A、B、C的长度分别是1、3、8，A和B都是C的子串（也是真子串）；A在C中的位置是3，B在C中的位置是1。

两个字符串相等的充分必要条件是参加比较的两个字符串长度相等，且对应位置上的字符也相同。例如，上例中的3个串彼此都不相等。

温馨提示

（1）由一个或多个空格组成的串与空串的区别，空串是不包含任何字符，其长度为0；由多个空格组成的非空串，其长度是空格字符的个数。

（2）串和线性表的区别。

①线性表的数据对象可以是任意的数据元素，而串的数据对象约束为字符集。

②在线性表的基本操作中，大多以单个数据元素作为操作对象，而串通常是以“串的整体”作为操作对象。

4.1.2　串的抽象数据定义

ADT String {

数据对象:

$D = \{a_i \mid a_i \in CharacterSet, i = 1, 2, \cdots, n, n \geq 0\}$

数据关系:

$R_1 = \{ < a_{i-1}, a_i > \mid a_{i-1}, a_i \in D, i = 2, \cdots, n\}$

基本操作:

StrAssign(&T,chars)

初始条件:chars 是字符串常量。

操作结果:把 chars 的值赋给串 T。

StrCopy(&T,S)

初始条件:串 S 存在。

操作结果:由串 S 复制得串 T。

DestroyString(&S)

初始条件:串 S 存在。

操作结果:串 S 被销毁。

StrEmpty(S)

初始条件:串 S 存在。

操作结果:若 S 为空串,则返回 TRUE,否则返回 FALSE。

StrCompare(S,T)

初始条件:串 S 和 T 存在。

操作结果:若 S T,则返回值 0;

若 S = T,则返回值 = 0;

若 S T,则返回值 0。

例如:StrCompare('data','state') < 0;StrCompare('cat','case') > 0

StrLength(S)

初始条件:串 S 存在。

操作结果:返回 S 的元素个数,称为串的长度。

Concat(&T,S1,S2)

初始条件:串 S1 和 S2 存在。

操作结果:用 T 返回由 S1 和 S2 连接而成的新串。

例如:Concate(T,'man','kind'),求得　T = 'mankind'

SuB String(&SuB,S,pos,len)

初始条件:串 S 存在,$1 \leq pos \leq StrLength(S)$,且 $0 \leq len \leq StrLength(S) - pos + 1$。

操作结果:用 SuB　返回串 S 的第 pos 个字符起长度为 len 的子串。

例如：

SuB String(suB,'commander',4,3),求得　suB　= 'man'

SuB String(suB,'commander',1,9),求得　suB　= 'commander'

SuB String(suB,'commander',9,1),求得　suB　= 'r'

Index(S,T,pos)

初始条件：串 S 和 T 存在，T 是非空串，1≤pos≤StrLength(S)。

操作结果：若主串 S 中存在和串 T 值相同的子串，则返回它在主串 S 中第 pos 个字符之后第一次出现的位置；否则函数值为 0。

例如：假设 S = 'aB caaB caaaB c',T = 'B ca',则

Index(S,T,1) = 2

Index(S,T,3) = 6

Index(S,T,8) = 0

Replace(&S,T,V)

初始条件：串 S,T 和 V 均已存在，且 T 是非空串。

操作结果：用 V 替换主串 S 中出现所有与(模式串)T 相等的不重叠的子串。

例如：假设 S = 'aB caaB caaaB ca',T = 'B ca'

若 V = 'x',则经置换后得到 S = 'axaxaax'

若 V = 'B c',则经置换后得到 S = 'aB caB caaB c'

StrInsert(&S,pos,T)

初始条件：串 S 和 T 存在，1≤pos≤StrLength(S) +1。

操作结果：在串 S 的第 pos 个字符之前插入串 T。

例如：S = 'chater',T = 'rac',则执行 StrInsert(S,4,T)之后得到 S = 'character'。

StrDelete(&S,pos,len)

初始条件：串 S 存在 1≤pos≤StrLength(S) - len +1。

操作结果：从串 S 中删除第 pos 个字符起长度为 len 的子串。

ClearString(&S)

初始条件：串 S 存在。

操作结果：将 S 清为空串。

} ADT String

其中，基本操作的详细说明如下。

在上述抽象数据类型定义的 13 种操作中，串赋值 StrAssign、串复制 Strcopy、串比较 StrCompare、求串长 StrLength、串连接 Concat 以及求子串 SuB String 6 种操作构成串类型的最小操作子集。即这些操作不可能利用其他串操作来实现。

对于串的基本操作集可以有不同的定义方法，在使用高级程序设计语言中的串类型时，应以该语言的参考手册为准。

串的逻辑结构和线性表极为相似，区别仅在于串数据对象约束为字符集。把串看成是数据元素由单个字符组成的线性表，线性表所使用的存储结构基本上都可以应用到串上。但

是，串的基本操作和线性表又有很大差别，线性表基本操作中，操作对象大多是“单个元素”，而串基本操作中，操作对象通常是“串的整体”，如在串中查找某个子串、求取某个子串等。

4.2 串的存储

在程序设计语言中，串只是作为输入或输出的常量出现，则只需存储此串的串值，即字符序列即可。但在多数非数值处理的程序中，串也以变量的形式出现。

串是一种特殊的线性表，它的每个结点仅由一个字符组成，因此串的存储结构与线性表的存储结构类似。总的来说，串的存储分为顺序存储映像和链式存储映像两种，其中顺序存储又分为静态顺序存储（又称为顺序串）和动态顺序存储（又称为堆串）。下面分别对这3种存储方式进行介绍。

4.2.1 定长顺序串

定长顺序存储表示，也称为静态存储分配的顺序表，类似于线性表的顺序存储结构。定长顺序存储采用一般顺序表的存储结构，其类型定义如下。

```
#define MaxSize 100
typedef struct
{
    char data [MaxSize]; // data 域用来存储字符串，
                          // MaxSize 常量表示允许所存储字符串的最大长度
    int len; // len 域用来存储字符串的当前长度
} SqString;
```

在定长顺序串中实现串的基本运算的C语言描述如下。

（1）StrAssign（str，cstr）。将一个字符串常量赋给串str，即生成一个其值等于cstr的串s。

```
void StrAssign (SqString &str, char cstr [])
{       int i;
        for (i=0; cstr [i]! ='\0'; i++)
           str.data [i] =cstr [i];
        str.len=i;
}
```

（2）StrCopy（s，t）。将串t复制给串s。

```
void StrCopy (SqString &s, SqString t)    // 引用型参数
{
    int i;
    for (i=0; i<t.len; i++)
```

```
        s. data [i] = t. data [i];
    s. len = t. len;
}
```

(3) StrEqual (s, t)。判断两个串是否相等，若两个串 s 与 t 相等返回真（用 1 表示）；否则返回假（用 0 表示）。

```
int StrEqual (SqString s, SqString t)
{
    int same = 1, i;
    if (s. len! = t. len) same = 0; // 长度不相等时返回 0
    else
        for (i = 0; i < s. len; i + +)
        if (s. data [i]! = t. data [i]) // 有一个对应字符不同时返回 0
        {
            same = 0;    B reak;
        }
    return same;
}
```

(4) StrLength (s)。

```
求串长：返回串 s 中字符个数。
int StrLength (SqString s)
{
    return s. len;
}
```

(5) Concat (s, t)。

```
返回由两个串 s 和 t 连接在一起形成的新串。
SqString Concat (SqString s, SqString t)
{
    SqString str;    int i;
    str. len = s. len + t. len;
    for (i = 0; i < s. len; i + +) // s. data [0. . s. len - 1] = > str
        str. data [i] = s. data [i];
    for (i = 0; i < t. len; i + +)    // t. data [0. . t. len - 1] = > str
        str. data [s. len + i] = t. data [i];
    return str;
}
```

(6) SuB Str (s, i, j)。

返回串 s 中从第 i（1≤i≤StrLength (s)）个字符开始的、由连续 j 个字符组成的子串。

```
SqString SuB Str (SqString s, int i, int j)
{
SqString str; int k; str. len =0;
    if (i< =0 || i>s. len || j<0 || i+j-1>s. len)
    {
    printf ("参数不正确\n");
    return str;       //参数不正确时返回空串
    }
    for (k=i-1; k<i+j-1; k++)        //s. data [i..i+j] =>str
        str. data [k-i+1] =s. data [k];
    str. len =j;
    return str;
}
```

(7) InsStr (s1, i, s2)。

将串s2插入到串s1的第i个字符中，即将s2的第一个字符作为s1的第i个字符，并返回产生的新串。

```
SqString InsStr (SqString s1, int i, SqString s2)
{   int j; SqString str;   str. len =0;
    if (i< =0 || i>s1. len +1)    //参数不正确时返回空串
{       printf ("参数不正确\n");
            return s1;
}
for (j=0; j<i-1; j++)           /*s1. data [0..i-2] =>str*/
            str. data [j] =s1. data [j];
for (j=0; j<s2. len; j++)    /*s2. data [0..s2. len-1] =>str*/
            str. data [i+j-1] =s2. data [j];
for (j=i-1; j<s1. len; j++)    /*s1. data [i-1..s1. len-1] =>str*/
          str. data [s2. len +j] =s1. data [j];
str. len =s1. len +s2. len;
return str;
}
```

(8) DelStr (s, i, j)。

从串s中删去第i (1≤i≤StrLength (s)) 个字符开始的长度为j的子串，并返回产生的新串。

```
SqString DelStr (SqString s, int i, int j)
{
    int k; SqString str;
    str. len =0;
    if (i< =0 || i>s. len || i+j>s. len +1)    //参数不正确时返回空串
```

```
	{
	printf ("参数不正确\n");
	return str;
	}
	for (k=0; k<i-1; k++)            // s.data[0..i-2] =>str
		str.data[k] =s.data[k];
	for (k=i+j-1; k<s.len; k++) // s.data[i+j-1..s.len-1] =>str
		str.data[k-j] =s.data[k];
	str.len=s.len-j;
	return str;
}
```

(9) RepStr (s, i, j, t)。

在串 s 中，将第 i (1≤i≤StrLength (s)) 个字符开始的 j 个字符构成的子串用串 t 替换，并返回产生的新串。

```
SqString RepStr (SqString s, int i, int j, SqString t)
{
	int k; SqString str;
	str.len=0;
	if (i<=0 || i>s.len || i+j-1>s.len)     // 参数不正确时返回空串
	{
		printf ("参数不正确\n");
		return str;
	}
	for (k=0; k<i-1; k++)            // s.data[0.i-2] =>str
		str.data[k] =s.data[k];
	for (k=0; k<t.len; k++)          // t.data[0..t.len-1] =>str
		str.data[i+k-1] =t.data[k];
	for (k=i+j-1; k<s.len; k++) /*s.data[i+j-1..s.len-1] =>str*/
		str.data[t.len+k-j] =s.data[k];
	str.len=s.len-j+t.len;
	return str;
}
```

(10) DispStr (s)。

输出串 s 的所有元素值。

```
void DispStr (SqString s)
{	int i;
	if (s.len>0)
	{	for (i=0; i<s.len; i++)
		printf ("%c", s.data[i]);
```

```
        printf ("\n");
        }
    }
```

例如，用串的基本操作实现定位函数 Index（S，T，pos）。算法的基本思想是：在主串 S 中从第 i（i 的初值为 pos）个字符起取长度和串 T 相等的子串和串 T 比较，若相等，则函数值为 i，否则 i 值增加 1 后再取子串，直到串 S 中不存在和串 T 相等的子串为止。即用串的基本操作表示为 - - 求 StrCompare（SuB String（S，I，StrLength（T）），T）的返回值，若等于0，则 i 值即为所求，否则，i 值增加 1 后继续求返回值，直到串 S 中不存在和串 T 相等的子串为止。算法的 C 语言描述如算法 4 - 1 所示。

算法 4 - 1：

```
int Index (String S, String T, int pos) {
// T 为非空串。若主串 S 中第 pos 个字符之后存在与 T 相等的子串，则返回第一个//
这样的子串在 S 中的位置，否则返回 0
if (pos > 0) {
     n = StrLength (S);     m = StrLength (T);     I = pos;
     while ( I <= n - m + 1) {
        SuB String (suB, S, I, m);
        if (StrCompare (suB, T)! = 0)     + + I;
        else return I; // 返回子串在主串中的位置
     } // while
  } // if
  return 0;                  // S 中不存在与 T 相等的子串，返回 0
} // Index
```

4.2.2 堆串

堆串存储表示的特点是，仍以一组地址连续的存储单元存放串值字符序列，但它们的存储空间是在程序执行过程中动态分配而得。所以也称为动态存储分配的顺序表。通常，C 语言中提供的串类型就是以这种存储方式实现的。系统利用函数 malloc（）和 free（）进行串值空间的动态管理，为每一个新产生的串分配一个存储区，称串值共享的存储空间为“堆”（heap）。C 语言中的串以一个空字符为结束符，所以串长是一个隐含值。

这样定义的顺序串的类型描述如下。

```
typedef struct {
     char *ch;
        //若是非空串，则按串长分配存储区，ch 指向串的起始地址，否则 ch
          为 NULL
     int  length; //串长度
  } Hstring;
```

这类串操作实现的算法是：先为新生成的串分配一个存储空间，然后进行串值的复制。下面以串连接和求子串为例讨论在堆串中实现串操作的算法描述。

1. 串连接 Concat（Hstring &T，Hstring S1，Hstring S2）

堆串中串连接的算法描述如算法 4 -2 所示。

算法 4 -2：

```
Status Concat（Hstring &T，Hstring S1，Hstring S2）{
    // 用 T 返回由 S1 和 S2 连接而成的新串
    if（T. ch)    free（T. ch）;              // 释放旧空间
    if（!（T. ch =（char *）malloc（（S1. length + S2. length）* sizeof（char））））
        exit（OVERFLOW）;
    T. ch [0. . S1. length -1] = S1. ch [0. . S1. length -1];
    T. length = S1. length + S2. length;
    T. ch [S1. length. . T. length -1] = S2. ch [0. . S2. length -1];
    return OK;
}// Concat
```

2. 求子串 SuB String（Hstring &SuB，Hstring S，int pos，int len）

堆串中求子串的算法描述如算法 4 -3 所示。

算法 4 -3：

```
Status SuB String（Hstring &SuB，Hstring S，int pos，int len）{
    // 用 SuB 返回串 S 的第 pos 个字符起长度为 len 的子串
    if(pos < 1 || pos > S. length || len < 0 || len > S. length - pos + 1)
        return ERROR;
    if(SuB . ch)  free(SuB . ch);               // 释放旧空间
if(! len)
        {SuB . ch = NULL;  SuB . length = 0;} // 空子串
    else {SuB . ch = (char *)malloc(len * sizeof(char))
            SuB . ch[0. . len -1] = S. ch[pos -1. . pos + len -2];
            SuB . length = len;}      // 完整子串
    return OK;
}// SuB String
```

4. 2. 3　块链串

串的顺序存储结构中实现插入和删除操作不方便，需要移动大量的字符。因此，我们可用链表来存储串值。串的这种链式存储结构简称为链串。

由于串结构中每个数据元素是一个字符，则采用链表存储串值时，其组织形式与一般链表的主要区别在于，链串中的一个存储结点可以存一个字符也可以存放多个字符。通常将链串中每个存储结点所存储的字符个数称为结点的大小。例如，S =′STRUCTURE′，分别用结点大小为 1 和 4 的链式存储结构来表示，其存储示意图如图 4 -1（a）和（b）所示。显然，当结点大小大于 1 时，串的长度不一定正好是结点大小的整数倍，因此要用特殊字符来填充最后一个结点，以表示串的终结，通常用非字符“#”填充。

结点大小为 1 的链串的类型描述如下。

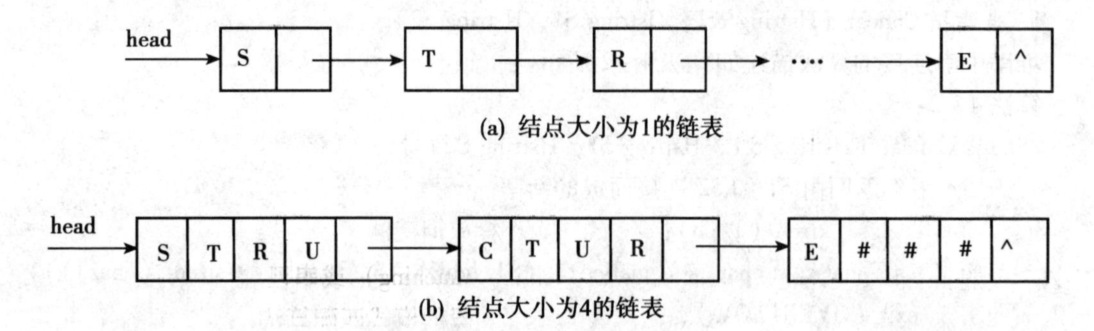

(a) 结点大小为1的链表

(b) 结点大小为4的链表

图 4-1　串的链式存储结构示例

```
typedef struct node {
    char data;
    struct node  * next;
} Lstring;
```

一个链串由头指针唯一确定。这种结构便于进行插入和删除运算，但存储空间利用率太低。为了提高存储密度，可使每个结点存放多个字符。另外，为了便于进行串的操作，在串的链式存储结构中，除头指针外，还可以附设一个尾指针用来指示链表中的最后一个结点，并给出当前串的长度，我们称这样定义的串存储结构为块链结构，简称为块链串。

结点大小不为 1 的块链串的类型描述如下：

```
#define   CHUNKSIZE   80        // 可由用户定义的块大小
typedef   struct Chunk {        // 结点结构
     char   ch [CUNKSIZE];
     struct Chunk    * next;
  } Chunk;
typedef struct {   /            / 串的链表结构
     Chunk  * head,  * tail;    // 串的头和尾指针
     int curlen;                // 串的当前长度
  } Lstring;
```

一般情况下，对串的操作只需要从头向尾顺序扫描串即可，不用设置双向链表。设置尾指针的目的是为了方便进行串的连接操作，连接时应该注意处理第一个串尾的无效字符。

在链式存储方式中，结点大小的选择很重要，它直接影响着串处理的效率。实际应用时，可以根据问题所需来设置结点的大小。例如：在编辑系统中，整个文本编辑区可以看成是一个串，每一行是一个子串，构成一个结点。即：同一行的串用定长结构（80 个字符），行和行之间用指针相连接。

在各种串处理系统中，所处理的串往往很长很多，这就要求我们考虑串值得存储密度问题。存储密度定义为：

存储密度 = 串值所占的存储位 / 实际分配的存储位

串的链式存储结构对某些串操作有一定的方便之处，但总的来说，它占用的存储量大而

且操作复杂，不如另外两种存储结构灵活。此外，串值在链式存储结构时串操作的实现和线性表在链表存储结构中的操作类似，故本节不作详细讨论。

4.3　串的模式匹配算法

子串的定位运算又称为串的模式匹配（Pattern Matching）或串匹配（String Matching），在前面的求子串位置 Index（）基本运算中介绍了一般的模式匹配算法。

串的模式匹配算法的应用非常广泛。例如，在文本编辑程序中，我们经常要查找某一特定单词在文本中出现的位置。显然，解此问题的有效算法能极大地提高文本编辑程序的响应性能。

在串匹配中，一般将主串称为目标串，子串称之为模式串。设 S 为目标串，T 为模式串，且不妨设：

$$S = 's_1 s_2 \cdots s_n' T = 't_1 \cdots t_m'$$

串的匹配实际上是对于合法的位置 $1 \leqslant i \leqslant n-m+1$ 依次将目标串中的子串 s［i..i+m-1］和模式串 t［1..m］进行比较，若 s［i..i+m-1］=t［1..m-1］，则称从位置 i 开始的匹配成功，亦称模式 T 在目标 S 中出现；若 s［i..i+m-1］≠t［1..m-1］，则称从位置 i 开始的匹配失败。上述的位置 i 又称为位移，当 s［i..i+m-1］=t［1..m-1］时，i 称为有效位移；当 s［i..i+m-1］≠t［1..m-1］时，i 称为无效位移。这样，串匹配问题可简化为是找出某给定模式 T 在一给定目标 S 中首次出现的有效位移。

下面讨论以定长顺序结构表示串时的几种算法。

4.3.1　简单匹配算法

在 4.1 节中曾借用串的其他基本操作给出了定位函数的一种算法，根据算法 4-1 的基本思想，采用定长顺序存储结构，设计出不依赖于其他串操作的简单匹配算法如算法 4-4 所示。

算法 4-4：

```
int Index（Sstring S，Sstring T，int pos）{
   //返回子串 T 在主串 S 中第 pos 个字符之后的位置。若不存在，则函数值为 0.
   //其中，T 非空，1≤pos≤StrLength（S）。
   int i = pos，j = 1;
   //i 和 j 分别用来指向主串和模式串中当前待比较的字符位置
   while（i< = S［0］&& j < = T［0]）{
     if（S［i］= = T［i］）{i + +;    j + +;} //继续比较后继字符
     else {i = i-j+2;    j = 1;} //指针后退重新开始匹配
   }
   if（j > T［0］）return   i - T［0］; //匹配成功
   else return 0;
} //Index
```

算法 4－6 的基本思想是：从主串 S 的第 pos 个字符起和模式串 T 的第一个字符比较，若相等，则继续逐个比较后续字符；否则从主串的下一个字符起重新和模式串的字符比较，依此类推，直至模式串 T 中的每个字符依次和主串 S 中的一个连续的字符序列相等，则匹配成功，返回值为和模式串 T 中第一个字符相等的字符在主串 S 中的序号；否则称匹配不成功，返回值为零。

算法 4－6 的匹配过程易于理解，且在某些场合的效率也比较高，但是在有些时候该算法的效率却很低。例如，当模式串 T = '00000001'，而主串 S = '00000000 00000000 00000000 00000000 00000000 00000000 00001'时，由于模式串中前 7 个字符均为“0”，而主串中前 52 个字符均为“0”，每次比较都在模式的最后一个字符出现不等，此时需要将指针回溯到 I－6 的位置上，并从模式串的第一个字符开始重新比较，整个匹配过程中指针 i 需要回溯 45 次，则 while 循环的次数为 46 * 8。可见，算法 4－6 在最坏情况下的时间复杂度为两个串长度的乘积，即 O（n * m）。这种情况在只有 0、1 两种字符的文本串的处理中经常出现，而在计算机上实际处理的都是 0 和 1 组成的串，显然，使用这种模式匹配算法不是最优的。

4.3.2 首尾匹配算法

首尾匹配算法的基本思想是：先比较模式串的第一个字符，再比较模式串的最后一个字符，最后比较模式串中从第二个到第 n－1 个字符。其匹配算法如算法 4－5 所示。

算法 4－5：

```
int Index_FL(Sstring S,Sstring T,int pos){
  sLength = S[0];  tLength = T[0];
  i = pos;
  patStartChar = T[1];  patEndChar = T[tLength];
  while(i <= sLength - tLength + 1){
    if(S[i] != patStartChar) ++i;  //重新查找匹配起始点
    else  if(S[i+tLength-1] != patEndChar) ++i; // 模式串的“尾字符”不匹配
    else {
    // 检查中间字符的匹配情况
      k = 1;  j = 2;
      while( j < tLength && S[i+k] == T[j]){ ++k;   ++j;}
        if( j == tLength)  return i;
        else   ++i;
      // 重新开始下一次的匹配检测
    }
  }
  return 0;
}
```

4.3.3　KMP 算法

这种改进算法是 D. E. Knuth 与 V. R. Pratt 和 J. H. Morris 同时发现的，因此，人们称之为克努特－莫里斯－普拉特操作（简称为 KMP 算法）。此算法的时间复杂度为 O（n＋m）。其改进之处在于：每当一次匹配过程中出现“失配”（即比较不等）时，不需回溯 i 指针，而是利用已经得到的“部分匹配”结果将模式串向右“滑动”尽可能远的一段距离后，继续进行比较。下面通过具体的例子来分析匹配过程，假设主串 S＝′aB aB caB cacB aB ′，模式串 T＝′aB cac′，匹配过程见图 4－2。

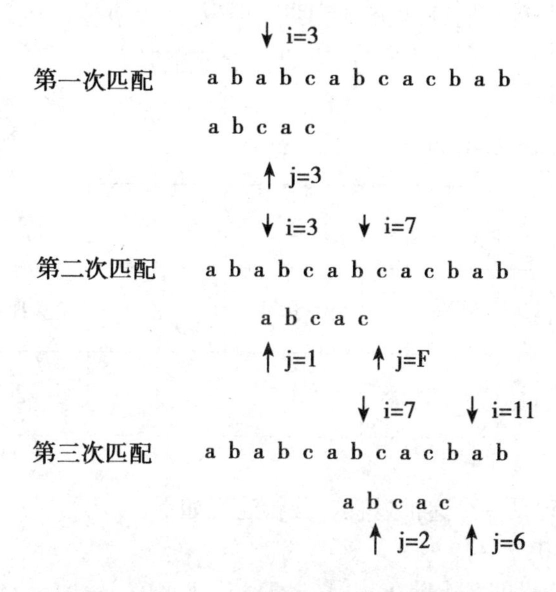

图 4－2　KMP 算法的匹配过程示例

在第一趟匹配中，出现字符不等时 i＝3、j＝3，此时只需将模式串向右移动 2 个字符（即 i＝3、j＝1）的位置继续进行比较；在第二趟匹配中，出现字符不等时 i＝7、j＝5，此时只需将模式串向右移动 3 个字符字符（即 i＝7、j＝2）继续进行比较；在第三趟匹配中，i＝11、j＝6 时匹配结束，因为此时 j ＞ T［0］，所以匹配成功。由此可见，在整个匹配过程中，i 指针没有回溯。关键问题是弄清楚，当主串中第 i 个字符与模式串中第 j 个字符“失配”时，主串中第 i 个字符应该与模式串中的哪个字符继续比较？

现在结合上面的示例讨论一般情况。

假设主串 S＝′$s_1s_2\cdots s_n$′，模式串 T＝′$p_1p_2\cdots p_m$′，则，

当 S［i］≠ P［j］时，

已经得到的结果：S［i－j＋1..i－1］＝＝ T［1..j－1］

若已知 T［1..k－1］＝＝ T［j－k＋1..j－1］

则有 S［i－k＋1..i－1］＝＝ T［1..k－1］

由此说明，匹配仅需要从模式串中第 k 个字符与主串中第 i 个字符起继续进行比较。这里的 k 即为 next［j］。

例如，T＝“aB aB”，由于“t_1t_2”＝“t_3t_4”，则存在真子串。设 S＝′aB acaB aB ′，T＝

aB aB ′，第一次匹配过程如下所示。

第一次匹配　S=abacabab　i=4
　　　　　　　||||　　　　失败
　　　　　　T=abab　　j=4

此时不必从 i=1（i=i-j+1=1），j=1 重新开始第二次匹配。因 $t_1 \neq t_2$，$s_2 = t_2$，必有 $s_2 \neq t_1$，又因 $t_1 = t_3$，$s_3 = t_3$，所以必有 $s_3 = t_1$。因此，第二次匹配可直接从 i=4，j=2 开始。

为此，模式串的 next 函数的定义：

$$next[j] = \begin{cases} 0 & \text{当} j = 1 \text{时} \\ Max\{k \mid 1 < k < j \text{且} 'p_1p_2\cdots p_{k-1}' = 'p_{j-k+1}\cdots p_{j-1}'\} & \text{当此集合非空时} \\ 1 & \text{其他情况} \end{cases}$$

T = ′aB aB ′对应的 next 数组如下：

j	1	2	3	4
T［j］	a	B	a	B
next［j］	0	1	1	2

求 next 函数值的过程是一个递推过程，分析过程如下：

已知：next［1］=0；

假设：next［j］=k；即 T［1..k-1］=T［j-k+1..j-1］

若：T［j］=T［k］，则 next［j+1］=k+1

若：T［j］≠1 T［k］，则需往前回溯，检查 T［j］=T［?］，这实际上也是一个匹配的过程，不同在于，主串和模式串是同一个串。

由模式串求出 next 值得算法描述如算法 4-6 所示。

算法 4-6：

```
void get_ next (Sstring &T, int &next [ ]) {
    // 求模式串 T 的 next 函数值并存入数组 next
    int i = 1, j = 0;
    next [1] = 0;
    while (i< T [0]) {
        if (j = = 0 | | T [i] = = T [j])
            { + +i;    + +j; next [i] = j;}
        else  j = next [j];
    }
} // get_ next
```

KMP 算法描述如算法 4-7 所示。

算法4-7:

```
int Index_ KMP (Sstring S, Sstring T, int pos) {
    //  1≤pos≤StrLength (S)
    int i = pos,   j = 1;
    while (i< = S [0] && j < = T [0]) {
        if (j = = 0 | | S [i] = = T [j]) { + +i;    + +j;} // 继续比较后继
字符
        else  j = next [j];            // 模式串向右移动
    }
    if (j > T [0])   return  i-T [0];      // 匹配成功
    else return 0;
} // Index_ KMP
```

设主串S的长度为n，子串T长度为m。在KMP算法中求next数组的时间复杂度为O (m)，在后面的匹配中因主串S的下标不减即不回溯，比较次数可记为n，所以KMP算法总的时间复杂度为O (n+m)。

上述定义的next函数在某些情况下有缺陷，考虑一种特殊情况，例如：主串S = 'aaaB aaaB aaaB aaaB aaaB '，模式串T = 'aaaaB '，S的长度为n，即n=S [0] =9，T的长度为m，即m=T [0] =5。用指针i指示主串S的当前比较字符位置，用指针j指示模式串T的当前比较字符位置。

则模式串对应的next数组如下：

j	1	2	3	4	5
T [j]	a	a	a	a	B
next [j]	0	1	2	3	4

KMP模式匹配过程如下：

第一次匹配i=4，j=4，k=next [4] =3匹配失败；

第二次匹配i=4，j=3，k=next [3] =2匹配失败；

第三次匹配i=4，j=2，k=next [2] =1匹配失败；

第四次匹配i=4，j=1，k=next [1] =0匹配失败；

第五次匹配i=10，j=6，返回i-T [0] =5匹配成功。

实际上，因为模式中的第1、2、3个字符都和第4个字符相等，因此，不需要再和主串中第4个字符相比较，而可以将模式一次向右滑动4个字符的位置直接进行i=5，j=1时的字符比较。

这就是说，若按上述定义得到next [j] =k，而模式中T [j] =T [k]，则若主串中字符S [i] ≠ T [j] 时，不需要再和T [k] 进行比较，而直接和T [next [k]] 进行比较，换句话说，此时的next [j] 应和next [k] 相同。为此将next [j] 修正为nextval [j]，此时的next函数修正值的算法描述如算法4-8所示。

算法 4-8：

```
void get_ nextval (Sstring &T, int &nextval []) {
    int i = 1, j = 0;
    nextval [1] = 0;
    while (i< T [0]) {
        if (j = = 0 | | T [i] = = T [j]) {
            + +i;    + +j;
            if (T [i] ! = T [j])   nextval [i] = j;
            else  nextval [i] = nextval [j];
        }
        else  j = nextval [j];
        }
} // get_ nextval
```

4.4 串的应用举例

文本编辑是串的一个很典型的应用。它被广泛用于各种源程序的输入和修改，也被应用于信函、报刊、公文、书籍的输入、修改和排版。文本编辑的实质就是修改字符数据的形式或格式。在各种文本编辑程序中，它们把用户输入的所有文本都作为一个字符串。尽管各种文本编辑程序的功能可能有强有弱，但是它们的基本的操作都是一致的，一般包括串的输入、查找、修改、删除、输出等。

例如，有下列一段源程序：

```
main () {
    float a, B, max;
    scanf ("%f,%f", &a, &B);
    if (a >B) max = a;
    else max = B;
}
```

我们把这个源程序看成是一个文本，为了编辑的方便，总是利用换行符把文本划分为若干行，还可以利用换页符将文本组成若干页，这样整个文本就是一个字符串，简称为文本串，其中的页为文本串的子串，行又是页的子串。将它们按顺序方式存入计算机内存中，如图 4-3 所示（图中↙表示回车符）。

在输入程序的同时，文本编辑程序先为文本串建立相应的页表和行表，即建立各子串的存储映象。串值存放在文本工作区，而将页号和该页中的起始行号存放在页表中，行号、串值的存储起始地址和串的长度记录在行表。假设图 4-3 所示文本串只占一页，且起始行号为 100，则该文本串的行表如图 4-4 所示。

下面我们就来讨论文本的编辑。

①插入一行时：首先在文本末尾的空闲工作区写入该行的串值，然后，在行表中建立该

m	a	i	n	(	)	{	↲			f	l	o	a	t		a	,	b	,
m	a	x	;	↲			s	c	a	n	f	(	"	%	f	,	%	f	"
,	&	a	,	&	b	>	:	↲			i	f		a	>	b			m
a	x	=	a	;	↲			e	l	s	e			m	a	x	=	b	:
↲	}	↲																	

图 4-3　文本格式示例

行号	起始地址	长度
100	201	8
101	209	17
102	226	24
103	250	17
104	267	15
105	282	2

图 4-4　所示文本串的行表

行的信息，插入后，必须保证行表中行号从小到大的顺序。

②删除一行时：则只要在行表中删除该行的行号，后面的行号向前平移。若删除的行是页的起始行，则还要修改相应页的起始行号（改为下一行）。

③修改文本时：在文本编辑程序中设立了页指针，行指针和字符指针，分别指示当前操作的页、行和字符。若在当前行内插入或删除若干字符，则要修改行表中当前行的长度。如果该行的长度超出了分配给它的存储空间，则应为该行重新分配存储空间，同时还要修改该行的起始位置。

对页表的维护与行表类似，在此不再叙述。

4.5　总结与提高

4.5.1　主要知识点

①串的 7 种基本操作的定义，用基本操作实现串的其他各种操作。

②在串的定长顺序存储结构上实现串的各种操作的方法。

③串的堆存储结构以及在其上实现串操作的基本方法。

④串匹配的 KMP 算法，NEXT 函数的定义，计算给定模式串的 next 函数值和改进的 next 函数值。

⑤串操作的应用方法和特点。

4.5.2　典型例题

1. 'aB cde'有多少个子串？

解：空串数：1

含1个字符的子串数：5；

含2个字符的子串数：4；

含3个字符的子串数：3；

含4个字符的子串数：2；

共有1+2+3+4+5=15个子串。

2. 设计顺序串上实现串比较运算Strcmp（s，t）的算法。

解：本例的算法思路如下：

（1）比较s和t两个串共同长度范围内的对应字符

① 若s的字符<t的字符，返回1；

② 若s的字符>t的字符，返回-1；

③ 若s的字符=t的字符，按上述规则继续比较。

（2）当（1）中对应字符均相同时，比较s1和s2的长度

① 两者相等时，返回0；

② s的长度>t的长度，返回1；

③ s的长度<t的长度，返回-1。

```
int Strcmp (SString s, SString t)    {
    int i, comlen;
    if (s.len < t.len) comlen = s.len; //求s和t的共同长度
    else comlen = t.len;
    for (i = 0; i < comlen; i++)      //逐个字符比较
        if (s.data [i] < t.data [i])     return -1;
        else if (s.data [i] > t.data [i])    return 1;
        if (s.len == t.len)              //s == t
            return 0;
        else if (s.len < t.len)          //s < t
            return -1;
        else  return 1;                  //s > t
}
```

3. 在链串中，设计一个算法把最先出现的子串'aB '改为'xyz'。

解：在串s中找到最先出现的子串'aB '，p指向data域值为'a'的结点，其后为data域值为'B '的结点。将它们的data域值分别改为'x'和'z'，再创建一个data域值为'y'的结点，将其插入到*p之后。本例算法如下：

```
void Repl (LString *&s)    {
    LiString *p = s->next, *q; int find = 0;
    while (p->next! = NULL && find == 0)  {
        if (p->data == 'a' && p->next->data == 'B')  {// 找到
            p->data = 'x';p->next->data = 'z';          // 替换为xyz
                q = (lstring *) malloc (sizeof (lstring));
```

```
                q->data='y'; q->next=p->next;
                p->next=q;
                find=1;
            }
            else p=p->next;
        }
    }
```

4. 求模式串′aB caB aa′的 next［j］和 nextval［j］的值。

解：模式串对应的 next 数组和 nextval 数组的值如下：

j	1	2	3	4	5	6	7
T［j］	a	B	c	a	B	a	a
next［j］	0	1	1	1	2	3	2
nextval［j］	0	1	1	0	1	3	2

练习题目

一、单选题

1. 下面关于串的的叙述中，哪一个是不正确的？（　　）。

A. 串是字符的有限序列　　B．空串是由空格构成的串

C. 模式匹配是串的一种重要运算　D. 串既可以采用顺序存储，也可以采用链式存储

2. 若串 S1 ='AB CDEFG'，S2 ='9898'，S3 ='　　'，S4 ='012345'，执行

concat（replace（S1，suB str（S1，length（S2），length（S3）），S3），suB str（S4，index（S2,'8'），length（S2）））

其结果为（　　）。

A. AB C　　G0123　B．AB CD　　2345　C. AB C　　G2345

D. AB C　　2345　E. AB C　　G1234　F. AB CD　　1234　G. AB C　01234

3. 设有两个串 p 和 q，其中 q 是 p 的子串，求 q 在 p 中首次出现的位置的算法称为（　　）。

A. 求子串　　B．连接　　C. 匹配　　D. 求串长

4. 已知串 S ='aaaB '，其 Next 数组值为（　　）。

A. 0123　　B．1123　　C. 1231　　D. 1211

5. 串 'aB aB aaaB aB aa' 的 next 数组为（　　）。

A. 012345678999　B．012121111212　C. 011234223456　D. 0123012322345

6. 字符串'aB aB aaB aB ' 的 nextval 为（　　）。

A.（0，1，0，1，04，1，0，1）　　B．（0，1，0，1，0，2，1，0，1）

C.（0，1，0，1，0，0，0，1，1）　　D.（0，1，0，1，0，1，0，1，1）

7. 模式串 t ='aB caaB B caB caaB daB '，该模式串的 next 数组的值为（　　），nextval 数组的值为（　）。

A. 0 1 1 1 2 2 1 1 1 2 3 4 5 6 7 1 2　　B . 0 1 1 1 2 1 2 1 1 2 3 4 5 6 1 1 2

C. 0 1 1 1 0 0 1 3 1 0 1 1 0 0 7 0 1　　D. 0 1 1 1 2 2 3 1 1 2 3 4 5 6 7 1 2

E. 0 1 1 0 0 1 1 1 0 1 1 0 0 1 7 0 1　　F. 0 1 1 0 2 1 3 1 0 1 1 0 2 1 7 0 1

8. 若串 S = 'software'，其子串的数目是（　　）。

A. 8　　B . 37　　C. 36　　D. 9

9. 设 S 为一个长度为 n 的字符串，其中的字符各不相同，则 S 中的互异的非平凡子串（非空且不同于 S 本身）的个数为（　　）。

A. $2n-1$　　B . n^2　　C. $(n^2/2)+(n/2)$

D. $(n^2/2)+(n/2)-1$　　E. $(n^2/2)-(n/2)-1$　　F. 其他情况

10. 串的长度是指（　　）。

A. 串中所含不同字母的个数　　B . 串中所含字符的个数

C. 串中所含不同字符的个数　　D. 串中所含非空格字符的个数

二、判断题

1. KMP 算法的特点是在模式匹配时指示主串的指针不会变小。（　　）

2. 设模式串的长度为 m，目标串的长度为 n，当 n≈m 且处理只匹配一次的模式时，朴素的匹配（即子串定位函数）算法所花的时间代价可能会更为节省。（　　）

3. 串是一种数据对象和操作都特殊的线性表。（　　）

三、填空题

1. 空格串是指________，其长度等于________。

2. 组成串的数据元素只能是________。

3. 一个字符串中________称为该串的子串 。

4. INDEX（'DATASTRUCTURE','STR'）=________。

5. 设正文串长度为 n，模式串长度为 m，则串匹配的 KMP 算法的时间复杂度为________。

6. 模式串 P = 'aB aaB cac'的 next 函数值序列为________。

7. 字符串'aB aB aaaB '的 nextval 函数值为________。

8. 设 T 和 P 是两个给定的串，在 T 中寻找等于 P 的子串的过程称为________，又称 P 为________。

9. 两个字符串相等的充分必要条件是________。

10. 已知 U = 'xyxyxyxxyxy'；t = 'xxy'；

ASSIGN（S，U）；

ASSIGN（V，SUB STR（S，INDEX（s，t），LEN（t）+1））；

ASSIGN（m，'ww'）

求 REPLACE（S，V，m）=________。

11. 实现字符串拷贝的函数 strcpy 为：

```
void strcpy (char *s, char *t) /*copy t to s*/
{while    (________)
}
```

12. 下列程序判断字符串 s 是否对称，对称则返回 1，否则返回 0；如 f（"aB B a"）返回1，f（"aB aB"）返回0；

```
int f ________)
{int    i=0, j=0;
while (s [j]) (2) ________;
for (j--; i<j  && s [i] ==s [j]; i++, j--);
return (      ________)
}
```

实验题目

编制一个统计特定单词在文本串中出现的次数和位置的程序。

第五章

5 数组和广义表

教学目的

◎ 掌握数组和广义表的相关概念
◎ 掌握数组以行为主的存储结构中的地址计算方法
◎ 掌握特殊矩阵的压缩存储方式
◎ 掌握广义表的结构特点及其存储表示方法
◎ 理解以三元组表示稀疏矩阵进行矩阵运算采用的方法

5.1　数组

5.1.1　数组的定义和基本运算

1. 数组的定义

抽象数据类型数组可定义为：

ADT Array {

数据对象：

$D = \{a_{j_1j_2\cdots j_n} \mid j_i = 0,\cdots,b_i - 1, i = 1,2,\cdots n$，其中 $n > 0$ 为数组的维数，

b_i 是数组第 i 维的长度，j_i 是数组元素的第 i 维下标，$a_{j_1j_2\cdots j_n} \in DataType$，

数据元素的类型 $DataType$ 可根据实际需要定义}

数据关系：

R = {R1，R2，...，Rn}

$Ri = \{< a_{j_1\cdots j_i\cdots j_n}, a_{j_1\cdots j_i+1\cdots j_n} > \mid$

$0 \leqslant j_k \leqslant b_k - 1, 1 \leqslant k \leqslant n$ 且 $k \neq i$，

$0 \leqslant j_i \leqslant b_i - 2$，

$a_{j_1\cdots j_i\cdots j_n}, a_{j_1\cdots j_i+1\cdots j_n} \in D, i = 2,\cdots,n\}$

基本操作：

InitArray（&A，n，B ound1，…，B oundn）

操作结果：若维数 n 和各维长度合法，则构造相应的数组 A，并返回 OK。

DestroyArray（&A）

操作结果：销毁数组 A。

Value（A，&e，index1，…，indexn）

初始条件：A 是 n 维数组，e 为元素变量，随后是 n 个下标值。

操作结果：若各下标不超界，则 e 赋值为所指定的 A 的元素值，并返回 OK。

Assign（&A，e，index1，…，indexn）

初始条件：A 是 n 维数组，e 为元素变量，随后是 n 个下标值。

操作结果：若下标不超界，则将 e 的值赋给所指定的 A 的元素，并返回 OK。

} ADT Array

从上述定义可以看出，n 维数组是由 $\prod_{i=1}^{n} b_i$ 个数据元素组成，每个元素受着 n 个关系的约束。在每个关系中，元素 $a_{j_1\cdots j_i\cdots j_n}(0 \leqslant j_i \leqslant b_i - 2)$ 都有一个直接后继，这 n 个关系是线性关系。数组中的每个数据元素都必须属于同一数据类型。每个元素都对应一组下标（j_1，j_2，$\cdots j_n$），每个下标的取值范围是 $0 \leqslant j_i \leqslant b_i - 1$，$b_i$ 称为第 i 维的长度（$i = 1$，2，…，n）。显然，当 $n = 1$ 时，n 维数组就退化为定长的线性表，反之，n 维数组也可以看成是线性表的推广。

2. 数组的基本运算

数组被定义后，它的维数和维界就不能再改变。因此，数组只有两种基本运算——读和写。

①读：给定一组下标，读取相应的数据元素；

②写：给定一组下标，修改相应的数据元素。

5.1.2 数组的顺序存储和实现

1. 数组的顺序存储的方法

由于数组一般不作插入或删除操作，因此，通常采用顺序存储结构来存放数组。对二维数组可有两种存储方式：一种是以列序为主序的存储方式；另一种是以行序为主序的存储方式，如图 5 - 1 所示。

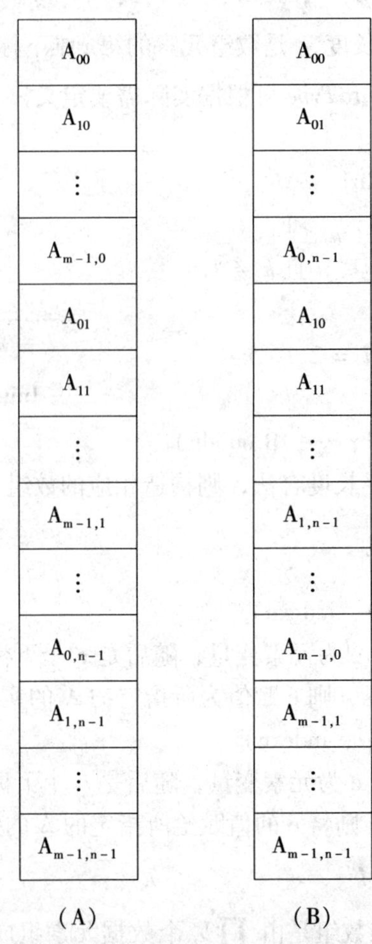

图 5 - 1　二维数组的两种存储方式

(A) 以列序为主序，(B) 以行序为主序

对于数组，一旦定义了维数和各维的长度，便可为它分配存储空间，给出一组下标即可求得相应数组元素的存储位置。下面以行序为主序的存储结构为例进行说明。

假设每个数据元素占 L 个存储单元，则二维数组 A 中任一元素 a_{ij} 的存储位置可由下式

确定

$$Loc(i,j) = Loc(0,0) + (b_2 * i + j)L \tag{5-1}$$

其中，$Loc(i, j)$ 是 a_{ij} 的存储位置；$Loc(0, 0)$ 是 a_{00} 的存储位置，即二维数组 A 的起始存储位置，也称为基地址或基址。

将数据元素的存储位置推广到一般情况，可得到 n 维数组的数据元素存储位置的计算公式：

$$Loc(j_1, j_2, \cdots, j_n) = Loc(0,0,\cdots,0) + (b_2 * \cdots * b_n * j_1 + b_3 * \cdots * b_n * j_2 + \cdots + b_n * j_{n-1} + j_n)L$$

$$= Loc(0,0,\cdots,0) + (\sum_{i=1}^{n-1} j_i \prod_{k=i+1}^{n} b_k + j_n)L$$

可缩写成

$$Loc(j_1, j_2, \cdots, j_n) = Loc(0,0,\cdots,0) + \sum_{i=1}^{n} c_i j_i \tag{5-2}$$

其中，$c_n = L, c_{i-1} = b_i * c_i, 1 < i \leqslant n$。

式（5－2）称为 n 维数组的映像函数。由上可以看出，数组元素的存储位置是其下标的线性函数，一旦确定了数组的各维长度，c_i 就是常数。

2. 数组的顺序存储的表示和实现

（1）数组的顺序存储表示。

```
#define MAX_ ARRAY_ DIM    8    //假设数组维数的最大值为8
Typedef struct {
    ElemType * B ase;       //数组元素的基址，由 InitArray 分配，ElemType 为数据
                              元素的类型，可根据实际需要定义
    int dim;               //数组的维数
    int * B ounds;          //数组维界基址，由 InitArray 分配
    int * constants;       //数组映像函数常量基址，由 InitArray 分配
} Array;
```

（2）数组顺序存储基本操作的函数原型说明。

```
InitArray (Array &A, int dim, …)
//若数组维数 dim 和随后的各维长度合法，则构造数组 A，并返回 OK。
DestroyArray (Array &A)
//销毁数组 A。
Value (Array A, ElemType &e, …)
//A 是 n 维数组，e 为元素变量，随后是 n 个下标值。
//若各个下标不越界，则 e 赋值为所指定的数组 A 的元素值，并返回 OK。
Assign (Array &A, ElemType e, …)
//A 是 n 维数组，e 为元素变量，随后是 n 个下标值。
//若下标不越界，则将 e 的值赋给所指定的 A 的元素，并返回 OK。
```

（3）数组顺序存储基本操作的算法描述。

算法 5－1：

```
InitArray (Array &A, int dim, …) {
    //若数组维数 dim 和随后的各维长度合法，则构造数组 A，并返回 OK。
    if (dim < 1 | dim > MAX_ ARRAY_ DIM) return ERROR;
    A. dim = dim;
    A. B ounds = (int *) malloc (dim * sizeof (int));
    if (! A. B ounds) exit (OVERFLOW);
    //若各维长度合法，则存入 A. B ounds，并求出 A 的元素总数 elemtotal
    elemtotal = 1;
    va_ start (ap, dim);     //ap 为 va_ list 类型，是存放变长参数表信息的数组
    for (i = 0; i < dim; + + i) {
        A. B ounds [i] = va_ arg (ap, int);
        If (A. B ounds [i] < 0) return UNDERFLOW;
        Elemtotal * = A. B ounds [i];
}
va_ end (ap);
A. B ase = (ElemType *) malloc (elemtotal * sizeof (ElemType));
if (! A. B ase) exit (OVERFLOW);
//求映像函数的常数 c_i，并存入 A. constants [i - 1], i = 1, …, dim
A. constants = (int *) malloc (dim * sizeof (int));
if (! A. constants) exit (OVERFLOW);
A. constants [dim - 1] = 1; //L = 1，指针的增减以元素的大小为单位
for (i = dim - 2; i > = 0; - - i)
        A. constants [i] = A. B ounds [i + 1] * A. constants [i + 1];
    return OK;
}
```

算法 5－2：

```
Status DestroyArray (Array &A) {
    //销毁数组 A
    if (! A. B ase) return ERROR;
    free (A. B ase); A. B ase = NULL;
    if (A. B ounds) return ERROR;
    free (A. B ounds); A. B ounds = NULL;
    if (A. constants) return ERROR;
    free (A. constants); A. constants = NULL;
    return OK;
}
```

算法 5－3：

```
Status Locate (Array A, va_ list ap, int &off) {
    //若 ap 指示的各个下标值合法，则求出该元素在 A 中相对地址 off
    off =0;
    for (i =0; i < A. dim; + +i) {
        ind = va_ arg (ap, int);
        if (ind <0 | | ind > = A. B ounds [i]) return OVERFLOW;
        off + = A. constants [i] * ind;
    }
    return OK;
}
```

算法 5－4：

```
Status Value (Array A, EleType &e, …) {
    //A 是 n 维数组，e 为元素变量，随后是 n 个下标值。
    //若各个下标不越界，则 e 赋值为所指定的数组 A 的元素值，并返回 OK。
    va_ start (ap, e);
    if ( (result = Locate (A, ap, off) < =0) return result;
    e = * (A. B ase + off);
    rerutn OK;
}
```

算法 5－5：

```
Status Assign (Array &A, ElemType e, …) {
    //A 是 n 维数组，e 为元素变量，随后是 n 个下标值。
    //若下标不越界，则将 e 的值赋予所指定的 A 的元素，并返回 OK。
    va_ start (ap, e);
    if ( (result = Locate (A, ap, off)) < =0) return result;
     * (A. B ase + off) =e;
    return OK;
}
```

5.1.3　特殊矩阵

这里主要讨论对称矩阵和三角矩阵。

1. 对称矩阵

若 n 阶矩阵 A 中的元素满足下述性质

$$a_{ij} = a_{ji}, 1 \leqslant i, j \leqslant n$$

则 A 称为对称矩阵。

对称矩阵中有近半的元素重复，我们为每一对对称元素只分配一个存储空间，则可将 n^2 个元素压缩存储到 n（n +1）/2 个元素的存储空间中。我们可以存储矩阵中主对角线上的元素，也可以存储矩阵中主对角线以下的元素。不失一般性，现以行序为主序存储其下三角（包括对角线）中的元素，如图 5－2 所示。

$$\begin{bmatrix} a_{11} & & & & \\ a_{21} & a_{22} & & & \\ a_{31} & a_{32} & a_{33} & & \\ \vdots & \vdots & \vdots & \cdots & \\ a_{n1} & a_{n2} & a_{n3} & \cdots & a_{nn} \end{bmatrix}$$

图 5－2　对称矩阵的下三角部分

假设以一维数组 M［n（n+1）/2］作为 n 阶对称矩阵 A 的存储结构，存储情况如图 5－3所示。

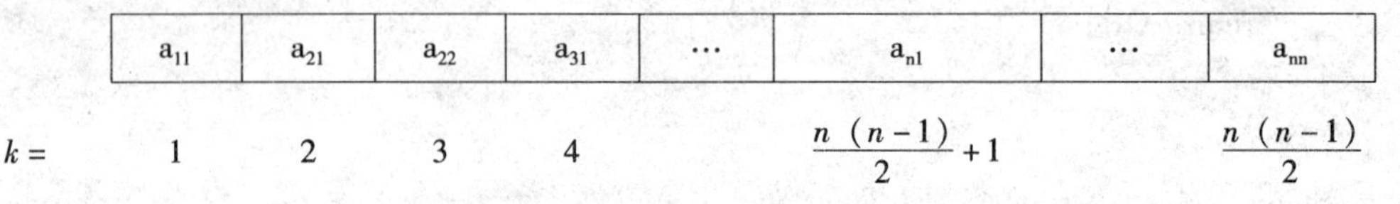

a_{11}	a_{21}	a_{22}	a_{31}	…	a_{n1}	…	a_{nn}
$k=$ 1	2	3	4		$\frac{n(n-1)}{2}+1$		$\frac{n(n-1)}{2}$

图 5－3　对称矩阵的压缩存储

数组 M 和矩阵 A 间下标存在着如下对应关系：

$$k=\begin{cases}\dfrac{i(i-1)}{2}+j & 当\ i \geqslant j \\ \dfrac{j(j-1)}{2}+i & 当\ i < j\end{cases} \tag{5－3}$$

对于任意给定一组下标（i，j）均可在 M 中找到矩阵元素 a_{ij}，反之，对所有的 $k=0,1,2,\cdots,\frac{n(n+1)}{2}-1$，都能确定 M［k］中矩阵元素在矩阵中的位置（i，j）。由此，称 M［n（n+1）/2］为 n 阶对称矩阵 A 的压缩存储。

2. 三角矩阵

以主对角线划分，三角矩阵有上三角和下三角两种，所谓上（下）三角矩阵是指矩阵的下（上）三角（不包括对角线）中元素均为常数 c 或零的 n 阶矩阵。如图 5－4 所示。

$$\begin{bmatrix} a_{11} & a_{12} & \cdots & a_{1n} \\ c & a_{22} & \cdots & a_{2n} \\ \vdots & \vdots & \vdots & \vdots \\ c & c & \cdots & a_{nn} \end{bmatrix} \qquad \begin{bmatrix} a_{11} & c & \cdots & c \\ a_{21} & a_{22} & \cdots & c \\ \vdots & \vdots & \vdots & \vdots \\ a_{n1} & a_{n2} & \cdots & a_{nn} \end{bmatrix}$$

（A）三角矩阵　　　（B）下三角矩阵

图 5－4　三角矩阵

三角矩阵中重复元素 c 可共享一个存储空间，其余元素和对称矩阵一样整好有 n（n+1）/2 个，因此，三角矩阵可压缩存储到数组 M［n（n+1）/2+1］中，其中 c 若非零，则存放到数组的最后一个下标变量中。

上三角矩阵中，主对角线上的第 t 行（$1 \leqslant t \leqslant n$）有 n－t+1 个元素，按行优先顺序存放上三角阵中的元素 a_{ij} 时，a_{ij} 之前的前 $i-1$ 行共有

$$\sum_{t=1}^{i-1}(n-t+1)=\frac{i-1}{2}(2n-i+2)$$

个元素，在第 i 行上，a_{ij} 是该行的第 $j-i+1$ 个元素，M［k］和 a_{ij} 的对应关系是：

$$k=\begin{cases}\dfrac{i-1}{2}(2n-i+2)+j-i+1 & \text{当 } i\leqslant j\\[2ex] \dfrac{n(n+1)}{2}+1 & \text{当 } i>j\end{cases}$$

当 $i>j$ 时，$a_{ij}=\mathrm{c}$，c 存放在 $M[\dfrac{n(n+1)}{2}+1]$ 中，下三角矩阵的存储和对称矩阵类似。M［k］和 a_{ij} 的对应关系是：

$$k=\begin{cases}\dfrac{i(i-1)}{2}+j & \text{当 } i\leqslant j\\[2ex] \dfrac{n(n+1)}{2}+1 & \text{当 } i>j\end{cases}$$

5.1.4　稀疏矩阵

稀疏矩阵是凭人们的直觉来了解的一个概念。假设在 m×n 的矩阵中，有 t 个元素不为零，令 $\delta=\dfrac{t}{m\times n}$，则称 δ 为矩阵的稀疏因子。通常认为 $\delta\leqslant 0.05$ 时称为稀疏矩阵。稀疏矩阵也采用压缩存储的方法，其方法是只存储非零元素。对每个非零元素 a_{ij} 可以用一个三元组（i，j，a_{ij}）唯一确定，其中 a_{ij} 表示该非零元素的值；i，j 为该非零元素在原始矩阵中的行号和列号。如图 5－5 所示中的稀疏矩阵中 A 可表示成如下的三元组表。

（（1，2，3），（1，6，1），（3，1，5），（3，2，－1），（4，5，4），（5，1，－3））

$$\begin{bmatrix}0&3&0&0&0&1\\0&0&0&0&0&0\\5&-1&0&0&0&0\\0&0&0&0&4&0\\-3&0&0&0&0&0\end{bmatrix}\quad\begin{bmatrix}0&0&5&0&-3\\3&0&-1&0&0\\0&0&0&0&0\\0&0&0&0&0\\0&0&0&4&0\\1&0&0&0&0\end{bmatrix}$$

（A）稀疏矩阵 A　　　（B）稀疏矩阵 A 的转置

图 5－5　稀疏矩阵示例

以顺序存储结构来存储三元组表，则可得稀疏矩阵的一种压缩存储方式——三元组顺序表。

稀疏矩阵三元组的顺序表存储表示如下。

```
#define MAXSIZE 100     //
typedef struct {
    int i, j;     //非零元素的行下标和列下标
    ElemType e;     // ElemType 为非零元素的类型，可根据实际需要定义
} Triple;
Typedef struct {
    Triple data [MAXSIZE+1];     //非零元素三元组表，data [0] 未用
    int mu, nu, tu;     //矩阵的行数、列数和非零元素的个数
} TSMatrix;
```

此处，data 域中表示非零元素的三元组是以行序为主序顺序排列的。下面讨论在这种压缩存储结构下如何实现矩阵的转置运算。

稀疏矩阵 A 的三元组表及 A 的转置矩阵的三元组表如图 5－6。

i	j	e
1	2	3
1	6	1
3	1	5
3	2	－1
4	5	4
5	1	－3

（A）稀疏矩阵 A 的三元组表

i	j	e
1	3	5
1	5	－3
2	1	3
2	3	－1
5	4	4
6	1	1

（B）稀疏矩阵 A 转置矩阵的三元组表

图 5－6　稀疏矩阵转置的示例

基于三元组的稀疏矩阵转置的处理方法有两种：

（1）按照 A 的列序进行转置。为了找到 A 的每一列中所有的非零元素，需要对 A 的三元组表从第一行起扫描一遍，算法如下。

算法 5－6：

```
Status Trans_ SMatrix (TSMatrix A, TSMatrix &M)
{
//三元组表存储表示，求稀疏矩阵 A 的转置矩阵 M。
    M. mu = A. nu;      M. nu = A. mu;      M. tu = A. tu;
    if (M. tu) {
      q = 1;
      for (col = 1; col < = A. nu; + + col)
          for (p = 1; p < = A. tu; + + p)
            if (A. data [p] . j = = col) {
              M. data [q] . i = A. data [p] . j;
              M. data [q] . j = A. data [p] . i;
              M. data [q] . e = A. data [p] . e;
              q + +;
            }
    }
    return OK;
} // Trans_ SMatrix
```

算法的时间复杂度为 O（nu＊tu），即和 A 的列数和非零元素的个数的乘积成正比。而一般矩阵转置算法的时间复杂度为 O（mu＊nu）。当非零元素的个数 tu 和 mu＊nu 同数量级时，上述算法的时间复杂度为 O（$mu*nu^2$），虽然节省了存储空间，但时间复杂度提高了，所以上述算法适于 tu＜＜mu＊nu 的情况。

（2）按照A中三元组的次序进行转置，并将转置后的三元组置入M中恰当的位置。这需预先确定矩阵A中每一列的第一个非零元素在M中应有的位置。为了确定这些位置，在转置前，应先求得A的每一列中非零元素的个数，进而求得每一列的第一个非零元在M中的位置。这种转置方法称为快速转置。

这里，需要附设num和cpot两个数组。num［col］表示矩阵A中第col列中非零元素的个数，cpot［col］指示A中第col列的第一个非零元素在M中的恰当位置。则有

cpot［1］=1；

cpot［col］=cpot［col-1］+num［col-1］　$2 \leqslant col \leqslant A.nu$

对于图5-5的矩阵A，num和cpot的值如表5-1所示。

表5-1　矩阵A的cpot的值

col	1	2	3	4	5	6
num［col］	2	2	0	0	1	1
cpot［col］	1	3	5	5	5	6

快速转置算法如下。

算法5-7：

```
Status FastTrans_ SMatrix（TSMatrix A，TSMatrix &M）
{
    //用三元组顺序表存储表示，求稀疏矩阵A的转置矩阵M
    M.mu = A.nu;      M.nu = A.mu;      M.tu = A.tu;
    if（M.tu）{
        for（col = 1；col < = A.nu；+ + col）   num［col］=0;
        for（t = 1；t < = A.tu；+ + t）
            + + num［A.data［t］.j］；   //求A中每一列含非零元素的个数
        cpot［1］=1;
    //求第col列中第一个非零元在M中的序号
    for（col = 2；col < = A.nu；+ + col）
        cpot［col］= cpot［col-1］+ num［col-1］;
    for（p = 1；p < = A.tu；+ + p）{
        col = A.data［p］.j;
        q = cpot［col］;
        M.data［q］.i = A.data［p］.j;
        M.data［q］.j = A.data［p］.i;
        M.data［q］.e = A.data［p］.e;
        + + cpot［col］;
    } //for
    } if
    return OK;
} // FastTrans_ Smatrix
```

温馨提示

这个算法比前一个算法仅多用了两个辅助数组。从时间上看，算法中有4个并列的单循环，循环次数分别为nu和tu，所以总的时间复杂度为O（nu+tu）。在A的非零元素个数tu和mu*nu等数量级时，其时间复杂度为O（mu*nu），和经典算法的时间复杂度相同。

5.2 广义表

5.2.1 广义表的概念

广义表是线性表的推广，也有人称其为列表。广义表一般记作

$$LS=（a_1，a_2，\cdots，a_n）$$

其中，*LS*是广义表*LS*=（a_1，a_2，…，a_n）的名称，n是它的长度。a_i可以是单个元素，也可以是广义表，分别称为广义表*LS*的原子和子表。习惯上，用大写字母表示广义表的名称，用小写字母表示原子。当广义表*LS*非空时，称第一个元素a_i为*LS*的表头（HeaD，称其余元素组成的表（a_2，a_3，…，a_n）是*LS*的表尾。

由上述对表头、表尾的定义可知，任何一个非空列表其表头可能是原子，也可能是列表，而其表尾必定为列表。例如：

（1）广义表（（A，A的表头是（A，表尾是（A。

（2）广义表（（A）的表头是（A，表尾是（）。

（3）广义表（a，B，c，D的表头是a，表尾是（B，c，D。

需要注意的是列表（）和（（））不同，前者为空表，长度为0，后者长度为1。

广义表的深度为广义表中括弧的重数，注意空表也是广义表，其深度为一。以下为几个求广义表深度的示例。

（1）广义表（（A，A的深度为2。

（2）广义表（（（A），（B，c，（A，（（（d，e））））的深度为4。

广义表的定义是一个递归的定义，因为在描述广义表时又用到了广义表的概念。下面列举一些广义表的例子。

（1）A=（），A是一个空表，它的长度为零。

（2）B=（e），列表B只有一个原子，B的长度为1。

（3）C=（a，（B，c，D），列表C的长度为2，两个元素分别为原子a和子表（B，c，D）。

（4）D=（A，B，C，列表D的长度为3，3个元素都是列表，显然D=（（），（e），（a，（B，c，D））。

（5）E=（a，E），这是一个递归的表，它的长度为2。

由上面的几个例子可得出如下3个结论：

（1）列表的元素可以是子表，而子表的元素还可以是子表。

（2）列表可为其他列表所共享。如上述的例子中，列表A、B和C为D的子表，而在

D 中可以不必列出子表的值，而是通过子表的名称来引用。

（3）列表可以是一个递归的表，即列表也可以是其本身的一个子表，如上述例子中的 E 表。

5.2.2 广义表的存储

由于广义表（a_1，a_2，…，a_n）中的数据元素可以具有不同的结构（或是原子，或是列表），因此难以用顺序存储结构表示，通常采用链式存储结构，每个数据元素可用一个结点表示。

由于列表中的数据元素可能为原子或列表，由此需要两种结构的结点：一种是表结点，用以表示列表；一种是原子结点，用以表示原子。因为若列表不空，可分解成表头和表尾，相应的，对确定的表头和表尾可唯一的确定列表，所以一个表结点可由 3 个域组成：标志域、指示表头的指针域和指示表尾的指针域；而原子结点只需两个域：标志域和值域，如图 5－7 所示。

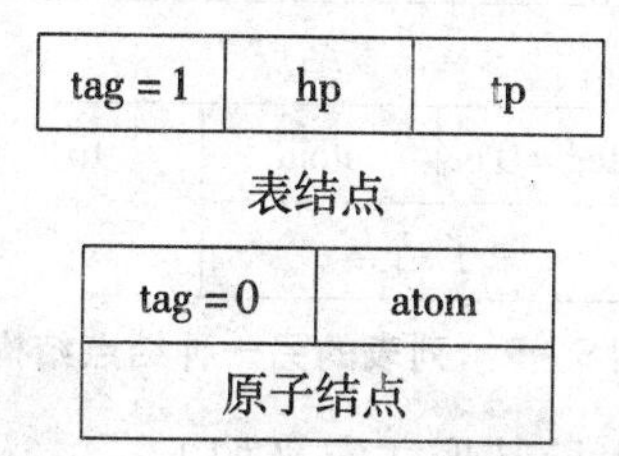

图 5－7 列表的链表结点结构

广义表的头尾链表存储表示如下。

```
typedef enum{ATOM,LIST}ElemTag;   //ATOM = =0;原子,LIST = =1;子表
typedef struct GLNode{
    ElemTag tag;            //标志,区分原子结点和表结点,
                            tag 是 1 表结点,tag 是 0 原子结点
    union{
      AtomType atom;        //atom 是原子结点的值域,
                            AtomType 根据实际需要由用户定义
      struct{struct GLNode *hp,*tp;}ptr;
                            //ptr 是表结点的指针域,ptr.hp 和 ptr.tp 分别指向表头和表
尾
    };
}
```

用上述方法可得广义表 A＝（a，（B，c，D）的存储结构，如图 5－8 所示。

在上述的存储结构中有几种情况。

（1）除空表的表头指针为空外，对任何非空列表，其表头指针均指向一个表结点，且该结点中的 hp 域指示列表表头（或为原子结点，或为表结点），tp 域指向列表表尾（除非表尾为空，则指针为空，否则必为表结点）。

（2）容易分清列表中原子和子表所在的层次。例如，B 、c 和 d 在同一层次，且比 a

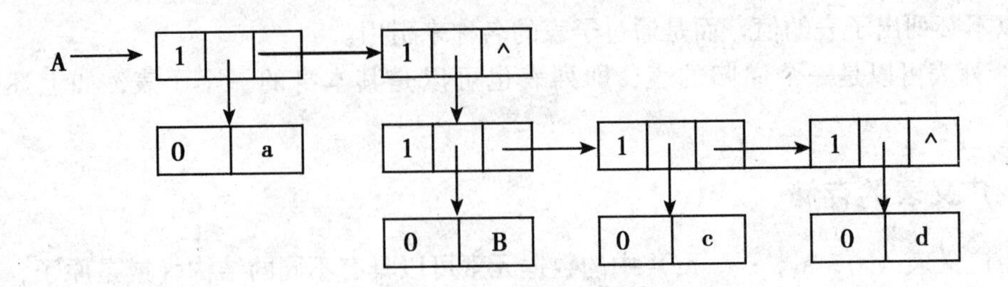

图 5-8　广义表的存储结构示例

低一层。

(3) 最高层的表结点个数即为列表的长度。

以上 3 个特点在某种程度上给列表的操作带来方便。我们也可以采用另一种结点结构的链表表示列表，如图 5-9 和图 5-10 所示。

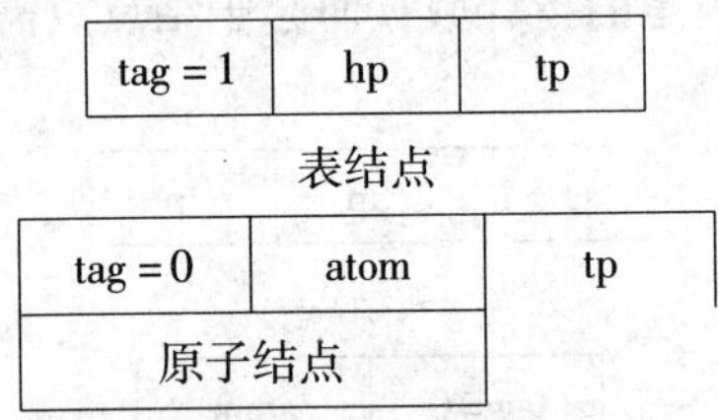

图 5-9　列表的另一种结点结构

广义表的扩展线性链表存储表示其形式定义如下。

```
typedef enum {ATOM, LIST} ElemTag;    //ATOM = =0; 原子, LIST = =1; 子表
typedef struct GLNode {
    ElemTag tag;                 //标志，区分原子结点和表结点，
                                 tag 是 1 表结点，tag 是 0 原子结点
    union {
      AtomType atom;             //atom 是原子结点的值域，
                                 AtomType 根据实际需要由用户定义
      struct GLNode *hp;         //表结点的表头指针
    };
    struct GLNode *tp;    //相当于线性链表的 next，指向下一个元素结点
} *Glist;
```

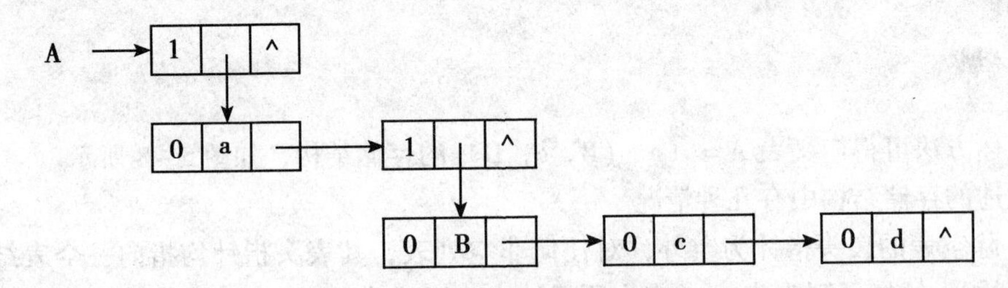

图 5-10　列表的另一种链表表示

5.3　总结与提高

5.3.1　主要知识点

①数组以行为主的存储结构；

②对称矩阵和三角矩阵压缩存储时的下标变换；

③三元组表示稀疏矩阵时进行矩阵运算的方法；

④广义表的特点及存储方法。

5.3.2　典型例题

1. 数组元素之间的关系（　　）。

A. 是线性的　　　　　　　　B. 是树形的

C. 既是线性的，又是树形的　　D. 既不是线性的，也不是树形的

2. 二维数组 M 的元素是 4 个字符（每个字符占一个存储单元）组成的串，行下标 i 的范围从 0 到 4，列下标 j 的范围从 0 到 5，M 按行存储时元素 M［3］［5］的起始地址与 M 按列存储时元素（　　）的起始地址相同。

A. M［2］［4］　　B . M［3］［4］　　C. M［3］［5］　　D. M［4］［4］

3. 数组 A 中，每个元素 A 的长度为 3 个字节，行下标 i 从 1 到 8，列下标 j 从 1 到 10，从首地址 SA 开始连续存放在存储器内，存放该数组至少需要的单元数是（　　）。

A. 80　　B. 100　　C. 240　　D. 270

4. 设有一个 10 阶的对称矩阵 A，采用压缩存储方式，以行序为主存储，$a_{1,1}$ 为第一个元素，其存储地址为 1，每个元素占 1 个地址空间，则 $a_{8,5}$ 的地址为（　　）。

A. 13　　B. 33　　C. 18　　D. 40

5. 广义表（（a，B，c，D 的表头是（　　），表尾是（　　）。

A. a　　B. B　　C. （a，B　　D. （c，D

6. 广义表（a，（B，C，（（e）））的长度为（　　）。

A. 1　　B. 2　　C. 3　　D. 4

练习题目

1. 一个 n＊n 的对称矩阵，如果以行或列为主序放入内存，则容量为（　　）。

A. n＊n　　B. n＊n/2　　C. n＊（n+1）/2　　D. （n+1）＊（n+1）/2

2. 对矩阵压缩存储是为了（　　）。

A. 方便运算　　B. 方便存储　　C. 提高运算速度　　D. 减少存储空间

3. 二维数组 M 的元素是 5 个字符（每个字符占一个存储单元）组成的串，行下标 i 的范围从 0 到 5，列下标 j 的范围从 0 到 4，M 按行存储时元素 M［3］［2］的起始地址与 M 按列存储时元素（　　）。

A. M［5］［2］　　B. M［4］［4］　　C. M［5］［4］　　D. M［3］［0］

4. 数组 A 中，每个元素 A 的长度为 3 个字节，行下标 i 从 1 到 8，列下标 j 从 1 到 10，从首地址 SA 开始连续存放在存储器内，该数组按列存放时，元素 A［5］［8］的起始地址为（　　）。

A. SA＋141　　B. SA＋180　　C. SA＋222　　D. SA＋225

5. 广义表（（a），a）的表尾是（　　）。

A. a　　B.（a）　　C.（）　　D.（（a））

6. 广义表（（a，B，（c，D，e）的长度为（　　）。

A. 1　　B. 2　　C. 3　　D. 4

实验题目

假设稀疏矩阵 A 采用三元组表表示，编写程序实现该矩阵的快速转置。要求：输入一个稀疏矩阵 A，由程序将其转换成三元组表存储；转置后的三元组表，由程序将其转换成矩阵形式后输出。

第六章

6 树和二叉树

教学目的

◎ 掌握树的相关概念、树的表示和树的性质

◎ 掌握二叉树的相关概念、二叉树的性质和存储结构

◎ 掌握二叉树遍历的算法

◎ 掌握二叉树与树和森林相互的转换过程

◎ 掌握建立哈夫曼树和哈夫曼编码的方法

◎ 理解二叉树线索化的实质

◎ 灵活运用二叉树的特点解决复杂的应用问题

6.1 树的类型定义和术语

6.1.1 树的类型定义

树（Tree）是 n（n≥0）个结点的有限集合。在任意一棵非空树 T 中：

（1）有且仅有一个特定的称为树根（Root）的结点。

（2）当 n>1 时，除根结点之外的其余结点被分成 m（m>0）个互不相交的有限集合 T_1，T_2，…，T_m，其中每一个集合 T_i（1≤i≤m）本身又是一棵树，称为树的子树。

树的结构定义是一个递归的定义，即在树的定义中又用到树的概念，它道出了树的固有特性。

图 6-1 是树的结构示意图。

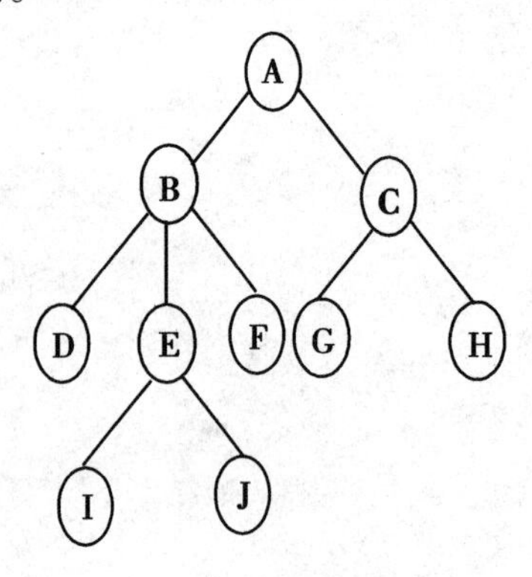

图 6-1　树结构示意图

上述树的结构定义加上树的基本操作就构成了树的抽象数据类型定义。

ADT Tree {

数据对象 D：D 是具有相同特性的数据元素的集合。

数据关系 R：若 D 为空集，则称为空树；

若 D 仅含一个数据元素，则 R 为空集，否则 R = {H}，H 是如下二元关系：

（1）D 中存在唯一的称为根的数据元素 root，它的关系 H 下无前驱；

（2）若 D - {root} ≠Φ，则存在 D - {root} 的一个划分 D_1，D_2，…，D_m（m>0），对任意 $j \neq k$（$1 \leq j, k \leq m$）有 $D_j \cap D_k = \Phi$，且对任意 i（$1 \leq i \leq m$），唯一存在数据元素 $x_i \in D_i$，有 root，x_i >H；

（3）对应于 D - {root} 的划分，H - { <root，x_1 >，…，<root，x_m >} 有唯一的一个划分 H_1，H_2，…，H_m（$m>0$），对任意 $j \neq k$（$1 \leq j, k \leq m$）有 $H_j \cap H_k = \Phi$，且对任意 i（$1 \leq i \leq m$），H_i 是 D_i 上的二元关系，（D_i，{H_i}）是一棵符合本定义的树，称为根 root 的子树。

基本操作 P：

InitTree（&T）；

操作结果：初始化空树 T。

DestroyTree（&T）；

初始条件：树 T 存在。

操作结果：销毁树 T。

CreateTree（&T，definition）；

初始条件：definition 给出树 T 的定义。

操作结果：按 definition 构造树 T。

ClearTree（&T）；

初始条件：树 T 存在。

操作结果：将树 T 清为空树。

TreeEmpty（T）；

初始条件：树 T 存在。

操作结果：若树为空树，则返回 TRUE，否则 FALSE。

TreeDepth（T）；

初始条件：树 T 存在。

操作结果：返回树 T 的深度。

Root（T）；

初始条件：树 T 存在。

操作结果：返回树 T 的根。

Value（T，cur_ e）；

初始条件：树 T 存在，cur_ e 是 T 中某个结点。

操作结果：返回 cur_ e 的值。

Assign（T，cur_ e，value）；

初始条件：树 T 存在，cur_ e 是 T 中某个结点。

操作结果：结点 cur_ e 赋值为 value。

Parent（T，cur_ e）；

初始条件：树 T 存在，cur_ e 是 T 中某个结点。

操作结果：若 cur_ e 是 T 的非根结点，则返回它的双亲，否则函数值为“空”。

LeftChild（T，cur_ e）；

初始条件：树 T 存在，cur_ e 是 T 中某个结点。

操作结果：若 cur_ e 是 T 的非叶子结点，则返回它的最左孩子，否则返回“空”。

RightSiB ling（T，cur_ e）；

初始条件：树 T 存在，cur_ e 是 T 中某个结点。

操作结果：若 cur_ e 有右兄弟，则返回它的右兄弟，否则函数值为“空”。

InsertChild（&T，&p，i，c）；

初始条件：树 T 存在，p 指向 T 中某个结点，1≤i≤p 所指结点的度 +1，非空树 c 与 T 不相交。

操作结果：插入 c 为 T 中 p 所指结点的第 i 棵子树。

DeleteChild（&T，&p，i）；

初始条件：树 T 存在，p 指向 T 中某个结点，1≤i≤p 指结点的度。

操作结果：删除 T 中 p 所指结点的第 i 棵子树。

TraverseTree（T，Visit（））；

初始条件：树 T 存在，Visti 是对结点操作的应用函数。

操作结果：按某种次序对 T 的每个结点调用函数 Vista（）一次且至多一次。一旦 Visit（）失败，则操作失败。

｝ADT Tree

6.1.2 树的其他表示法

图 6－1 所示是树的结构表示法，是一种直观的画法，其特点是对树的逻辑结构的描述非常直观、清晰，是使用最多的一种描述方法，除此以外，还有以下几种描述树的方法。

①嵌套集合法：也称文氏图法，它是用集合以及集合的包含关系来描述树形结构，每个圆圈表示一个集合，套起来的圆圈表示包含关系。图 6－2（A）就是图 6－1 所示树的嵌套集合表示。

②圆括号表示法：也称广义表表示法，它是使用括号将集合层次与包含关系显示出来。下式就是图 6－1 所示树的圆括号表示法。

（A（B（D，E（I，J），F），C（G，H）））

③凹入法：是用不同宽度的行来显示各结点，而行的凹入程度体现了各结点集合的包含关系，图 6－2（B）就是图 6－1 所示树的凹入法表示。树的凹入表示法主要用于树的屏幕显示和打印输出。

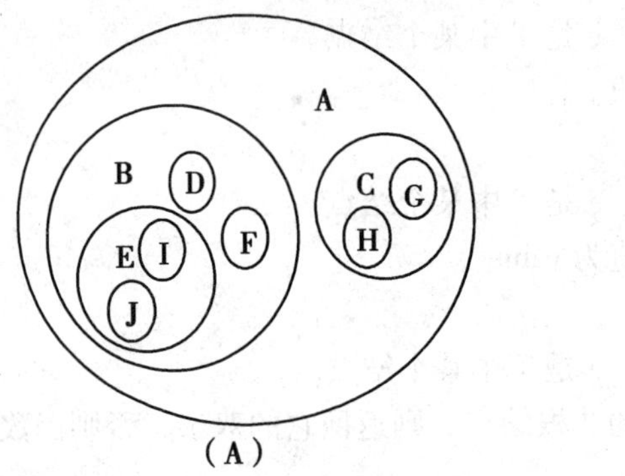

（A）

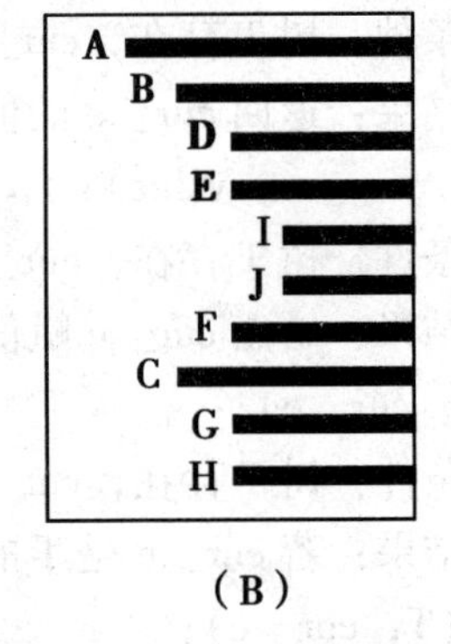

（B）

图 6－2 树的其他表示法

6.1.3 基本术语

（1）结点：树的结点包含一个数据元素和若干指向其子树的分支。

（2）结点的度：结点所拥有的子树数称为该结点的度（Degree）。

（3）树的度：树中各结点度的最大值称为该树的度。

（4）叶子（终端结点）：度为零的结点称为叶子结点。

（5）分支结点（非终端结点）：度不为零的结点称为分支结点。

（6）兄弟和堂兄弟：同一双亲的子女互称兄弟结点，其父母为兄弟的结点互称堂兄弟。

（7）孩子和双亲：结点的子树的根称为该结点的孩子，该结点称为孩子的双亲。

（8）祖先：结点的祖先是从根到该结点所经分支上的所有结点。

（9）子孙：以某结点为根的子树中的任一结点都称为该结点的子孙。

（10）层次：根为第一层，其余结点的层次数为它双亲结点的层数加1。

（11）树深度：树中结点的最大层次数称为树的深度（或高度）。

（12）森林：零棵或有限棵互不相交的树的集合称为森林。

（13）有序树和无序树：树中结点的各子树从左到右是有次序的（即不能互换），称这棵树为有序树，否则，称为无序树。

6.2　二叉树

6.2.1　二叉树的定义

二叉树（Binary Tree）是一种树型结构，它的特点是每个结点至多有两棵子树，即二叉树中不存在度大于2的结点，且二叉树的子树有左右之分，其次序不能任意互换。

由此，二叉树的抽象数据类型定义如下。

ADT Binary Tree {

数据对象D：D是具有相同特性的数据元素的集合。

数据关系R：若$D=\Phi$，则$R=\Phi$，称B inaryTree为空二叉树；

若$D\neq\Phi$，则$R=\{H\}$，H是如下二元关系：

①D中存在唯一的称为根的数据元素root，它的关系H下无前驱；

②若$D-\{root\}\neq\Phi$，则存在$D-\{root\}=\{D_1, D_2\}$，且$D_1\cap D_2=\Phi$；

③若$D_1\neq\Phi$，则D_1中存在唯一的元素x_1，$<root, x_1>\in H$，且存在D_1上的关系$H_1\subset H$；若$D_r\neq\Phi$，则D_r中存在唯一的元素x_r，$<root, x_r>\in H$，且存在D_r上的关系$H_r\subset H$；$H=\{<root, x_1>, <root, x_r>, H_1, H_r\}$；

④（D_1，{H_1}）是一棵符合本定义的二叉树，称为根的左子树，（D_r，{H_r}）是一棵符合本定义的二叉树，称为根的右子树。

基本操作P：

InitB iTree（&T）;

操作结果：初始化空二叉树T。

DestroyB iTree（&T）;

初始条件：二叉树T存在。

操作结果：销毁二叉树T。

CreateB iTree（&T，definition）;

初始条件：definition给出二叉树T的定义。

操作结果：按definition构造二叉树T。

ClearB iTree（&T）;

初始条件：二叉树T存在。

操作结果：将二叉树T清为空树。

B iTreeEmpty（T）;

初始条件：二叉树T存在。

操作结果：若T为空二叉树，则返回TRUE，否则FALSE。

B iTreeDepth（T）;

初始条件：二叉树T存在。

操作结果：返回二叉树T的深度。

Root（T）;

初始条件：二叉树T存在。

操作结果：返回二叉树T的根。

Value（T，e）;

初始条件：二叉树T存在，e是T中某个结点。

操作结果：返回e的值。

Assign（T，&e，value）;

初始条件：二叉树T存在，e是T中某个结点。

操作结果：结点e赋值为value。

Parent（T，e）;

初始条件：二叉树T存在，e是T中某个结点。

操作结果：若e是T的非根结点，则返回它的双亲，否则函数值为“空”。

LeftChild（T，e）;

初始条件：二叉树T存在，e是T中某个结点。

操作结果：返回e的左孩子，若e无左孩子，则返回“空”。

RightChild（T，e）;

初始条件：二叉树T存在，e是T中某个结点。

操作结果：返回e的右孩子，若e无右孩子，则返回“空”。

LeftSiB ling（T，e）;

初始条件：二叉树T存在，e是T中某个结点。

操作结果：返回e的左兄弟，若e是T的左孩子或无左兄弟，则返回“空”。

RightSiB ling（T，e）;

初始条件：二叉树T存在，e是T中某个结点。

操作结果：返回e的右兄弟，若e是T的右孩子或无右兄弟，则返回“空”。

InsertChild（T，p，LR，c）;

初始条件：二叉树T存在，p指向T中某个结点，LR为0或1，非空二叉树c与T不相交且右子树为空。

操作结果：根据LR为0或1，插入c为T中p所指结点的左或右子树。p所指结点的原有左或右子树则成为c的右子树。

DeleteChild（T，p，LR）;

初始条件：二叉树T存在，p指向T中某个结点，LR为0或1。

操作结果：根据LR为0或1，删除T中p所指结点的左或右子树。

PreOrderTraverse（T，Visit（））;

初始条件：二叉树 T 存在，Visit 是对结点操作的应用函数。

操作结果：先序遍历 T，对每个结点调用函数 Visit 一次且仅一次。一旦 Visit（）失败，则操作失败。

InOrderTraverse（T，Visit（））；

初始条件：二叉树 T 存在，Visit 是对结点操作的应用函数。

操作结果：中序遍历 T，对每个结点调用函数 Visit 一次且仅一次。一旦 Visit（）失败，则操作失败。

PostOrderTraverse（T，Visit（））；

初始条件：二叉树 T 存在，Visit 是对结点操作的应用函数。

操作结果：后序遍历 T，对每个结点调用函数 Visit 一次且仅一次。一旦 Visit（）失败，则操作失败。

LevelOrderTraverse（T，Visit（））；

初始条件：二叉树 T 存在，Visit 是对结点操作的应用函数。

操作结果：层序遍历 T，对每个结点调用函数 Visit 一次且仅一次。一旦 Visit（）失败，则操作失败。

｝ADT B inaryTree

根据上述定义二叉树或为空，或是由一个根结点及两个不相交的分别称为左子树和右子树组成，由于这两棵子树也是二叉树，则由二叉树的定义，它们也可以是空树。由此，二叉树可以有 5 种基本形态，如图 6－3 所示。

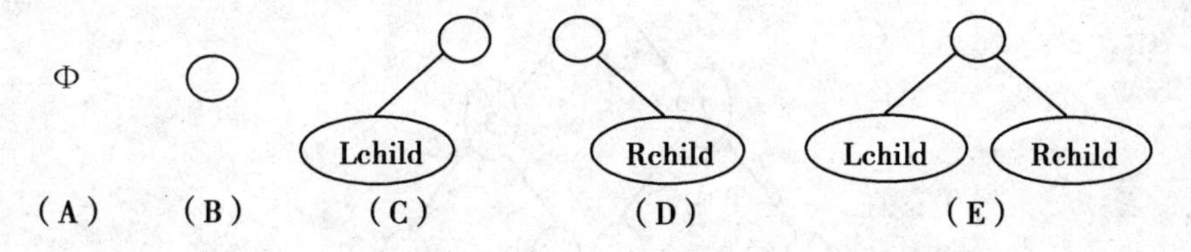

图 6－3　二叉树的基本形态

其中，（A）空二叉树；（B）仅有根结点的二叉树；（C）右子树为空的二叉树；（D）左子树为空的二叉树；（E）左、右子树均非空的二叉树。

6.2.2　二叉树的性质

（1）性质 1。一棵非空二叉树的第 i 层上最多有 2_i-1 个结点（$i\geqslant1$）。

利用归纳法证明此性质。

$i=1$ 时，只有一个根结点，$2_i-1=20=1$ 是对的。

假设对所有的 j，$1\leqslant j\leqslant i$，命题成立，即第 j 层上至多有 2_j-1 个结点。则可证明 $j=i$ 时命题也成立。

由归纳假设得到第 $i-1$ 层上至多有 2_i-2 个结点。由于二叉树的每个结点的度至多为 2，所以在第 i 层上的最大结点数为 $i-1$ 层上的最大结点数的 2 倍，即 $2*2_i-2=2_i-1$。

（2）性质 2。深度为 h 的二叉树最多有 2^h-1 个结点。

证明：根据性质 1，深度为 h 的二叉树每一层上都达到最多的结点数时，二叉树的结点

数最多（n），即

$$n = \sum_{i=1}^{h} 2^{i-1} = 2^0 + 2^1 + \cdots + 2^{h-1} = 2^h - 1$$

所以命题成立。

（3）性质3。对任何一棵二叉树T，如果其终端结点数为 n_0，度为2的结点数为 n_2，则 $n_0 = n_2 + 1$。

设 n_1 为二叉树T中度为1的结点数，又因为二叉树中所有结点的度均小于等于2，所以其总结点数为

$$n = n_0 + n_1 + n_2$$

对于二叉树的分支数，除了根结点外，其余结点都有一个分支进入，设B为二叉树的总的分支数，则有 $n = B + 1$。又因为这些分支是由度为1或2的结点射出的，所以有 $B = n_1 + 2n_2$。则有

$$n = n_1 + 2n_2 + 1$$

由上两式得 $n_0 = n_2 + 1$。

一为满二叉树：一棵深度为h，且有 $2^h - 1$ 个结点的二叉树称为满二叉树。如图6－4所示是一棵深度为3的满二叉树。其特点是每一层上的结点都具有最大的结点数。

如果对满二叉树的结点进行连续的编号，约定编号从根结点开始，从上往下，从左向右，如图6－4所示，由此可引出完全二叉树的定义。

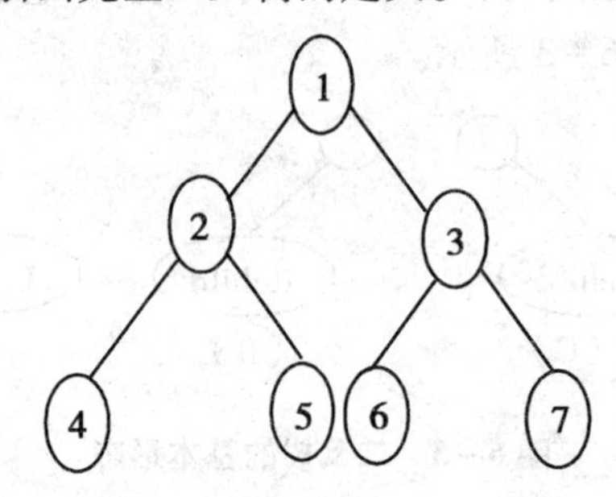

图6－4　满二叉树

二为完全二叉树：深度为h，有n个结点的二叉树，当且仅当每一个结点都与深度为h的满二叉树中编号从1至n的结点一一对应时，称此二叉树为完全二叉树。如图6－5（A）所示为一棵完全二叉树，而图6－5（B）则不是完全二叉树。

完全二叉树，除最后一层外，其余各层都是满的，且最后一层或者为满，或者仅在右边缺少连续若干个结点。

（4）性质4。具有n（n>0）结点的完全二叉树的深度为 $\lfloor \log_2 n \rfloor + 1$。

证明：假设深度为h，则根据性质2和完全二叉树的定义有

$$2^{h-1} - 1 < n \leqslant 2^h - 1 \quad 或 \; 2^{h-1} \leqslant n < 2^h$$

于是有 $h - 1 \leqslant \log_2 n < h$，因为h为整数，所以 $h = \lfloor \log_2 n \rfloor + 1$。

（5）性质5。对于一棵有n个结点的完全二叉树（其深度为 $\lfloor \log_2 n \rfloor + 1$）的结点按层序编号（从第1层到第 $\lfloor \log_2 n \rfloor + 1$ 层，每层从左到右），则对任一结点i（$1 \leqslant i \leqslant n$）有：

①如果 $i = 1$，则结点i是二叉树的根，无双亲；如果 $i > 1$，则其双亲是结点 $\lfloor i/2 \rfloor$。

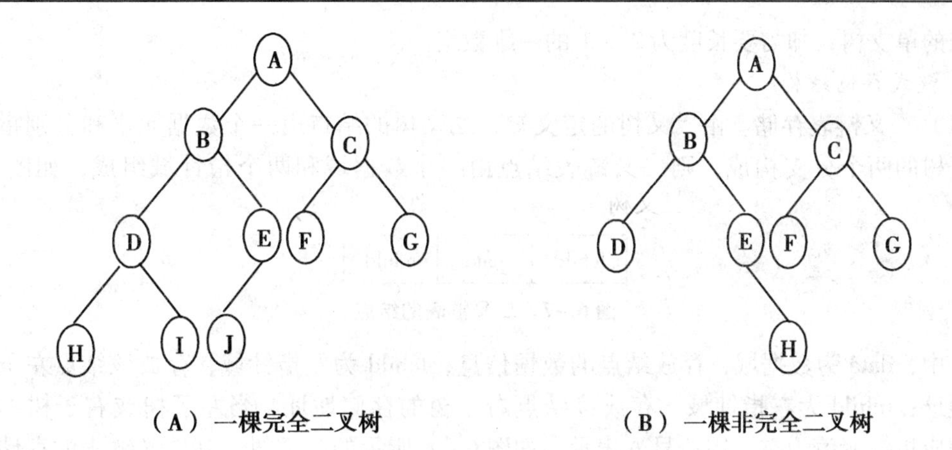

（A）一棵完全二叉树　　（B）一棵非完全二叉树

图6-5　完全二叉树与非完全二叉树

②如果 $2i>n$，则结点 i 无左孩子（结点 i 为叶子结点）；否则其左孩子是结点 $2i$。

③如果 $2i+1>n$，则结点 i 无右孩子；否则其右孩子结点是 $2i+1$。

6.2.3　二叉树的存储

二叉树的存储结构有顺序存储和链式存储两种。

1. 顺序存储结构

二叉树的顺序存储表示如下。

#define MAX_ TREE_ SIZE 100　　//二叉树的最大结点数

Typedef TelemType SqB iTree［MAX_ TREE_ SIZE］；　　//0 号单元存储根结点，TelemType 为数据元素的类型，可根据实际需要定义

SqB iTree B t;

按照顺序存储结构的定义，用一组地址连续的存储单元依次自上而下，自左到右存储完全二叉树上的结点元素，即将完全二叉树上编号为 i 的结点元素存储在如上定义的一维数组中下标为 i-1 的分量中。例如，图6-6（A）所示为图6-5（A）所示完全二叉树的顺序存储结构。对于一般二叉树，则将其每个结点与完全二叉树上的结点相对照，存储在一维数组的相应分量中，如图6-6（B）所示为图6-5（B）的二叉树的顺序存储结构，图中以“∧”表示不存在此结点。

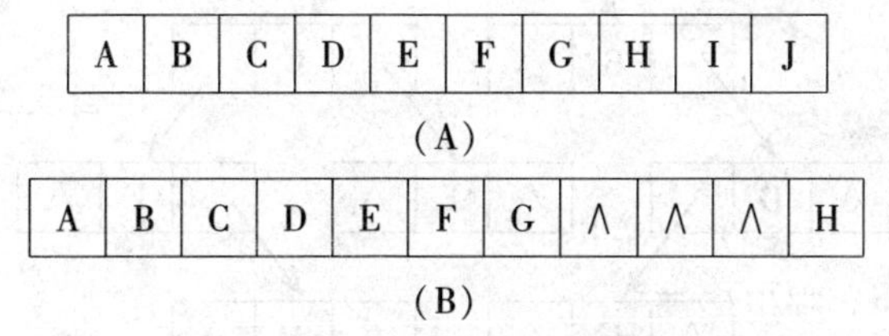

图6-6　二叉树的顺序存储结构

（A）完全二叉树，（B）一般二叉树

温馨提示

显然，这种存储结构会造成空间的大量浪费，在最坏的情况下，一个深度为 h 且只有 h

个结点的单支树，却需要长度为 2^h-1 的一维数组。

2. 链式存储结构

（1）二叉链表存储。由二叉树的定义知，二叉树的结点由一个数据元素和分别指向其左右子树的两个分支构成，则二叉链表结点由一个数据域和两个指针域组成，如图 6－7 所示。

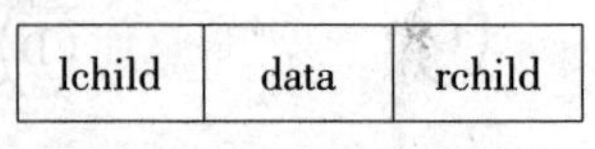

图 6－7　二叉链表的结点

其中，data 为数据域，存放结点的数据信息；lchild 为左指针域，存放该结点左子树的存储地址；rchild 为右指针域，存放该结点右子树的存储地址。当左子树或右子树不存在时，相应指针域值为空，用符号 ∧ 表示。如图 6－8 所示的二叉树，其二叉链表的存储表示如图 6－9 所示。链表的头指针指向二叉树的根结点。容易证明，在含有 n 个结点的二叉链表中有 n＋1 个空指针域。利用这些空指针域存储其他有用信息，从而可以得到另外一种存储结构——线索链表。

二叉链表是二叉树最常用的存储方式。本书后面设计的二叉树的链式存储结构一般都是指二叉链表结构。以下是二叉树的二叉链表的存储表示。

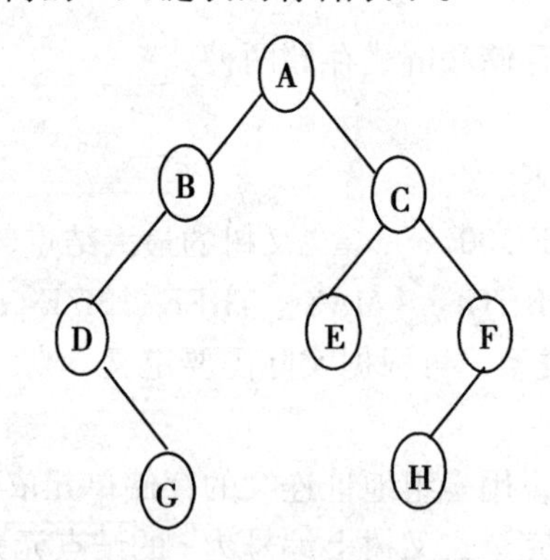

图 6－8　二叉树

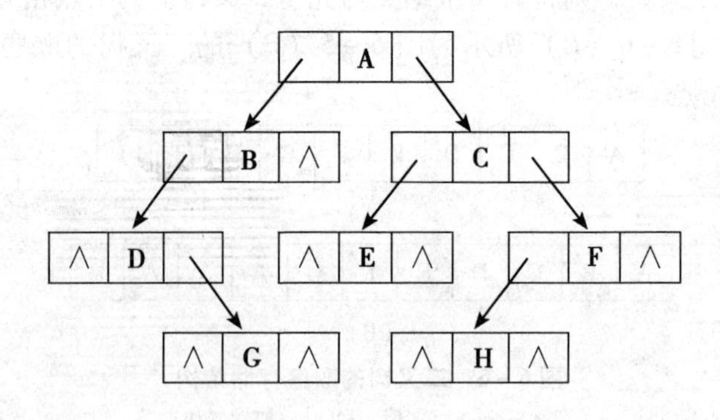

图 6－9　二叉树的链式存储示意图

```
typedef struct B iTNode {
    TElemType data;    // TElemType 为数据域的类型，可根据实际需要定义
```

Struct B iTNode ＊lchild，＊rchild；　//左右孩子指针

} B iTNode，＊B iTree；

（2）三叉链表存储。三叉链表结点由一个数据域和三个指针域组成，其结构如图 6－10 所示。

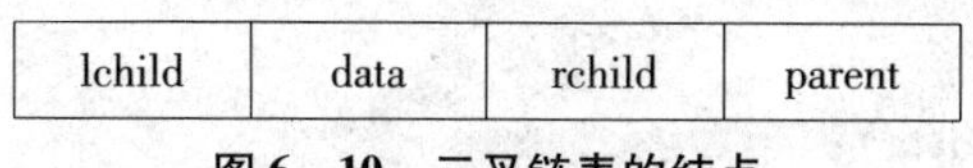

lchild	data	rchild	parent

图 6－10　三叉链表的结点

其中，data 为数据域，存放结点的数据信息；lchild 为左指针域，存放该结点左子树的存储地址；rchild 为右指针域，存放该结点右子树的存储地址；parent 为父指针域，存放双亲结点的存储地址。这种存储结构既便于查找左、右子树的结点，又便于查找双亲结点，但增加了存储空间。图 6－11 给出了图 6－8 所示的一棵二叉树的三叉链表存储示意图。

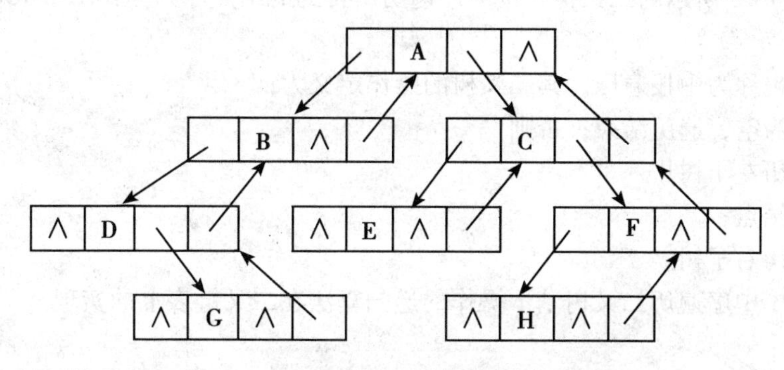

图 6－11　二叉树的三叉链式存储示意图

6.3　遍历二叉树和线索二叉树

6.3.1　遍历二叉树

遍历二叉树（Traversing Binary Tree）是指按某种顺序访问二叉树中的所有结点，使得每个结点都被访问，且仅被访问一次。“访问”的含义很广，可以是对结点作各种处理，如输出结点的信息等。

由二叉树的递归定义可知，一棵二叉树由根结点、左子树和右子树三部分组成。因此，只要依次遍历这三部分，就可以遍历整个二叉树。若以 L、D、R 分别表示遍历左子树、访问根结点和遍历右子树，则可有 DLR、LDR、LRD、DRL、RDL、RLD 这 6 种遍历二叉树的方案。若限定先左后右，则只有前 3 种情况，分别称之为先序遍历、中序遍历和后序遍历。

1. *先序遍历*

先序遍历也称为先根遍历，其二叉树的操作定义为：

若二叉树为空，遍历结束；否则

①访问根结点；

②先序遍历左子树；

③先序遍历右子树。

以下给出了先序遍历二叉树基本操作的递归算法在二叉链表上的实现。

算法6-1：

```
void PreOrderTraverse (BiTNode *T) {
    //采用二叉链表存储结构，Visit是对数据元素操作的应用函数
    if (T) {
        Visit (T->data);
        PreOrderTraverse (T->lchild);
        PreOrderTraverse (T->rchild);
    }
}
```

对于如图6-8所示的二叉树，按先序遍历所得到的结点序列为：ABDGCEFH。

2. 中序遍历

中序遍历也称为中根遍历，其二叉树的操作定义为：

若二叉树为空，遍历结束；否则

①中序遍历左子树；

②访问根结点；

③中序遍历右子树。

以下给出了中序遍历二叉树基本操作的递归算法在二叉链表上的实现。

算法6-2：

```
void InOrderTraverse (BiTNode *T) {
    //采用二叉链表存储结构，Visit是对数据元素操作的应用函数
    if (T) {
        InOrderTraverse (T->lchild);
        Visit (T->data);
        InOrderTraverse (T->rchild);
    }
}
```

对于如图6-8所示的二叉树，按中序遍历所得到的结点序列为：DGBAECHF。

依照递归算法执行过程中递归工作栈的状态变化状况可直接写出相应的非递归算法。此处以中序遍历为例。从中序遍历递归算法执行过程中递归工作栈的状态可见：

（1）工作记录中包含两项，其一是递归调用的语句编号，其二是指向根结点的指针，则当栈顶记录中的指针非空时，应遍历左子树，即指向左子树根的指针进栈。

（2）若栈顶记录中的指针值为空，则应退至上一层，若是从左子树返回，则应访问当前层即栈顶记录中指针所指的根结点。

（3）若是从右子树返回，则表明当前层得遍历结束，应继续退栈。从另一角度看，这意味着遍历右子树时不再需要保存当前层的根指针，可直接修改栈顶记录中的指针即可。

由上述可得两个中序遍历二叉树的非递归算法6-3和非递归算法6-4。

算法6－3：

```
void InOrderTraverse (B iTNode *T) {
    //采用二叉链表存储结构，中序遍历二叉树 T 的非递归算法
    // Visit 是对数据元素操作的应用函数
    InitStack (S);
    Push (S, T);                    //根指针进栈
    While (! StackEmpty (S)) {
    While (GetTop (S, p) &&p)
      Push (S, p->lchild);    //向左走到尽头
    Pop (S, p);               //空指针退栈
    if (! StackEmpty (S)) {   //访问结点，向右一步
      Pop (S, p);
      Visit (p->data);
      Push (S, p->rchild);
    } //if
  } //while
} // InOrderTraverse
```

算法6－4：

```
Void InOrderTraverse (B iTNode *T) {
    //采用二叉链表存储结构，中序遍历二叉树 T 的非递归算法
    // Visit 是对数据元素操作的应用函数
    InitStack (S);
    p=T;
    While (p| | ! StackEmpty (S)) {
      if (p) {//根指针进栈，遍历左子树
        Push (S, p);
        p=p->lchild;
      }
      else {//根指针退栈，访问根结点，遍历右子树
        Pop (S, p);
        Visit (p->data);          p=p->rchild;
      } //else
    } //while
} // InOrderTraverse
```

3. *后序遍历*

后序遍历也称为后根遍历，其二叉树的操作定义为：

若二叉树为空，遍历结束；否则

①后序遍历左子树；

②访问根结点；

③后序遍历右子树。

以下给出了后序遍历二叉树基本操作的递归算法在二叉链表上的实现。

算法6-5：

```
void PostOrderTraverse (B iTNode *T) {
    //采用二叉链表存储结构，Visit是对数据元素操作的应用函数
    if (T) {
      PostOrderTraverse (T->lchild);
      PostOrderTraverse (T->rchild);
      printf (T->data);
    }
}
```

对于如图6-8所示的二叉树，按后序遍历所得到的结点序列为：GDBEHFCA。

4. *层次遍历*

按照自上而下（从根结点开始），从左到右（同一层）的顺序逐层访问二叉树上的所有结点，这样的遍历称为按层次遍历。

按层次遍历时，当一层结点访问完后，接着访问下一层的结点，先遇到的结点先访问，这与队列的操作原则一样。因此，在进行层次遍历时，可设置一个数组来模拟队列，用于保存被访问结点的子结点的地址。遍历从二叉树的根结点开始，首先将根结点指针入队列，然后从队头取出一个元素，每取出一个元素，执行下面两个操作：

①访问该元素所指结点；

②若该元素所指结点的左、右孩子结点非空，则将该元素所指结点的左孩子指针和右孩子指针依次入队。

此过程不断进行，直到队列为空。

在下面的层次遍历算法中，二叉树以二叉链表方式存储，一维数组q [MAXLEN] 用以实现队列。

算法6-6：

```
void LevelOrderTraverse (B iTNode *T) {
    //采用二叉链表存储结构，Visit是对数据元素操作的应用函数
    int i, j;
    B iTNode *q [100], *p;
    p=T;
    if (p! =NULL) {
      i=1;
      q [i] =p;
      j=2;
    } //if
    while (i! =j) {
      p=q [i];
      Visit (p->data);
```

```
        if (p- >lchild! =NULL) {
          q [j] =p- >lchild;
          j++;
          } //if
          if (p- >rchild! =NULL) {
            q [j] =p- >rchild;
            j++;
          }
            i++;
        } //while
    } // LevelOrderTraverse
```

对于如图6-8所示的二叉树，按层次遍历所得到的结点序列为：ABCDEFGH。

“遍历”是二叉树各种操作的基础，可以在遍历过程中队结点进行各种操作，例如，对于一棵已知树可求结点的双亲，求结点的孩子结点，判断结点所在层次等，反之，也可在遍历过程中生成结点，建立二叉树的存储结构。如下面是一个按先序序列建立二叉树的二叉链表的过程。

算法6-7：

```
  B iTree CreateB iTree () {
      //按先序次序输入二叉树中结点的值（一个字符），0表示空树
      B iTree p;
      scanf (&ch);
      getchar ();
      if (ch = ='0')
        p=NULL;
      else {
        p = (B iTNode *) malloc (sizeof (B iTNode));
        p ->data=ch;                    //生成根结点
        p ->lchild =CreateB iTree ();    //构造左子树
        p ->rchild =CreateB iTree ();    //构造右子树
        }
      return p;
  } // Create B iTree
```

将算术表达式用二叉树来表示，称为标识符树，也称为二叉表示树。如图6-12所示，其表示的表达式为B *（c-D。若先序遍历此二叉树，按访问结点的先后次序将结点排列起来，可得到二叉树的先序序列为*B-cd；类似地，中序遍历此二叉树，可得此二叉树的中序序列为B *c-d；后序遍历此二叉树，可得此二叉树的后序序列为B cd-*。从表达式来看，以上3个序列恰好为表达式的前缀表示（波兰式）、中缀表示和后缀表示（逆波兰式）。

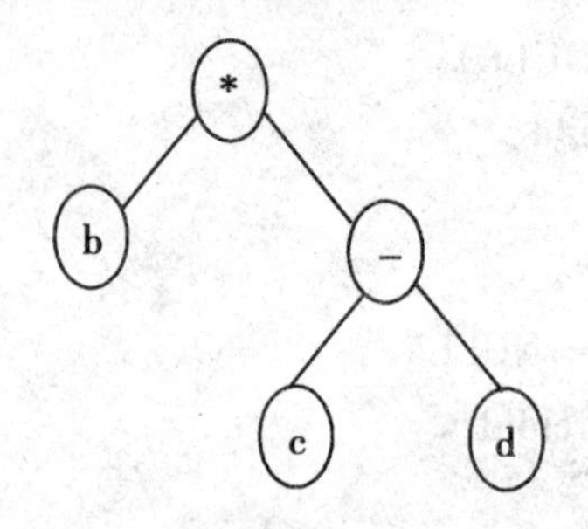

图 6－12　表达式 B ＊（c－D 的二叉树

6.3.2　线索二叉树

1. 线索二叉树的概念

遍历二叉树是以一定规则将二叉树中结点排列成一个线性序列，得到二叉树中结点的先序序列或中序序列或后序序列。这实质上是对一个非线性结构进行线性化操作，使得每个结点（除第一个和最后一个外）在这些线性序列中有且仅有一个直接前驱和直接后继。

当以二叉链表作为存储结构时，只能找到结点的左、右孩子信息，而不能直接得到结点在任意一个序列中的直接前驱和直接后继信息，这种信息只有在二叉树遍历的动态过程中才能得到。若增加直接前驱和直接后继指针会使存储密度大大降低。另一方面，在有 n 个结点的二叉链表中必定存在 n＋1 个空链域。由此设想可否利用这些空链域来存放结点的直接前驱和直接后继的信息。

试作如下规定：若结点有左子树，则其 lchild 域指示其左孩子，否则令 lchild 域指示其前驱；若结点有右子树，则其 rchild 域指示其右孩子，否则令 rchild 域指示其后继。为了避免混淆，在结点中需增加两个标志域，如图 6－13 所示。

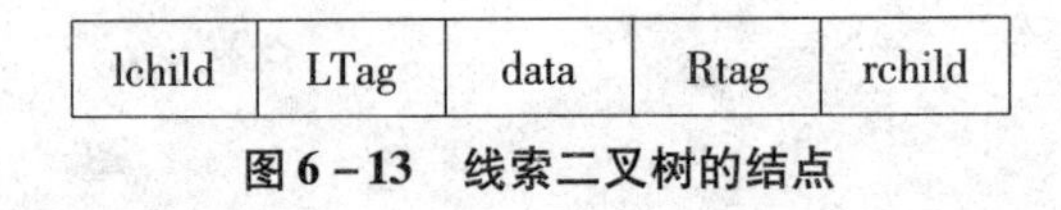

lchild	LTag	data	Rtag	rchild

图 6－13　线索二叉树的结点

其中，Ltag＝ ＝0，lchild 域指示结点的左孩子，Ltag＝ ＝1，lchild 域指示结点的前驱；Rtag＝ ＝0，rchild 域指示结点的右孩子，Rtag＝ ＝1，rchild 域指示结点的后继。

以上述结点结构构成的二叉链表作为二叉树的存储结构，叫做线索链表，其中指向结点前驱和后继的指针，叫做线索。加上线索的二叉树称为线索二叉树（Threaded B inary Tree）。如图 6－14（A）所示为图 6－12 所示的中序线索二叉树，与其对应的中序线索链表如图 6－14（B）所示。其中实线为指针（指向左、右子树），虚线为线索（指向前驱和后继）。对二叉树以某种次序遍历使其变为线索二叉树的过程叫做线索化。

2. 线索链表的遍历算法

在线索树上进行遍历，只要先找到序列中的第一个结点，然后依次找结点后继直至其后继为空时而止。由于二叉树结点的序列可由不同的遍历方法得到，因此，线索二叉树也有先序线索二叉树、中序线索二叉树和后序线索二叉树三种。在三种线索二叉树中一般以中序线索化用得最多，所以下面以中序线索树进行说明。

在中序线索树中如何找到结点的后继，以图 6－14 的中序线索树为例来看，树中所有叶子结点的右链是线索，则右链域直接指示了结点的后继，如 B 结点的后继为结点＊。树中

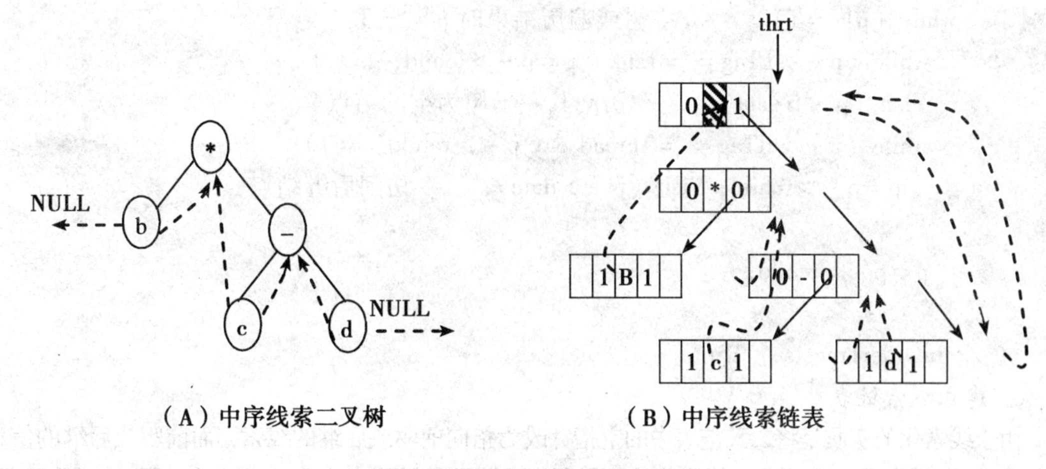

（A）中序线索二叉树　　（B）中序线索链表

图 6－14　线索二叉树及其存储结构

所有非终端结点的右链均为指针，则无法由此得到后继的信息。然而，根据中序遍历的规律可知，结点的后继应是遍历其右子树时访问的第一个结点，即右子树中最左下的结点。例如在找结点 * 的后继时，首先沿右指针找到其右子树的根结点“－”，然后顺其左指针往下直至其左标志为 1 的结点，即为结点 * 的后继，在图中是结点 c。反之，在中序线索树中找结点前驱的规律是：若其左标志为“1”，则左链为线索，指示其前驱，否则遍历左子树时最后访问的一个结点（左子树中最右下的结点）为其前驱。

在中序线索二叉树上遍历二叉树，时间复杂度为 O（n），且不需要栈。因此，若在某程序中所用二叉树需经常遍历或查找结点在遍历所得线性序列中的前驱和后继，则应采用线索链表作存储结构。二叉树的二叉线索存储表示如下。

```
typedef enum PointerTag {Link, Thread};    //Link = = 0; 指针, Thread = = 0;
线索。
typedef struct B iThrNode {
    TElemType data;    // TElemType 为数据域的类型，可根据实际需要定义
    struct B iThrNode *lchild, *rchild;    //左右孩子指针
    PointerTag LTag, RTag;    //左右标志
} B iThrNode, *B iThrTree;
```

为方便起见，仿照线性表的存储结构，在二叉树的线索链表上也添加一个头结点，并令其 lchild 域的指针指向二叉树的根结点，其 rchild 域的指针指向中序遍历时访问的最后一个结点；反之，令二叉树中序序列中的第一个结点的 lchild 域指针和最后一个结点 rchild 域的指针均指向头结点。这就为二叉树建立了一个双向线索链表，既可以从第一个结点起顺后继进行遍历，也可以从最后一个结点起顺前驱进行遍历。下面的算法正是以双向线索链表为存储结构对二叉树进行遍历的算法。

算法 6－8：

```
void InOrderTraverse_ Thr (B iThrTree T) {
    //中序遍历二叉线索树 T 的非递归算法，对每个数据元素调用函数 Visit
    // T 指向头结点，头结点的左链 lchild 指向根结点
    p = T - >lchild;    //p 指向根结点
```

```
    while (p! =T) {    //空树或遍历结束时 p= =T
      while (p->LTag= =Link) p=p->lchild;
      Visit (p->data);    //访问其左子树为空的结点
      while (p->RTag= =Thread && p->rchild! =T) {
        p=p->rchild; Visit (p->data);    //访问后继结点
      }
      p=p->rchild;
    }
} // InOrderTraverse_ Thr
```

3. 建立线索链表

由于线索化的实质是将二叉链表中的空指针改为指向前驱或后继的线索，而前驱或后继的信息只有在遍历时才能得到，因此，线索化的过程即为在遍历的过程中修改空指针的过程。为了记下遍历过程中访问结点的先后关系，附设一个指针 pre 始终指向刚刚访问过得结点，若指针 p 指向当前访问的结点，则 pre 指向它的前驱。由此可得中序遍历建立中序线索化链表的算法如下所示。

算法 6-9：

```
void InOrderThreading (BiThrTree T) {
    //中序遍历二叉树 T，并将其中序线索化
  BiThrTree Thrt;
  if (! (Thrt = (BiThrTree) malloc (sizeof (BiThrTree)))) exit (OVERFLOW);
    Thrt->LTag=Link; Thrt->RTag=Thread;    //建立头结点
    Thrt->rchild=Thrt;    //右指针回指
  if (! T) Thrt->lchild=Thrt;    //若二叉树空，则左指针回指
  else {
    Thrt->lchild=T; pre=Thrt;
    InThreading (T);    //中序遍历进行中序线索化
    pre->rchild=Thrt; pre->RTag=Thread; //最后一个结点线索化
    Thrt->rchild=pre;
  }
} // InOrderThreading
```

算法 6-10：

```
void InThreading (BiThrTree p) {
    if (p) {
      InThreading (p->lchild);    //左子树线索化
      if (! p->lchild) {p->LTag=Thread; p->lchild=pre;} //前驱线索
      if (! pre->rchild) {pre->RTag=Thread; pre->rchild=p;} //后继线索
      pre=p;
      InThreading (p->rchild);    //右子树线索化
    }
} // InThreading
```

6.4　二叉树的应用

6.4.1　统计二叉树叶子结点数

（1）基本思想。若二叉树结点的左子树和右子树都为空，则该结点为叶子结点；递归统计 T 的左子树叶子结点数；递归统计 T 的右子树叶子结点数。

（2）算法。

算法 6－11：

```
int count =0;
void LeafNum (B iTNode *T) {
    //求二叉树叶子结点数
        if (T) {
        if (T->lchild = =NULL&&T->rchild = =NULL) count++;
        LeafNum (T->lchild);
        LeafNum (T->rchild);
    }
}
```

6.4.2　求二叉树结点总数

（1）基本思想。若二叉树根结点不为空，则计数器 count 加 1，递归统计 T 的左子树结点数和递归统计 T 的右子树结点数。

（2）算法。

算法 6－12：

```
int count =0;
void NodeNum (B iTNode *T) {
    //求二叉树结点总数
        if (T) {
        count++;
        NodeNum (T->lchild);
        NodeNum (T->rchild);
    }
}
```

6.4.3　求二叉树的深度

（1）基本思想。若二叉树为空，则返回 0，否则，递归统计左子树的深度和递归统计右子树的深度，返回其中大的一个并加 1，即为二叉树的深度。

（2）算法。

算法6－13：

```
int TreeDepth (BiTNode *T) {
    //求二叉树的深度
    int ldep, rdep;    //分别用于存放左、右子树的深度
    if (!T)
      return 0;
    else {
      ldep = TreeDepth (T->lchild);
      rdep = TreeDepth (T->rchild);
      if (ldep>rdep) return ldep+1;
      else return rdep+1;
    }
}
```

6.4.4 查找数据元素

在T为根结点指针的二叉树中查找数据元素x，查找成功返回该结点的指针，否则返回空指针。

（1）基本思想。先判断二叉树的根结点是否与x相等，若相等则返回，否则递归在二叉树的左子树中查找数据元素x和递归在二叉树的右子树中查找数据元素x。

（2）算法。

算法6－14：

```
BiTree Search (BiTNode *T, TelemType x) {
    //在以T为根结点的二叉树中查找数据元素x，返回其所在结点的指针
    BiTNode *p;
    if (T->data==x) return T;
    if (T->lchild) return (Search (T->lchild, x));
    if (T->rchild) return (Search (T->rchild, x));
    return NULL;
}
```

6.5 树、森林和二叉树的关系

6.5.1 树的存储结构

1. 双亲表示法

假设以一组连续空间存储树的结点，同时在每个结点中附设一个指示器指示其双亲结点在链表中的位置，树的双亲表存储其形式说明如下。

```
#define MAX_TREE_SIZE 100
```

```
typedef struct PTNode {  //结点结构
    TelemType data;
    int parent;   //双亲位置域
  } PTNode;
typedef struct {  //树结构
    PTNode nodes [MAX_ TREE_ SIZE];
    int r, n;   //根的位置和结点数
} Ptree;
```

如图6－15所示一棵树及其双亲表示的存储结构。

这种存储结构利用了每个结点（根除外）只有唯一的双亲的性质。但是，在这种表示法中，求结点的孩子时需要遍历整个结构。

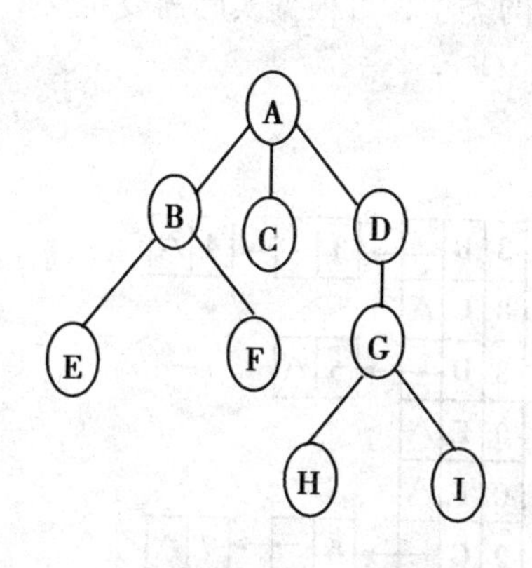

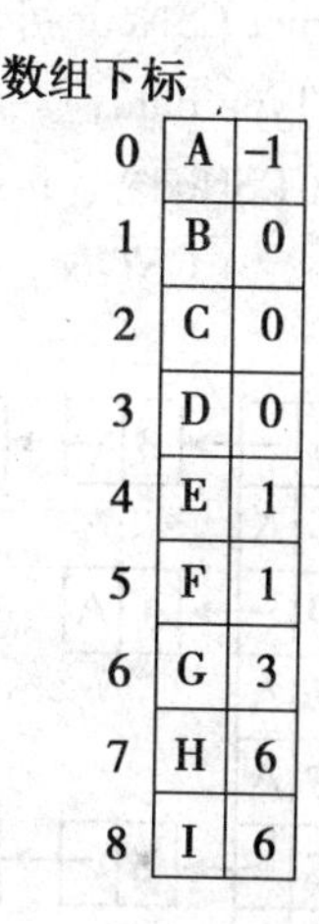

数组下标

0	A	-1
1	B	0
2	C	0
3	D	0
4	E	1
5	F	1
6	G	3
7	H	6
8	I	6

图6－15　树的双亲表示法示例

2. *孩子表示法*

由于树中每个结点可能有多棵子树，所以可以把每个结点的孩子结点排列起来，看成一个线性表，且以单链表作存储结构，则n个结点有n个孩子链表（叶子的孩子链表为空表）。而n个头指针又组成一个线性表，为了便于查找，采用顺序存储结构。树的孩子链表存储表示的形式说明如下。

```
typedef struct CTNode {
    //孩子结点
    int child;
    struct CTNode *next;
} *ChildPtr;
typedef struct {
    TelemType data;
    ChildPtr firstchild;   //孩子链表头指针
} CTB ox;
typedef struct {
```

```
    CTB ox nodes [MAX_ TREE_ SIZE];
    int n, r;    //结点数和根的位置
} Ctree;
```

图6－16（A）是图6－15中的树的孩子表示法。与双亲表示法相反，孩子表示法便于那些涉及孩子的操作的实现，却不适用于寻找双亲的操作。我们可以把双亲表示法和孩子表示法结合起来，即将双亲表示和孩子链表合在一起。图6－16（B）就是这种存储结构的例子，它和6－16（A）表示的是同一棵树。

3. 孩子兄弟表示法

又称二叉树表示法，或二叉链表表示法。即以二叉链表作树的存储结构。链表中结点的两个域链分别指向该结点的第一个孩子结点和下一个兄弟结点，分别命名为firstchild域和nextsiB ling域，图6－17是树的二叉链表（孩子兄弟）存储表示。

```
typedef struct CSNode {
    ElemType data;    // ElemType为数据域的类型，可根据实际需要定义
    struct CSNode *firstchild, *nextsiB ling;
} CSNode, *CSTree;
```

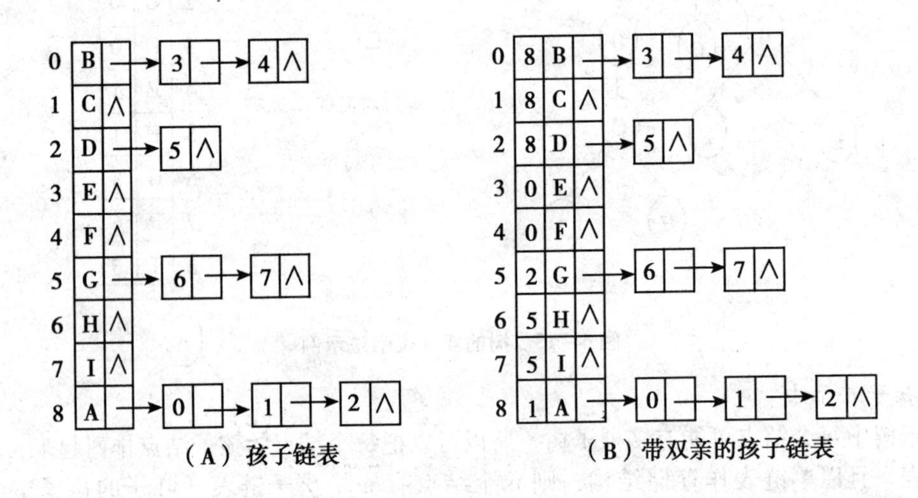

图6－16 图6－15的树的另外两种表示法

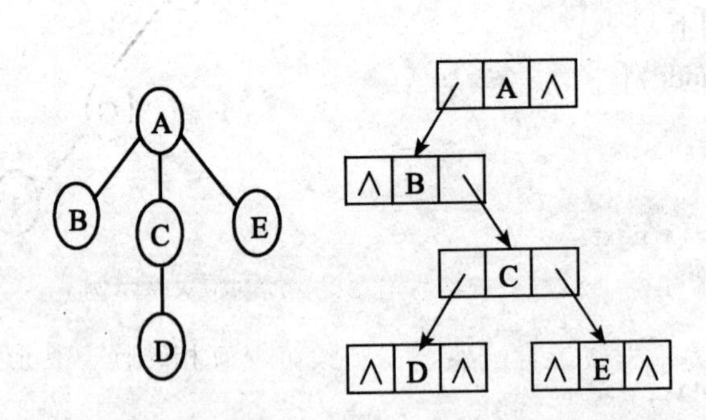

图6－17 树的孩子兄弟存储表示法示例

图6－17展示了一棵树及其孩子兄弟链表的存储结构。利用这种存储结构便于实现各种

树的操作。首先易于实现找结点孩子等的操作。例如，若要访问结点 x 的第 i 个孩子，则只要先从 firstchild 域找到第 1 个孩子结点，然后沿着孩子结点的 nextsiB ling 域连续走 i－1 步，便可找到 x 的第 i 个孩子。

6.5.2　树、森林与二叉树的相互转换

由于二叉树和树都可用二叉链表作为存储结构，则以二叉链表作为媒介可导出树与二叉树之间的一个对应关系。也就是说，给定一棵树，可以找到唯一的一棵二叉树与之对应，从物理结构来看，它们的二叉链表是相同的，只是解释不同而已。如图 6－18 所示的二叉树与图 6－17 的树存在着相互转换的对应关系。

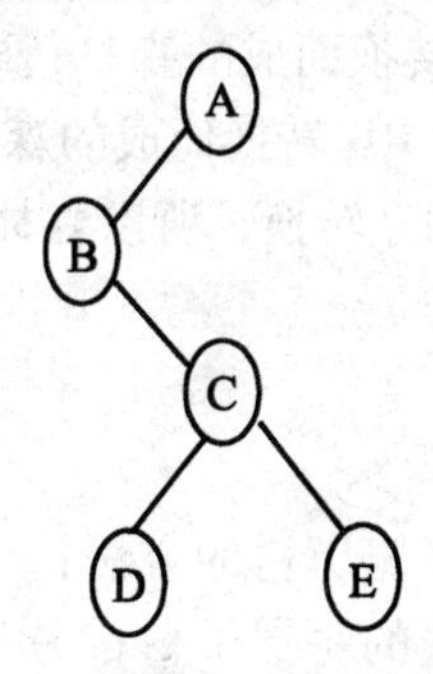

图 6－18　与图 6－17 的树对应的二叉树

从树的二叉链表表示的定义可知，任何一棵和树对应的二叉树，其右子树必空。若把森林中第二棵树的根结点看成是第一棵树的根结点的兄弟，则同样可导出森林和二叉树的对应关系。

例如，图 6－19 展示了森林与二叉树之间的对应关系。

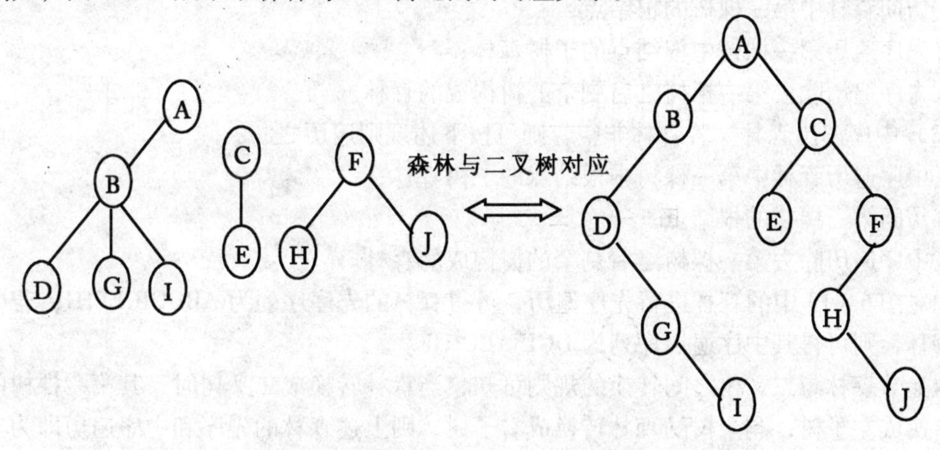

图 6－19　森林与二叉树的对应关系示例

这个一一对应的关系导致森林或树与二叉树可以互相转换，其形式定义如下。

（1）森林转换成二叉树

如果 $F=\{T_1, T_2, \cdots, T_m\}$ 是森林，按如下规则转换成一棵二叉树 B =（root，LB，RB）。

①若 F 为空，即 $m=0$，则 B 为空树；

②若 F 非空，即 $m\neq0$，则 B 的根 root 即为森林中第一棵树的根 ROOT（T_1）；B 的左子树 LB 是从 T_1 中根结点的子树森林 $F_1=\{T_{11}, T_{12}, \cdots, T_{1m1}\}$ 转换而成的二叉树；其右子树 RB 是从森林 $F'=\{T_1, T_2, \cdots, T_m\}$ 转换而成的二叉树。

（2）二叉树转换成森林

如果 B =（root，LB，RB 是一棵二叉树，则可按如下规则转换成森林 $F=\{T_1, T_2, \cdots, T_m\}$。

①若 B 为空，则 F 为空；

②若 B 非空，则 F 中第一棵树 T_1 根 ROOT（T_1）即为二叉树 B 的根 root；T_1 中根结点的子树森林 F_1 是由 B 的左子树 LB 转换而成的森林；F 中除 T_1 之外其余树组成的森林 $F'=\{T_1, T_2, \cdots, T_m\}$ 是由 B 的右子树 RB 转换而成的森林。

因为树、森林与二叉树之间可相互转换，所以森林和树的操作也可转换成二叉树的操作来实现。

6.5.3 树与森林的遍历

由树结构的定义可引出两种次序遍历树的方法：一种是先根（次序）遍历树，即先访问树的根结点，然后依次先根遍历根的每棵子树；另一种是后根（次序）遍历树，即先依次后根遍历每棵子树，然后访问根结点。

如对图 6－17 的树进行先根遍历，可得树的先根遍历序列为 ABCDE；若对此树进行后根遍历，则可得树的后根序列为 BDCEA。

按照森林和树相互递归的定义，我们可以推出森林的两种遍历方法。

（1）先序遍历森林。若森林非空，则可按下述规则遍历之

①访问森林中第一棵树的根结点；

②先序遍历第一棵树中根结点的子树森林；

③先序遍历除去第一棵树之后剩余的树构成的森林。

（2）中序遍历森林。若森林非空，则可按下述规则遍历之

①中序遍历森林中第一棵树中根结点的子树森林；

②访问第一棵树的根结点；

③中序遍历除去第一棵树之后剩余的树构成的森林。

如对图 6－19 中的森林进行先序遍历，可得森林的先序序列为 ABDGICEFHJ；若中序遍历此森林，则可得其中序遍历序列为 DGIBAECHJF。

由上节森林与二叉树之间转换的规则可知，当森林转换成二叉树时，其第一棵树的子树森林转换成左子树，剩余树的森林转换成右子树，则上述森林的先序和中序遍历即为其对应的二叉树的先序和中序遍历。若对图 6－19 中的和森林对应的二叉树分别进行先序和中序遍历，可得和上述相同的序列。

由此可见，当以二叉链表作树的存储结构时，树的先根遍历和后根遍历可借用二叉树的先序遍历和中序遍历的算法实现。

6.6　哈夫曼树及其应用

6.6.1　哈夫曼树

哈夫曼（Haffman）树，又称最优树，是一种带权路径长度最短的二叉树，有着广泛的应用。

1. 几个术语

①路径长度：从树中一个结点到另一个结点之间的分支构成这两个结点间的路径，路径上的分支数目，称作路径长度。

②树的路径长度：从树根到每一个结点的路径长度之和称为树的路径长度。

③结点的带权路径长度：从该结点到树根之间的路径长度与结点上权的乘积，称为该结点的带权路径长度。

④树的带权路径长度：树中所有叶子结点的带权路径长度之和，称为树的带权路径长度。

⑤最优二叉树：假设有 n 个权值 $\{w_1, w_2, \cdots, w_n\}$，试构造一棵有 n 个叶子结点的二叉树，每个叶子结点带权为 wi，则其中树的带权路径长度最小的二叉树称为最优二叉树，也叫哈夫曼树。

2. 求树的带权路径长度

树的带权路径长度 $WPL = \sum_{k=1}^{n} w_k l_k$，其中 w_k 为第 k 个叶子结点的权值，l_k 为第 k 个叶子结点到根结点的路径长度。

例如，图 6-20 中的 3 棵树，都有 4 个叶子结点，其权值分别为 2、4、5、7，它们的带权路径长度分别为：

(AWPL = 7 * 2 + 5 * 2 + 2 * 2 + 4 * 2 = 36

(B WPL = 7 * 3 + 5 * 3 + 2 * 1 + 4 * 2 = 46

(CWPL = 7 * 1 + 5 * 2 + 2 * 3 + 4 * 3 = 35

以上 3 棵树的叶子结点具有相同权值，由于其构成的二叉树形态不同，则它们的带权路径长度也个不相同。其中以图 6-20（C）的带权路径长度最小，它的特点是权值越大的叶子结点越靠近根结点，而权值越小的叶结点则远离根结点，事实上它就是一棵最优二叉树。

3. 构建哈夫曼树

在分析一些决策判定问题时，利用哈夫曼树，可以获得最佳的决策算法。例如，要编制一个将百分制转换成五级分制的程序。只需利用条件语句就可完成。如：

```
if (a<60) B ="E";
else if (a<70) B ="D";
else if (a<80) B ="C";
      else if (a<90) B ="B";
            else B ="A";
```

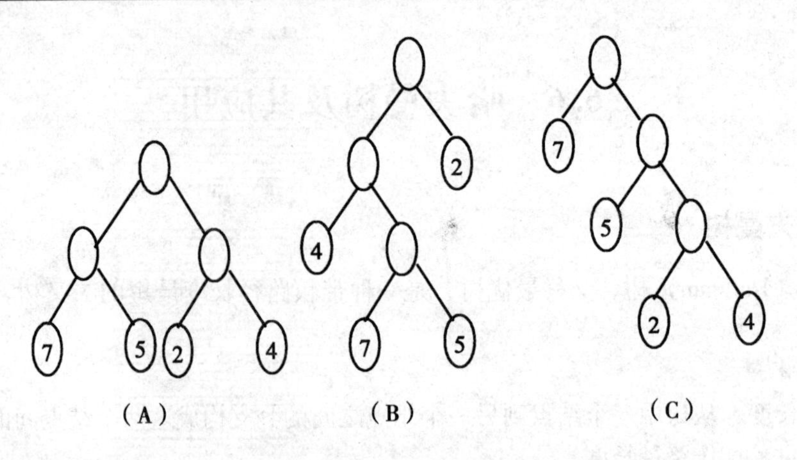

图 6－20　不同带权路径长度的二叉树

这个判定过程可以用图 6－21（A）的判定树来表示。如果上述程序需反复使用，而且每次的输入量很大，则应考虑上述程序的质量问题，即其操作所需时间。因为在实际生活中，学生的成绩在 5 个等级上的分布是不均匀的。假设其分布规律如表 6－1 所示。

表 6－1　学生成绩分布

分数	0～59	60～69	70～79	80～89	90～100
比例数	5%	15%	40%	30%	10%

则 80% 以上的数据需进行 3 次或 3 次以上的比较才能得出结果。假定以 5，15，40，30 和 10 为权构造一棵有 5 个叶子结点的哈夫曼树，则可得到如图 6－21（B）所示的判定过程，它可使大部分的数据经过较少的比较次数得出结果。但由于每个判定框都有两次比较，将这两次比较分开，我们得到如图 6－21（C）所示的判定树，按此判定树编写相应的程序，将大大减少比较次数，从而提高运算的速度。

假设现有 10 000个输入数据，若按图 6－21（A）的判定过程进行操作，则总共需进行 31 500次比较；而若按图 6－21（C）的判定过程进行操作，则总共需进行 22 000次比较。

那么，如何构造哈夫曼树？哈夫曼最早给出了一个带有一般规律的算法，俗称哈夫曼算法，其基本思想如下。

（1）根据给定的 n 个权值 $\{w_1, w_2, \cdots, w_n\}$ 构成 n 棵二叉树的集合 $F=\{T_1, T_2, \cdots, T_n\}$，其中每棵二叉树 T_i 中只有一个带权为 w_i 的根结点，其左右子树均空。

（2）在 F 中选取两棵根结点的权值最小的树作为左右子树构造一棵新的二叉树，且置新的二叉树的根结点的权值为其左、右子树上根结点的权值之和。

（3）在 F 中删除这两棵树，同时将新得到的二叉树加入 F 中。

（4）重复（2）和（3），直到 F 只含一棵树为止，这棵树便是哈夫曼树。

例如图 6－22 展示了图 6－21（C）的哈夫曼树的构造过程。其中，根结点上标注的数字是所赋的权值。

6.6.2　哈夫曼编码

进行快速远距离通信的主要手段是电报，即需将传送的文字转换成由二进制的字符组成

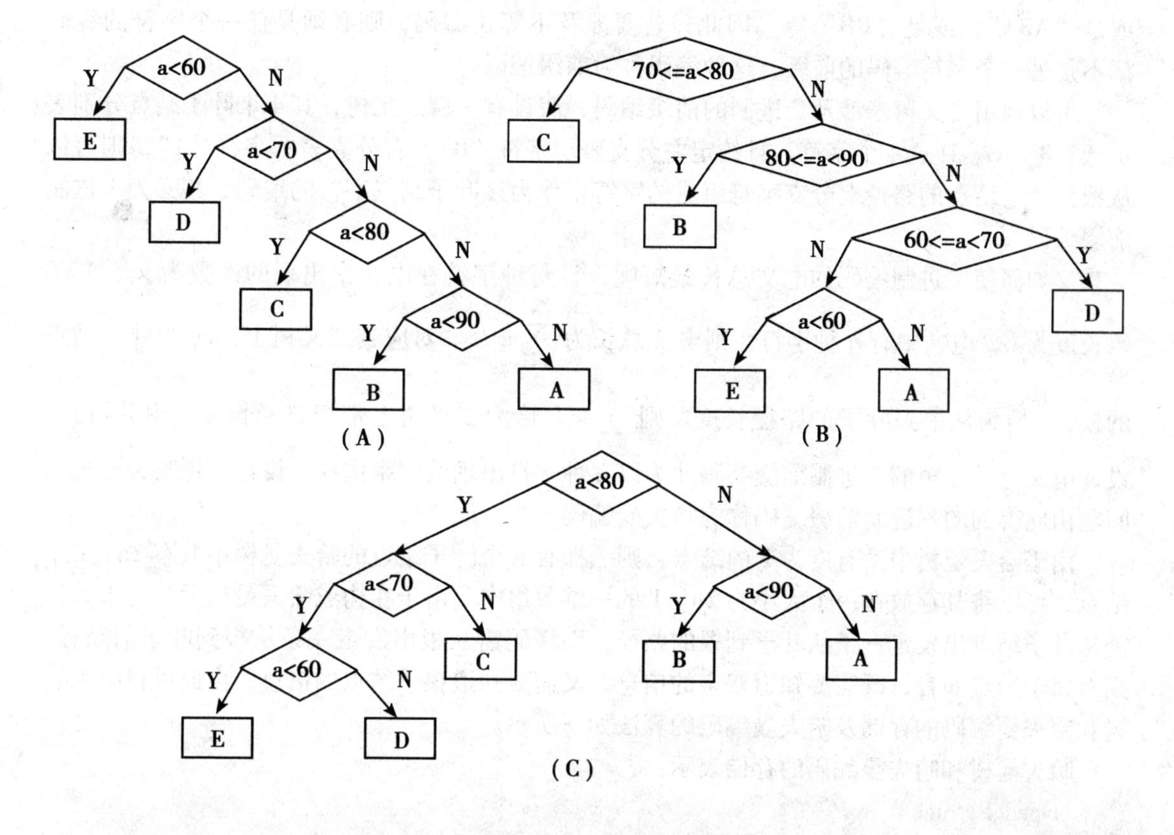

图 6-21 百分制转换为五级分制的判定过程

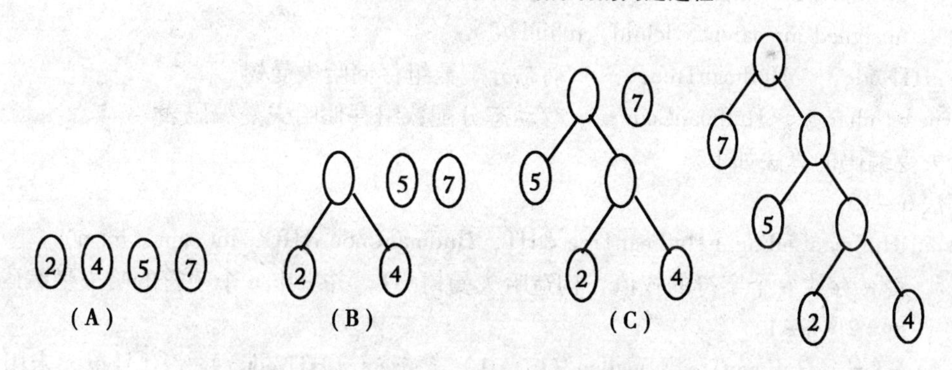

图 6-22 哈夫曼树的构造过程

的字符串。例如，假设需要传送的电文为“ABACCDA”，它只有 4 种字符，只需两个字符的串便可分辨。假设 A、B 、C、D 的编码分别为 00、01、10 和 11，则上述 7 个字符的电文可写为“00010010101100”，总长 14 位，对方接收时，可按两位一分进行译码。

当然，在传送电文时，我们希望总长尽可能的短，如果编码时考虑字符出现的频率，让出现频率高的字符采用尽可能短的编码，出现频率低的字符采用稍长的编码，构造一种不等长的编码，则电文的代码就可能更短。如果涉及 A、B 、C、D 的编码分别为 0、00、1 和 01，则上述 7 个字符的电文可写为总长为 9 的字符串“000011010”。但是，这样的电文无法翻译，例如传送过去的字符串中前 4 个字符的子串“0000”就有多种译法，或是“AAAA”，或是“ABA”，或是“BB”等。因此，若要涉及不等长编码，则必须是任一个字符的编码都不是另一个字符编码的前缀，这种编码称为前缀编码。

可以利用二叉树来涉及二进制的前缀编码，假设有一棵二叉树，其4个叶子结点分别表示A、B 、C、D这4个字符，且约定左分支表示字符“0”，右分支表示字符“1”，则可以从根到叶子结点的路径上分支字符组成的字符串作为该叶子结点字符的编码，其必为二进制前缀编码。

又如何使二进制编码的电文总长最短呢，设每种字符在电文中出现的次数为 w_i，其编码长度为 l_i，电文中有 n 种字符，则电文总长为 $\sum_{i=1}^{n} w_i l_i$。对应到二叉树上，w_i 为叶子结点的权，l_i 恰为从根到叶子的路径长度。则 $\sum_{i=1}^{n} w_i l_i$ 恰为二叉树上带权路径长度。由此可见，设计电文总长最短的二进制前缀编码即为以n种字符出现的频率作权，设计一棵哈夫曼树的问题由此得到的二进制前缀编码称为哈夫曼编码。

由于哈夫曼树中没有度为1的结点，则一棵有n个叶子结点的哈夫曼树中共有2n－1个结点，可以将其存放在一个大小为2n－1的一维数组中。由于在构成哈夫曼树后，为求编码需从叶子结点出发走一条从叶子到根的路径；而译码需从根出发走一条从根到叶子的路径。则对每个结点而言，既需要知道双亲的信息，又需要知道孩子结点的信息。由此可得哈夫曼树和哈夫曼编码的存储及哈夫曼编码的算法如下所示。

哈夫曼树和哈夫曼编码的存储表示：

```
typedef struct {
    unsigned int weight;
    unsigned int parent, lchild, rchild;
} HTNode, * HuffmanTree;    //动态分配数组存储哈夫曼树
typedef char * * HuffmanCode;    //动态分配数组存储哈夫曼编码表
```

哈夫曼编码的算法如下。

算法6－15：

```
Void HuffmanCoding (HuffmanTree &HT, HuffmanCode &HC, int * w, int n) {
    //w存放n个字符的权值，构造哈夫曼树HT，并求出n个字符的哈夫曼编码HC
    m = 2 * n - 1;
    HT = (HuffmanTree) malloc ( ( +1) * sizeof (HTNode)); //0号单元未用
    for (p = HT + 1, i = 1; i< = n; + +i, + +p, + +w)
        * p = {* w, 0, 0, 0};
    for ( ; i< = m; + +i, + +p)
        * p = {0, 0, 0, 0}
    for (i = n + 1; i< = m; + +i) {    //建哈夫曼树
      //在HT [1..i - 1] 选择parent为0且weight最小的两个结点，
       其序号分别为是s1和s2
      Select (HT, i - 1, s1, s2);
```

```
        HT [s1] . parent = I;
        HT [s2] . parent = I;
        HT [i] . lchild = s1;
        HT [i] . rchild = s2;
        HT [i] . weight = HT [s1] . weight + HT [s2] . weight;
        }
        //----从叶子到根逆向求每个字符的哈夫曼编码----
        HC = (HuffmanCode) malloc ((n+1) * sizeof (char *));
        //分配n个字符编码的头指针向量
        cd = (char *) malloc (n * sezeof (char));    //分配求编码的工作空间
        cd [n-1] = "\0";    //编码结束符
        for (i=1; i<=n; ++i) {  //逐个字符求哈夫曼编码
            start = n-1;     //编码结束符位置
            for (c=i, f=HT [i] . parent; f! =0; c=f, f=HT [f] . parent)
                            //从叶子到根逆向求编码
              if (HT [f] . lchild = =c) cd [--start] ="0";
              else cd [--start] ="1";
            HC [i] = (char *) malloc ((n-start) * sizeof (char));
                            //为第i个字符编码分配空间
            strcpy (HC [i], &cd [start]); //从cd赋值编码(串)到HC
        }
      Free (cd); //释放工作空间
  } //HuffanCoding
```

向量HT的前n个分量表示叶子结点，最后一个分量表示根结点。各字符的编码长度不等，所以按实际长度动态分配空间。求每个字符的哈夫曼编码是从叶子到根逆向处理的，也可以从根出发，遍历整棵哈夫曼树，求得各个叶子结点所表示的字符的哈夫曼编码，如下面的算法所示。

算法6-16：

```
  //----无栈非递归遍历哈夫曼树，求哈夫曼编码----
  HC = (HuffmanCode) malloc ((n+1) * sizeof (char *));
  p = m; cdlen = 0;
  for (i=1; i<=m; ++i)    //遍历哈夫曼树时用作结点状态标志
      HT [i] . weight = 0;
  While (p) {
      if (HT [p] . weight = =0) {  //向左
        HT [p] . weight = 1;
        if (HT [p] . lchild! =0) {
          p = HT [p] . lchild;
          cd [cdlen++] ="0";
```

```
        }
        else if (HT [p] . rchild = =0) {   //登记叶子结点的字符的编码
            HC [p] = (char *) malloc ( (cdlen+1) *sizeof (char));
            cd [cdlen] =" \ 0";
            strcpy (HC [p], cd);   //复制编码串
        }
        } //if
        else if (HT [p] . weight = =1) {   //向右
            HT [p] . weight=2;
            if (HT [p] . rchild! =0) {
              p=HT [p] . rchild;
              cd [cdlen+ +] ="1";
            }
            else {//退到父结点，编码长度减1
              HT [p] . weight=0;
              P=HT [p] . parent;
              - -cdlen;
            }
    } //while
```

6.7 总结与提高

6.7.1 主要知识点

①二叉树的性质；

②二叉树的各种存储结构；

③二叉树遍历的递归算法及非递归算法；

④树和森林与二叉树的转换方法；

⑤建立最优树及哈夫曼编码的方法。

6.7.2 典型例题

1. 一棵共有n个结点的树，其中所有分支结点的度均为k，求该树中叶子结点的个数。

设叶子结点数为 n_0，度为 k 的结点个数为 n_k，则可得 $n = n_0 + n_k$，又：$n = kn_k + 1$，则得 $n_0 = n - \frac{n-1}{k} = \frac{n(k-1)+1}{k}$

2. 已知二叉树的其先序遍历序列为ABDCEFGH，中序遍历序列为DBAECGFH，请画出这棵二叉树。

由二叉树的先序遍历序列可以确定该二叉树的根结点，即为该序列中的第一个结点，在

中序遍历序列中，该根结点将中序序列分为两部分，左边为其左子树中的结点，右边为其右子树中的结点。由先序序列的第一个结点 A 可推出该二叉树的树根为 A，由中序序列可推出 A 的左子树由 DB 组成，右子树为 ECGFH 组成。后面的以此类推，可得上面的二叉树。

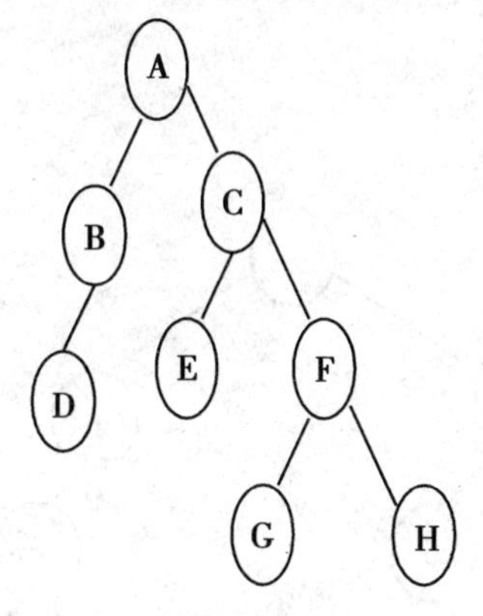

3. 根据二叉树的定义，具有 3 个结点的二叉树有多少种不同的形态，它们分别是什么？

共有 5 种形态，分别为：

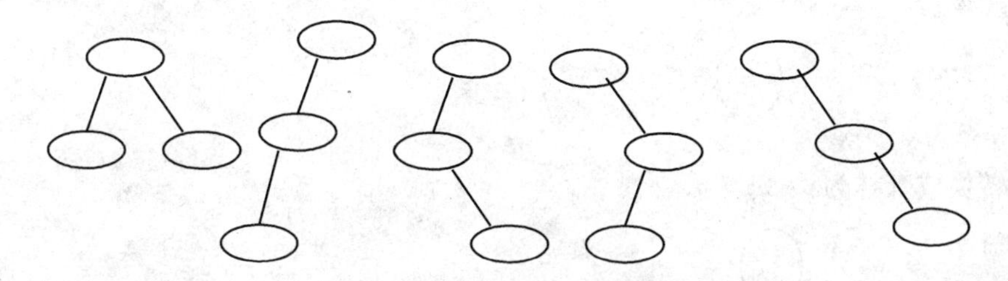

4. 根据使用频率为 5 个字符设计的赫夫曼编码不可能是（　　）。

A. 000，001，010，011，1　　　B. 0000，0001，001，01，1

C. 000，001，01，10，11　　　D. 00，100，101，110，111

哈夫曼树只有度为 0 或 2 的结点，D 不满足这种条件，答案为 D。

5. 在一非空二叉树的中序遍历序列中，根结点的右边（　　）。

A. 只有右子树上的所有结点　　　B. 只有右子树上的部分结点

C. 只有左子树上的部分结点　　　D. 只有左子树上的所有结点

中序遍历中，根结点左边为左子树上结点，右边为右子树上结点，答案为 A。

6. 任何一棵二叉树的叶子结点在先序、中序和后序遍历序列中的相对次序（　　）。

A. 不发生改变　　　B. 发生改变

C. 能确定　　　D. 以上都不对

在先序、中序和后序遍历序列中叶子结点总是从左向右的，答案为 A。

7. 设 n，m 为一棵二叉树上的两个结点，在中序遍历时，n 在 m 前的条件是（　　）。

A. n 在 m 右方　B. n 是 m 祖先　C. n 在 m 左方　D. n 是 m 子孙

中序遍历，先访问左子树，再访问根结点。n 在 m 前，n 必在 m 的左子树中，答案为 C。

8. 二叉树结点数值采用顺序存储结构，如下所示：

e	a	f		d		g			c	j			h	i					B
1	2	3	4	5	6	7	8	9	10	11	12	13	14	15	16	17	18	19	20

①画出该二叉树；

②把该二叉树转换成一个森林。

（1）二叉树为：

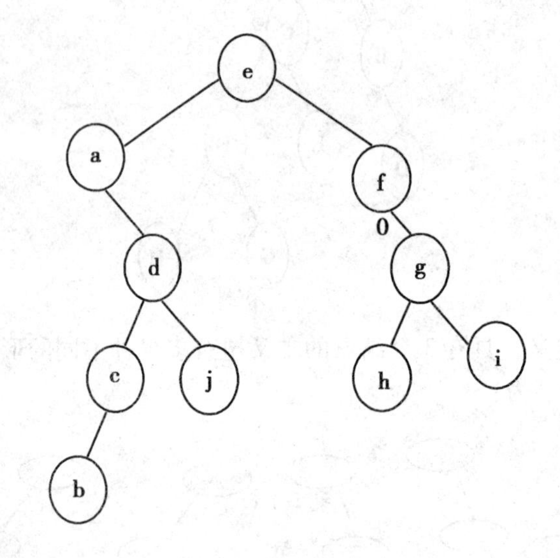

（2）转换成森林为：

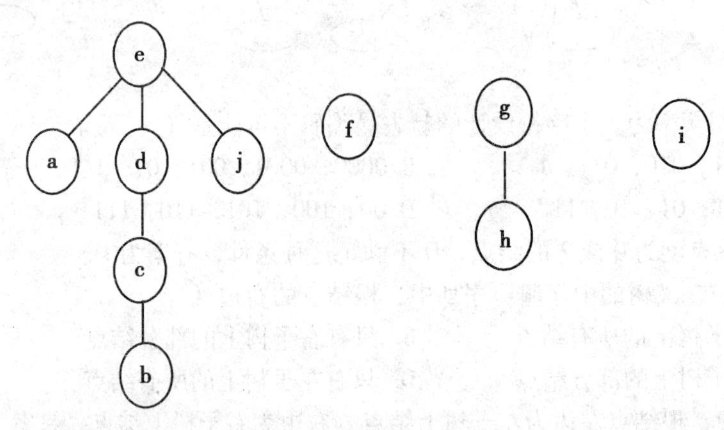

9. 已知二叉树的二叉链表的存储表示如下，写出二叉树先序遍历的非递归算法。

```
typedef struct B iTNode {
    TElemType data;      // TelemType 为数据域的类型，可根据实际需要定义
    Struct B iTNode * lchild, * rchild;    //左右孩子指针
} * B iTree;
void PreOrder (B iTree T)
{B iTree p;
p = T;
InitStack (S);
```

```
while (p! =NULL|| ! StackEmpty ())
{if (p! =NULL)
    {visit (p- >data);
    push (S, p);
    p=p- >lchild;
    }
else
    {pop (S, p);
    p=p- >rchild;
    }
  }
}
```

练习题目

1. 将有关二叉树的概念推广到三叉树，则一棵有 244 个结点的完全三叉树的高度是（　　）。

A. 4　　B. 5　　C. 6　　D. 7

2. 设树 T 的度为 4，其中度为 1，2，3 和 4 的结点个数分别为 4，2，1，1，则 T 中的叶子数为（　　）。

A. 5　B. 6　C. 7　D. 8

3. 设森林 F 对应的二叉树为 B，它有 m 个结点，B 的根为 p，p 的右子树结点个数为 n，森林 F 中第一棵树的结点个数是（　　）。

A. m-n　B. m-n+1　C. n+1　D. m-n-1

4. 一棵有 n 个结点的二叉树，按层次从上到下，同一层从左到右顺序存储在一维数组 A [1..n] 中，则二叉树中第 i 个结点（i 从 1 开始用上述方法编号）的右孩子在数组 A 中的位置是（　　）。

A. A [$2i$]（$2i \leqslant n$）　　B. A [$2i+1$]（$2i+1 \leqslant n$）

C. A [$i/2$]　　D. 无法确定

5. 有关二叉树下列说法正确的是（　　）。

A. 二叉树的度为 2　　B. 一棵二叉树的度可以小于 2

C. 二叉树中至少有一个结点的度为 2　D. 二叉树中任何一个结点的度都为 2

6. 在一非空二叉树的中序遍历序列中，根结点的右边（　　）。

A. 只有右子树上的所有结点　　B. 只有右子树上的部分结点

C. 只有左子树上的部分结点　　D. 只有左子树上的所有结点

7. 有如图所示的二叉树，回答下面的问题：

（1）其先序遍历序列为：ABCDE

（2）其中序遍历序列为：BADCE

（3）其后序遍历序列为：BDECA

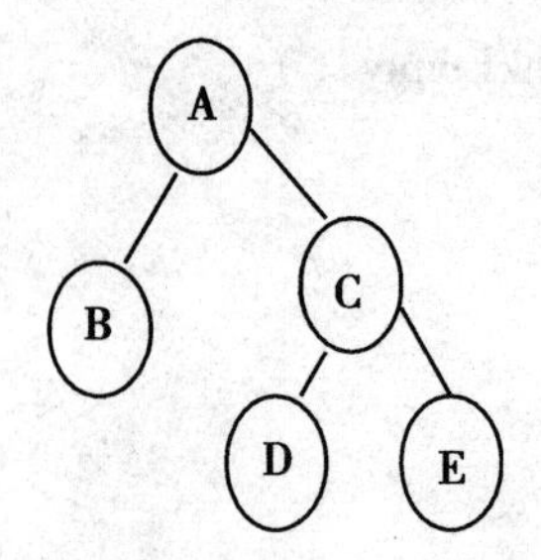

实验题目

创建二叉树，求二叉树的叶子数、总结点数、深度，并输出二叉树的先序、中序、后序遍历的序列（此处为了说明非递归算法，中序遍历采用递归和非递归两种算法，其余采用递归算法）。

第七章

7 图

教学目的

◎ 掌握图的相关概念

◎ 掌握图的邻接矩阵和邻接表两种存储结构

◎ 掌握图的遍历算法

◎ 掌握图的最小生成树、最短路径、拓扑排序和关键路径等算法图（Graph）是一种比线性表和树更为复杂的数据结构。在线性表中，数据元素之间仅有线性关系，每个数据元素只有一个直接前驱和一个直接后继；在树形结构中，结点之间有明显的层次关系，每一层上的数据元素可能和它下一层中的多个数据元素（即孩子结点）相关，但只能和上一层中的一个数据元素（即双亲结点）相关；而在图形结构中，结点之间的关系可以是任意的，即图中任意两个数据元素之间都有可能相关。由于很多问题可以用图表示，所以图的应用极为广泛，特别是近年来的迅速发展，已渗入到诸如语言学、逻辑学、物理、化学、电讯工程、计算机科学以及数学的其他分支中。

本章节不详细讨论图的理论问题，重点应用图论的知识讨论如何在计算机上实现图的操作，因此，本章主要学习图的存储结构以及若干图的操作的常用算法。

7.1 图的类型定义和术语

7.1.1 图的定义

图（Graph）G 由两个集合 V（Vertex）和 E（Edge）组成，记为 G =（V，E）。图中的数据元素通常称为顶点（Vertex），V 是顶点的有限集合，记为 V（G），E 是连接 V 中两个不同顶点（顶点对）的边的有限集合，记为 E（G）。

在图 G 中，如果代表边的顶点对是无序的，则称 G 为无向图，无向图中代表边的无序顶点对通常用圆括号括起来，用以表示一条无向边。

如果表示边的顶点对是有序的，则称 G 为有向图，在有向图中代表边的顶点对通常用尖括号括起来。通常，<v，w>表示从 v 到 w 的一条弧，并称 v 为弧尾，w 为弧头。

图的抽象数据类型定义如下：

ADT Graph {

数据对象 V：V 是具有相同特性的数据元素的集合，称为顶点集。

数据关系 R：

R = {VR}

VR = {<v，w>| v，w∈V 且 P（v，w），<v，w>表示从 v 到 w 得弧，

谓词 P（v，w）定义了弧<v，w>的意义或信息}

基本操作 P：

CreatGraph（&G，V，VR）；

初始条件：V 是图的顶点集，VR 是图中弧的集合。

操作结果：按定义（V，VR）构造图。

DestroyGraph（&G）；

初始条件：图 G 存在。

操作结果：销毁图 G。

LocateVex（G，u）；

初始条件：图 G 存在，u 和 G 中顶点有相同特征。

操作结果：若 G 中存在顶点 u，则返回该顶点在图中“位置”；否则返回其他

信息。

GetVex（G，v）；

初始条件：图 G 存在，v 是 G 中的某个顶点。

操作结果：返回 v 的值。

PutVex（&G，v，value）；

初始条件：图 G 存在，v 是 G 中的某个顶点。

操作结果：对 v 赋值 value。

FirstAdjVex（G，v）；

初始条件：图 G 存在，v 是 G 中的某个顶点。

操作结果：返回 v 的“第一个邻接点”。若该顶点在 G 中没有邻接点，则返回“空”。

NextAdjVex（G，v，w）；

初始条件：图 G 存在，v 是 G 中的某个顶点，w 是 v 的邻接顶点。

操作结果：返回 v 的（相对于 w 的）“下一个邻接点”。若 w 是 v 的最后一个邻接点，则返回“空”。

InsertVex（&G，v）；

初始条件：图 G 存在，u 和 G 中顶点有相同特征。

操作结果：在图 G 中增添新顶点 v。

DeleteVex（&G，v）；

初始条件：图 G 存在，v 是 G 中的某个顶点。

操作结果：删除 G 中顶点 v 及其相关的弧。

InsertArc（&G，v，w）；

初始条件：图 G 存在，v 和 w 是 G 中的两个顶点。

操作结果：在 G 中增添弧 <v，w>，若 G 是无向的，则还增添对称弧 <w，v>。

DeleteArc（&G，v，w）；

初始条件：图 G 存在，v 和 w 是 G 中的两个顶点。

操作结果：在 G 中删除弧 <v，w>，若 G 是无向的，则还删除对称弧 <w，v>。

DFSTraverse（G，v，Visit（））；

初始条件：图 G 存在，Visit 是顶点的应用函数。

操作结果：从顶点 v 起深度优先遍历图 G，并对每个顶点调用函数 Visit 一次且仅一次。一旦 Visit（）失败，则操作失败。

B FSTraverse（G，v，Visit（））；

初始条件：图 G 存在，Visit 是顶点的应用函数。

操作结果：从顶点 v 起广度优先遍历图 G，并对每并对每个顶点调用函数 Visit 一次且仅一次。一旦 Visit（）失败，则操作失败。

｝ADT Graph

7.1.2　图的基本术语

（1）端点和邻接点。在一个无向图中，若存在一条边（v_i，v_j），则称 v_i 和 v_j 为此边的两个端点，并称它们互为邻接点。

在一个有向图中，若存在一条边 $<v_i, v_j>$，则称此边是顶点 v_i 的一条出边，同时也是顶点 v_j 的一条入边；称 v_i 和 v_j 分别为此边的起始端点（简称为起点）和终止端点（简称终点）；称 v_i 和 v_j 互为邻接点。

（2）顶点的度、入度和出度。在无向图中，顶点所具有的边的数目称为该顶点的度。例如，图 7－1（A）中，顶点 v_0 的度为 3。

在有向图中，以顶点 v_i 为终点的入边的数目，称为该顶点的入度。以顶点 v_i 为始点的出边的数目，称为该顶点的出度。一个顶点的入度与出度的和为该顶点的度。例如，图 7－1（B）中的顶点 v_0，入度为 3，出度为 1。

若一个图中有 n 个顶点和 e 条边，每个顶点的度为 d_i（$1 \leqslant i \leqslant n$），则有：$e = \frac{1}{2}\sum_{i=1}^{n} d_i$

（3）完全图。若无向图中的每两个顶点之间都存在着一条边，有向图中的每两个顶点之间都存在着方向相反的两条边，则称此图为完全图。

显然，完全无向图包含有条边，完全有向图包含有 n（n－1）条边。例如，图 7－1（A）所示的图是一个具有 4 个顶点的完全无向图，共有 6 条边。图 7－1（B）所示的图是一个具有 4 个顶点的完全有向图，共有 12 条边。

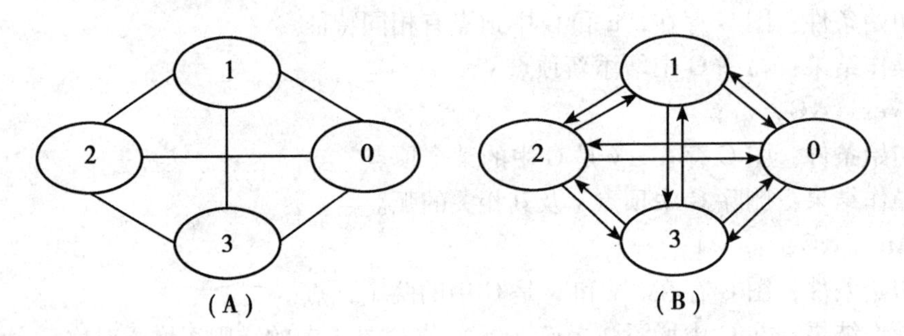

图 7－1　图的示例 1

（A）完全无向图，（B）完全有向图

（4）稠密图、稀疏图。当一个图接近完全图时，则称为稠密图。相反，当一个图含有较少的边数（即当 e< <n（n－1））时，则称为稀疏图。

（5）子图。设有两个图 G＝（V，E）和 G'＝（V'，E'），若 V'是 V 的子集，即 V'íV，且 E'是 E 的子集，即 E'íE，则称 G'是 G 的子图。例如，图 7－2（B）是图（A）的子图，而图（C）不是图（A）的子图。

（6）路径和路径长度。在一个图 G＝（V，E）中，从顶点 v_i 到顶点 v_j 的一条路径是一个顶点序列（v_i，v_{i1}，v_{i2}，…，v_{im}，v_j），若此图 G 是无向图，则边（v_i，v_{i1}），（v_{i1}，v_{i2}），…，（v_{im-1}，v_{im}），（v_{im}，v_j）属于 E（G）；若此图是有向图，则 $<v_i, v_{i1}>$，$<v_{i1}, v_{i2}>$，…，$<v_{im-1}, v_{im}>$，$<v_{im}, v_j>$ 属于 E（G）。

路径长度是指一条路径上经过的边的数目。若一条路径上除开始点和结束点可以相同外，其余顶点均不相同，则称此路径为简单路径。例如，图 7－3 中（v_0，v_2，v_1）就是一条简单路径，其长度为 2。

（7）回路或环。若一条路径上的开始点与结束点为同一个顶点，则此路径被称为回路

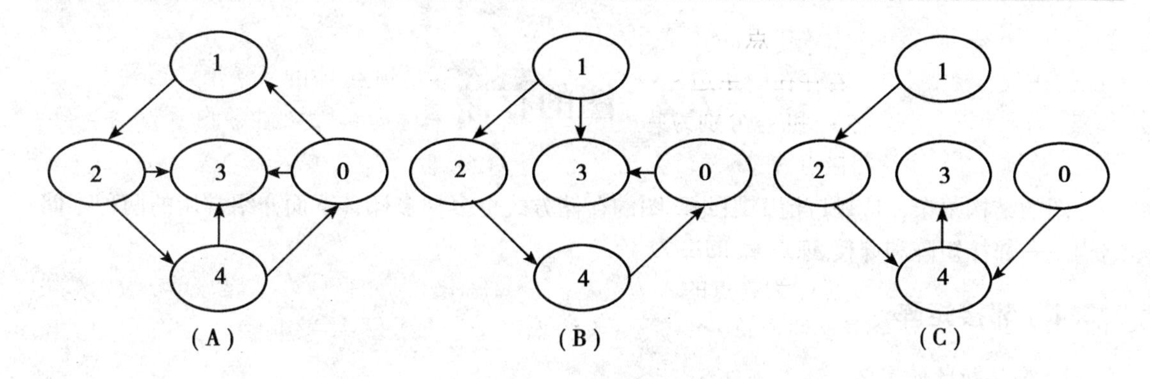

图 7－2　图的示例 2

或环。开始点与结束点相同的简单路径被称为简单回路或简单环。

例如，图 7－3（A）中，(v_0，v_2，v_1，v_0）就是一条简单回路，其长度为 3。

（8）连通、连通图和连通分量。在无向图 G 中，若从顶点 v_i 到顶点 v_j 有路径，则称 v_i 和 v_j 是连通的。

若图 G 中任意两个顶点都连通，则称 G 为连通图，否则称为非连通图。

无向图 G 中的极大连通子图称为 G 的连通分量。显然，任何连通图的连通分量只有一个，即本身，而非连通图有多个连通分量。

（9）强连通图和强连通分量。在有向图 G 中，若从顶点 v_i 到顶点 v_j 有路径，则称从 v_i 到 v_j 是连通的。

若图 G 中的任意两个顶点 v_i 和 v_j 都连通，即从 v_i 到 v_j 和从 v_j 到 v_i 都存在路径，则称图 G 是强连通图。例如，图 7－3（A）和（B）两个图都是强连通图。

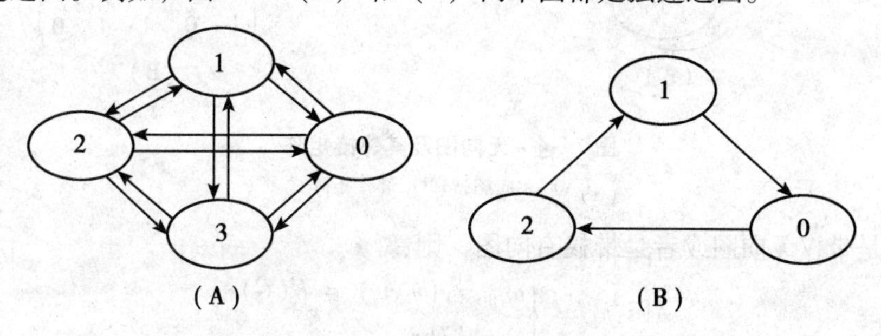

图 7－3　强连通图示例

有向图 G 中的极大强连通子图称为 G 的强连通分量。显然，强连通图只有一个强连通分量，即本身，非强连通图有多个强连通分量。

（10）权和网。图中每一条边都可以附有一个对应的数值，这种与边相关的数值称为权。权可以表示从一个顶点到另一个顶点的距离或花费的代价。边上带有权的图称为带权图，也称作网。

7.2 图的存储

图的结构复杂，应用广泛，因此，图的存储方式也多种多样，下面介绍常用的两种存储结构——邻接矩阵和邻接表。

7.2.1 邻接矩阵

1. 邻接矩阵的定义

邻接矩阵是表示顶点之间相邻关系的矩阵。设 G =（V，E）是具有 n（n >0）个顶点的图，顶点的顺序依次为（v_0，v_1，…，v_{n-1}），则 G 的邻接矩阵 A 是 n 阶方阵，其定义如下：G. 如果 G 是无向图或者是有向图，则：

$$A[i,j]=\begin{cases}1,\text{若}(v_i,v_j)\text{ 或 }<v_i,v_j>\in E(G)\\0,\text{其他}\end{cases}$$

例如，图 7 -4 列出了一个无向图和它的邻接矩阵。图 7 -5 列出了一个有向图和它的邻接矩阵。

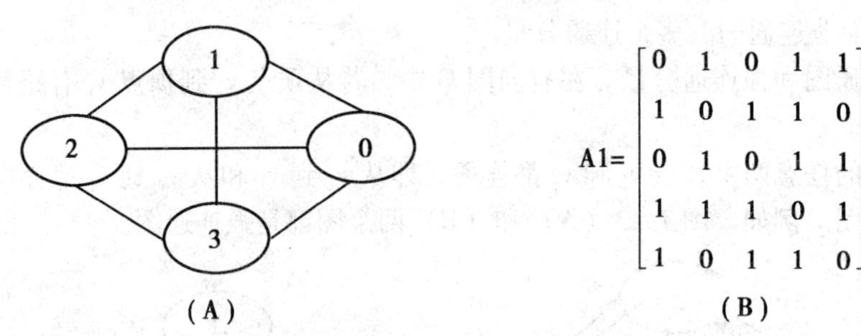

图 7 -4 无向图及其邻接矩阵

（A）无向图，（B）邻接矩阵

如果 G 是带权无向图或者是带权有向图，则：

$$A[i,j]=\begin{cases}\omega_{i,j},\text{若}(v_i,v_j)\in E(G)\\\infty,\text{其他}\end{cases}$$

例如，图 7 -6 列出了一个无向网和它的邻接矩阵。

用邻接矩阵表示图时，可以用一个一维数组来存储顶点信息，用二维数组来存储表示顶点间相邻关系的邻接矩阵。其类型定义如下。

```
#define INFINITY                              INT_MAX//最大值∞
#define MAX_VERTEX_NUM 20                     //最大顶点个数
Typedef enum{DG,DN,UDG,UDN} GraphKind;        //{有向图,有向网,无向图,无向
网}
```

```
typedef struct ArcCell {                          // 弧的定义
    VRType  adj;                                  // VRType 是顶点关系类型。
                                                  // 对无权图,用 1 或 0 表示相邻否;
                                                  //对带权图,则为权值类型。
    InfoType  * info;                             // 该弧相关信息的指针
} ArcCell,  AdjMatrix[MAX_VERTEX_NUM][MAX_VERTEX_NUM];
typedef struct {                                  // 图的定义
    VertexType vexs[MAX_VERTEX_NUM];              // 顶点信息
    AdjMatrix arcs;                               // 邻接矩阵
    int     vexnum,arcnum;                        // 图的当前顶点数和弧数
    GraphKind   kind;                             // 图的种类标志
} Mgraph;
```

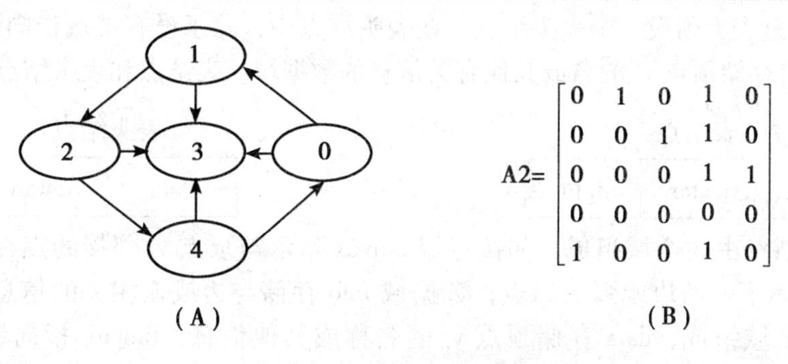

图 7-5 有向图及其邻接矩阵

(A) 有向图, (B) 邻接矩阵

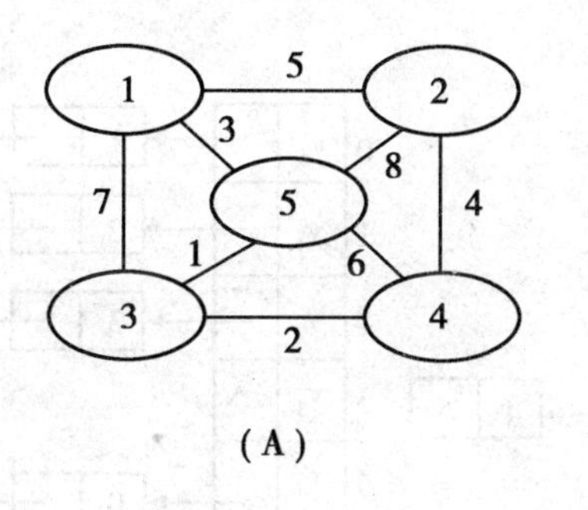

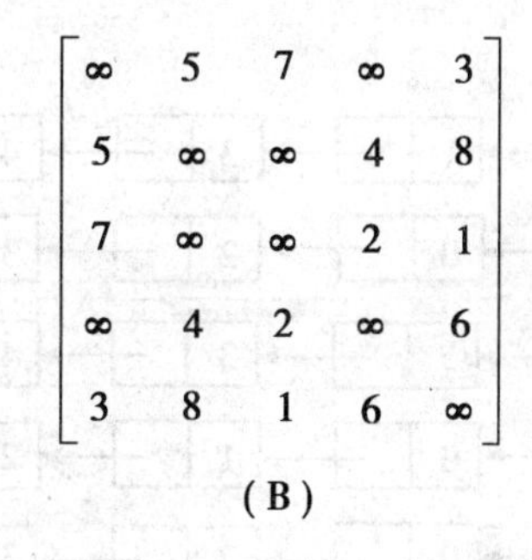

图 7-6 无向网及其邻接矩阵

(A) 无向网, (B) 邻接矩阵

2. 邻接矩阵的特点

①图的邻接矩阵表示是唯一的。

②无向图的邻接矩阵一定是一个对称矩阵。因此，按照压缩存储的思想，在具体存放邻接矩阵时只需存放上（或下）三角形阵的元素即可。有 n 个顶点的无向图需存储空间为n（n+1）/2。

③有向图邻接矩阵不一定对称；有 n 个顶点的有向图需存储空间为 n^2。

④无向图中顶点 V_i 的度是邻接矩阵 A 中第 i 行元素之和。

⑤有向图中，顶点 V_i 的出度是 A 中第 i 行元素之和；顶点 V_i 的入度是 A 中第 i 列元素之和。

⑥不带权的有向图的邻接矩阵一般来说是一个稀疏矩阵，因此，当图的顶点较多时，可以采用三元组表的方法存储邻接矩阵。

⑦用邻接矩阵方法存储图，很容易确定图中任意两个顶点之间是否相邻。但是，要确定图中有多少条边，则必须按行、按列对每个元素进行检测，所花费的时间代价很大。这是用邻接矩阵存储图的局限性。

7.2.2 邻接表

1. 邻接表的定义

邻接表（Adjacency List）是图的一种链式存储结构。在邻接表中，对图中每个顶点建立一个单链表，第 i 个单链表中的结点表示依附于顶点 v_i 的边（对有向图是以顶点 v_i 为尾的弧）。每个单链表上附设一个表头结点，在表头结点中，除了设有链域指向链表中第一个结点外，还设有存储顶点 v_i 的名或其他有关信息的数据域。表结点和表头结点的结构如下：

表结点

adjvex	nextarc	info

表头结点

data	firstarc

其中，表结点由 3 个域组成，邻接点域 adjvex 指示与顶点 v_i 邻接的点在图中的位置，链域 nextarc 指示下一条边或弧的结点，数据域 info 存储与边或弧相关的信息，如权值等。表头结点由两个域组成，data 存储顶点 v_i 的名称或其他信息，firstarc 指向链表中第一个结点。

例如，图 7－7（A）和图 7－7（B）分别表示了图 7－4（A）和图 7－5（A）的邻接表。

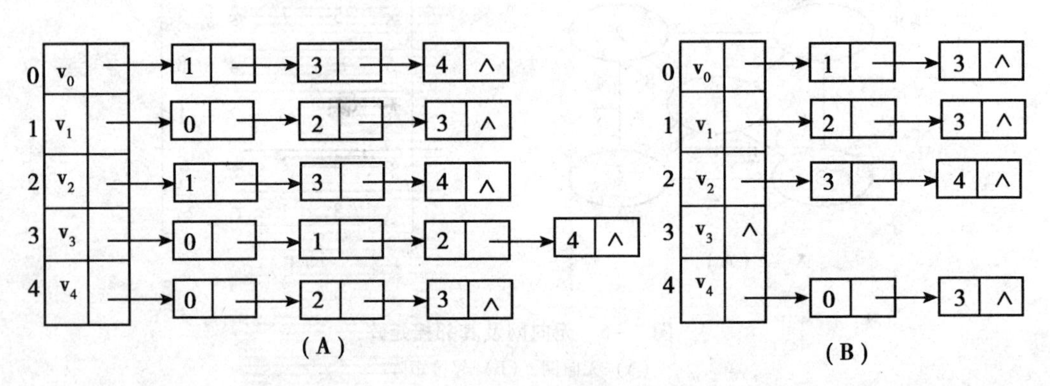

图 7－7　图的邻接表

（A）图 7－4（A）的邻接表，（B）图 7－5（B）的邻接表

一个图的邻接表的类型定义如下：

```
typedef struct ArcNode {            // 弧的结点结构类型
    int         adjvex;             // 该弧所指向的顶点的位置
    struct ArcNode   * nextarc;     // 指向下一条弧的指针
```

```
    InfoType    * info;        // 该弧相关信息的指针
} ArcNode;
typedef struct VNode {         // 表头结点的结构类型
    VertexType  data;          // 顶点信息
    ArcNode    * firstarc;     // 指向第一条依附该顶点的弧
} VNode, AdjList [MAX_ VERTEX_ NUM];
typedef struct {               // 图的邻接表结构类型
    AdjList  vertices;
    int  vexnum, arcnum;       // 图的当前顶点数和弧数
    int  kind;                 // 图的种类标志
} ALGraph;
```

算法7-1是实现将邻接矩阵转换为邻接表的算法。算法7-2是将邻接表转换为邻接矩阵的算法。

算法7-1：

```
void MatToList (MGraph g, ALGraph * &G)           // 将邻接矩阵g转换成邻接表G
{    int i, j, n = g. vexnum; ArcNode * p;        // n为顶点数
   G = (ALGraph *) malloc (sizeof (ALGraph));
   for (i = 0; i < n; i + +)                      // 给所有头结点的指针域置初值
     G - > adjlist [i] . firstarc = NULL;
   for (i = 0; i < n; i + +) /* 检查邻接矩阵中每个元素 */
     for (j = n - 1; j > = 0; j - -)
         if (g. edges [i] [j]! = 0)
         {    p = (ArcNode *) malloc (sizeof (ArcNode)); // 创建结点*p
         p - > adjvex = j;
         p - > nextarc = G - > adjlist [i] . firstarc; // 将*p链到链表后
         G - > adjlist [i] . firstarc = p;
         }
   G - > n = n; G - > e = g. arcnum;
}
```

算法7-2：

```
void ListToMat (ALGraph * G, MGraph &g)
    {     int i, j, n = G - > n; ArcNode * p;
        for (i = 0; i < n; i + +)
    {      p = G - > adjlist [i] . firstarc;
        while (p! = NULL)
    {      g. edges [i] [p - > adjvex] = 1;
            p = p - > nextarc;
    }
}
```

```
    g. vexnum = n;  g. arcnum = G - >e;
}
```

以上算法的时间复杂度分别为：算法 1 的时间复杂度均为 O（n^2）。算法 2 的时间复杂度为 O（n + e），其中 e 为图的边数。

2. 邻接表的特点

①邻接表表示不唯一。这是因为在每个顶点对应的单链表中，各边结点的链接次序可以是任意的，取决于建立邻接表的算法以及边的输入次序。

②对于有 n 个顶点和 e 条边的无向图，其邻接表有 n 个顶点结点和 $2e$ 个边结点。显然，在边稀疏 $\left(e \ll \frac{n(n-1)}{2}\right)$ 的情况下，用邻接表表示图比邻接矩阵节省存储空间，当和边相关的信息较多时更是如此。

③对于无向图，邻接表的顶点 v_i 对应的第 i 个链表的边结点数目正好是顶点 v_i 的度。

④对于有向图，邻接表的顶点 v_i 对应的第 i 个链表的边结点数目仅仅是 v_i 的出度。其入度为邻接表中所有 adjvex 域值为 i 的边结点数目。

温馨提示

一个图的邻接矩阵表示是唯一的，但其邻接表表示不唯一。

7.3 图的遍历

从给定图中任意指定的顶点（称为初始点）出发，按照某种搜索方法沿着图的边访问图中的所有顶点，使每个顶点仅被访问一次，这个过程称为图的遍历（Traversing Graph）。如果给定图是连通的无向图或者是强连通的有向图，则遍历过程一次就能完成，并可按访问的先后顺序得到由该图所有顶点组成的一个序列。

根据搜索方法的不同，图的遍历方法有两种：一种叫做深度优先搜索法（DFS）；另一种叫做广度优先搜索法（BFS）。这两种遍历方法对无向图和有向图都适用。下面分别讨论这两种遍历方法。

7.3.1 深度优先搜索

深度优先搜索（Depth_ First Search）遍历类似于树的先根遍历，是树的先根遍历的推广。

深度优先搜索遍历的过程是：从图中某个初始顶点 v 出发，首先访问初始顶点 v，然后选择一个与顶点 v 相邻且没被访问过的顶点 w 为初始顶点，再从 w 出发进行深度优先搜索，依次类推，直到图中与当前顶点 v 邻接的所有顶点都被访问过为止。显然，这个遍历过程是个递归过程。

为了在遍历过程中便于区分顶点是否已被访问，为每个顶点设立一个“访问标志数组 visited [0. . n - 1]”，其初值为“false”，一旦某个顶点被访问，则其相应的分量置为“true”，整个图的遍历算法如算法 7 - 3 和算法 7 - 4 所示，其中 w≥0 表示存在邻接点。

```
// --------算法7-3和算法7-4所使用的全局变量------------------
    B oolean visited [MAX]; // 访问标志数组
    Status (*VisitFunc) (int v); // 函数变量
// ---------------------------------------------------------------------
```

算法7-3：

```
void DFSTraverse (Graph G, Status (*Visit) (int v)) {// 对图G作深度优先遍历
    VisitFunc = visit; // 使用全局变量VisitFunc，使DFS不必设函数指针参数
    for (v=0; v<G.vexnum; ++v) visited [v] = FALSE; // 访问标志数组初
                                                     始化
    for (v=0; v<G.vexnum; ++v)
        if (!visited [v]) DFS (G, v); // 对尚未访问的顶点调用DFS
}
```

算法7-4：

```
void DFS (Graph G, int v) {    // 从顶点v出发，深度优先搜索遍历连通图G
    visited [v] = TRUE;    VisitFunc (v); // 访问第v个顶点
    for (w=FirstAdjVex (G, v); w!=0; w=NextAdjVex (G, v, w))
        if (!visited [w])   DFS (G, w);      // 对v的尚未访问的邻接顶点w
                                                递归调用DFS
} // DFS
```

在遍历图时，对图中每个顶点至多调用一次DFS函数。因此遍历图的过程实质上是对每个顶点查找其邻接点的过程，其耗费的时间取决于所采用的存储结构。

例如，对于图7-4中（A）和图7-5中（A），按照图7-7所示的邻接表进行深度优先搜索遍历，则图（A）和图（B）的顶点访问顺序均为：v_0，v_1，v_2，v_3，v_4。

以邻接表为存储结构的深度优先搜索遍历如算法7-5（其中，v是初始顶点编号，visited [] 是一个全局数组，初始时所有元素均为0表示所有顶点尚未访问过）：

算法7-5：

```
void DFS (ALGraph *G, int v) {
    ArcNode *p;
    visited [v] =1;                          // 置已访问标记
    printf ("%d  ", v);              // 输出被访问顶点的编号
    p=G->adjlist [v] .firstarc;            // p指向顶点v的第一条弧的弧头结点
        while (p!=NULL) {
            if (visited [p->adjvex] ==0)
                DFS (G, p->adjvex); // 若p->adjvex顶点未访问，则递归访问它
    p=p->nextarc;               // p指向顶点v的下一条弧的弧头结点
        }
}
```

分析算法7-5，找邻接点所需的时间为O（e），其中e为无向图中边的数或有向图中弧的数，算法的时间复杂度为O（n+e）。因此，当以邻接表作为图的存储结构时，深度优先搜索遍历图的时间复杂度为O（n+e）。

7.3.2 广度优先搜索

广度优先搜索（Breadth_ First Search）遍历类似于树的按层次遍历的过程。

广度优先搜索遍历的过程是：首先访问初始点 v_i，接着访问 v_i 的所有未被访问过的邻接点 v_{i1}，v_{i2}，…，v_{it}，然后再按照 v_{i1}，v_{i2}，…，v_{it}的次序，访问每一个顶点的所有未被访问过的邻接点，依次类推，直到图中所有和初始点 v_i 有路径相通的顶点都被访问过为止。

若此时图中尚有顶点未被访问，则另选图中一个未曾被访问的顶点作起始点，重复上述过程，直至图中所有顶点都被访问到为止。

换句话说，广度优先搜索遍历图的过程是以某个顶点v为起始点，由近及远，依次访问和v有路径相通且路径长度为1，2，……的顶点。例如，对图7-4（A）从 v_0 出发进行广度优先搜索的过程是：首先访问 v_0 和 v_0 的邻接点 v_1、v_3、v_4，然后依次访问 v_1 的未被访问的邻接点 v_2 及 v_3、v_4 的未被访问的邻接点（v_3、v_4 的邻接点均已被访问），由于这些顶点的邻接点均已被访问，并且图中所有顶点都被访问，由此完成了图的遍历，得到的顶点访问序列为：v_0、v_1、v_3、v_4、v_2。

和深度优先搜索类似，在遍历过程中，需要设置一个访问标志数组。为了顺次访问路径长度为1、2、3、……的顶点，需附设队列以存储被访问的路径长度为1、2、3、…的顶点。

广度优先搜索遍历的算法如算法7-6所示。

算法7-6：

```
void B FSTraverse (Graph G, Status ( * Visit) (int v)) {
    // 按广度优先非递归遍历图G。使用辅助队列Q和访问标志数组visited。
    for (v=0; v<G. vexnum; ++v)
        visited [v] = FALSE; InitQueue (Q); //初始化访问标志，置空的辅助队列Q
    for ( v=0;   v<G. vexnum;   ++v)
        if (! visited [v]) {          // v尚未访问
            visited [v] = TRUE;   Visit (v); // 访问v
            EnQueue (Q, v);              // v入队列
            while (! QueueEmpty (Q))   {
              DeQueue (Q, u);        // 队头元素出队并置为u
              for (w=FirstAdjVex (G, u); w! =0; w=NextAdjVex (G, u, w))
                  if ( ! visited [w])    {// w为u的尚未访问的邻接顶点
                    visited [w] =TRUE;   Visit (w);
                    EnQueue (Q, w); // 访问的顶点w入队列
                  } // if
            } // while
        } // if
} // B FSTraverse
```

分析上述算法，每个顶点至多进一次队列。遍历图的过程实质上是通过边或者弧找邻接点的过程，因此，广度优先搜索遍历图的时间复杂度和深度优先搜索遍历相同，两者不同之处仅仅在于对顶点的访问的顺序不同。

以邻接表为存储结构的广度优先搜索遍历图时，需要使用一个队列，以类似于按层次遍历二叉树遍历图。对应的算法如算法 7－7（其中，v 是初始顶点编号）：

算法 7－7：

```
void B FS (ALGraph *G, int v)        {
    ArcNode *p; int w, i;
    int queue [MAXV], front =0, rear =0; // 定义循环队列
    int visited [MAXV]; // 定义存放结点的访问标志的数组
    for (i =0; i<G->n; i++) visited [i] =0;    // 访问标志数组初始化
    printf ("%2d", v);                  // 输出被访问顶点的编号
    visited [v] =1;                         // 置已访问标记
    rear = (rear +1)%MAXV;
    queue [rear] =v;                    // v 进队
    while (front! =rear)    {           // 若队列不空时循环
        front = (front +1)%MAXV;
        w = queue [front];                          // 出队并赋给 w
        p = G->adjlist [w] .firstarc; // 找 w 的第一个的邻接点
        while (p! =NULL) {
            if (visited [p->adjvex] ==0) {
                printf ("%2d", p->adjvex);   // 访问之
                visited [p->adjvex] =1;
                rear = (rear +1)%MAXV; // 该顶点进队
                queue [rear] =p->adjvex;
            }
            p =p->nextarc;        // 找下一个邻接顶点
        }
    }
    printf ("\n");
}
```

7.4　图的连通性

本节将讨论利用遍历图的算法求解图的连通性问题，并讨论最小代价生成树。

7.4.1 无向图的连通分量和生成树

1. 无向图的连通分量

在对无向图进行遍历时，对于连通图，从图中任一顶点出发，仅需调用遍历过程（DFS或BFS）一次进行深度优先搜索或广度优先搜索，便可以遍历图中的各个顶点。对非连通图，则需多次调用遍历过程，每次调用得到的顶点集连同相关的边就构成图的一个连通分量。

例如，图7-8中的图（A）是非连通图G，图（B）是G的邻接表，图（C）是G的3个连通分量。按照此邻接表进行深度优先搜索遍历，3两次调用DFS过程（分别从顶点A、D和G出发）得到的顶点访问序列为：A L M J B　F CD EG K H I

在对无向图进行遍历时，对于连通图，仅需调用遍历过程（DFS或BFS）一次，从图中任一顶点出发，便可以遍历图中的各个顶点。对非连通图，则需多次调用遍历过程，每次调用得到的顶点集连同相关的边就构成图的一个连通分量。例如，图7-8（C）图就是（A）图G的连通分量。

2. 生成树

从连通图的任何一个顶点出发进行遍历，遍历过程中经过的边加上图的所有顶点构成的子图称为图的生成树。一个连通图的生成树是一个极小连通子图，它含有图中全部顶点，但只有构成一棵树的（n-1）条边。

如果在一棵生成树上添加一条边，必定构成一个环：因为这条边使得它依附的那两个顶点之间有了第二条路径。一棵有n个顶点的生成树（连通无回路图）有且仅有（n-1）条边，如果一个图有n个顶点和小于（n-1）条边，则是非连通图。如果它多于（n-1）条边，则一定有回路。但是，有含n个顶点（n-1）条边的图不一定是生成树。

一个图从不同的顶点进行遍历可以得到不同的生成树，所有的生成树具有以下共性：

①生成树的顶点个数与图的顶点个数相同；

②生成树是图的极小连通子图；

③一个有n个顶点的连通图的生成树有n-1条边；

④生成树中任意两个顶点间的路径是唯一的；

⑤在生成树中再加一条边必然形成回路。

设G=（V，E）为连通图，则从图中任一顶点出发遍历图时，必定将E（G）分成两个集合T和B，其中，T是遍历图过程中走过的边的集合，B是剩余的边的集合：$T \cap B = \Phi$，$T \cup B = E(G)$。显然，G'=（V，T）是G的极小连通子图，即G'是G的一棵生成树。

由深度优先遍历得到的生成树称为深度优先生成树；由广度优先遍历得到的生成树称为广度优先生成树。这样的生成树是由遍历时访问过的n个顶点和遍历时经历的n-1条边组成。

例如，图7-9所示，图（A）是连通图G1，图（B）是G1的邻接表，图（C）和（D）分别为连通图G1的深度优先生成树和广度优先生成树。

对于非连通图，每个连通分量中的顶点集和遍历时走过的边一起构成一棵生成树，各个连通分量的生成树组成非连通图的生成森林。

例如，如图7-10所示为图7-8中图G的深度优先生成森林，由3棵深度优先生成树组成。

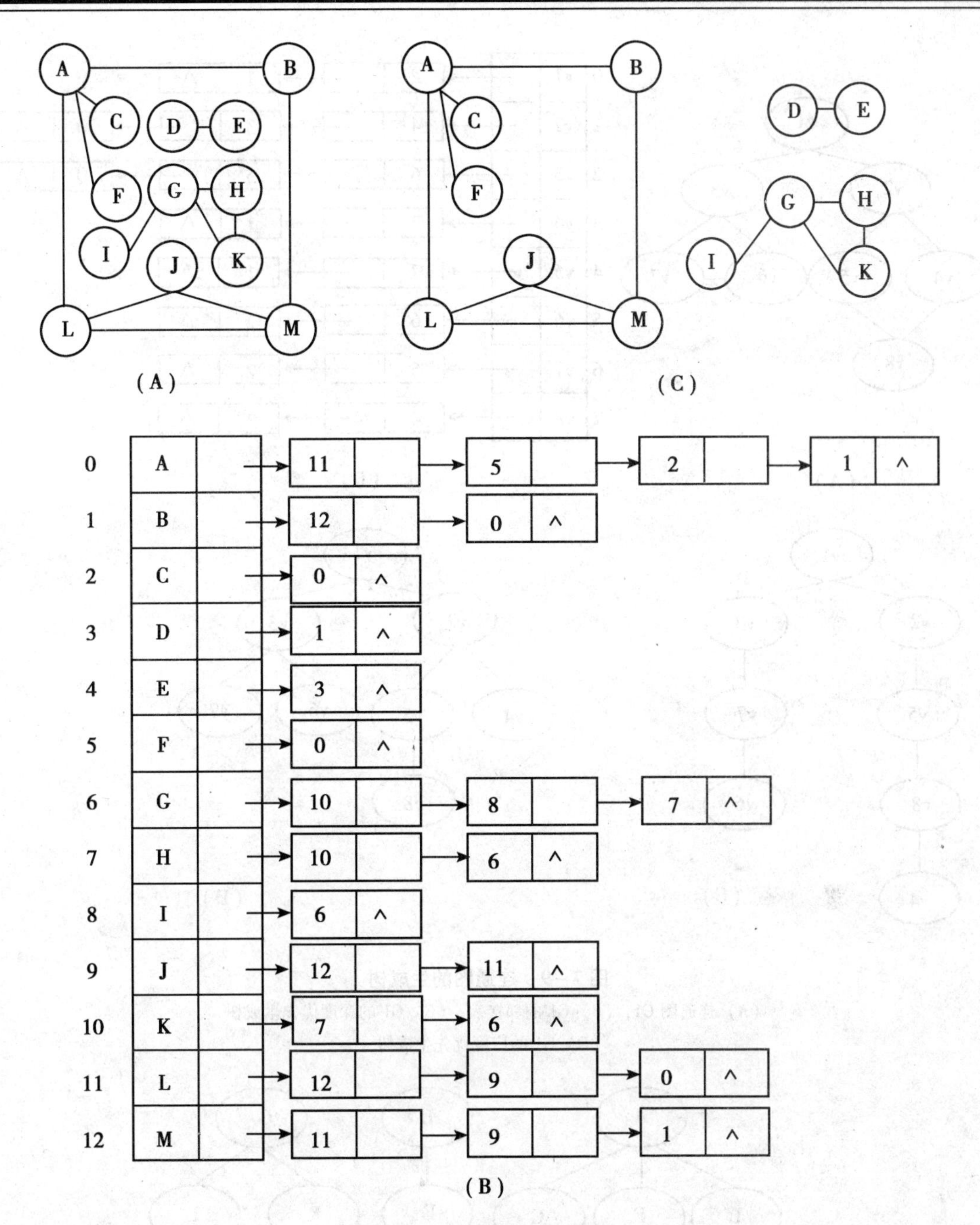

图 7-8　无向图及其邻接表

(A) 无向图 G,(B) 图 G 的邻接表,(C) 图 G 的 3 个连通分量

7.4.2　最小生成树

对于一个带权（假定每条边上的权均为大于零的实数）连通无向图 G 中的不同生成树，其每棵树的所有边上的权值之和（称为这棵生成树的代价）也可能不同；图的所有生成树中具有边上的权值之和最小的树称为图的最小代价生成树（简称最小生成树）。

例如，图 7-11（A）的网中，顶点表示城市，边表示连接两个城市间的通讯线路，边

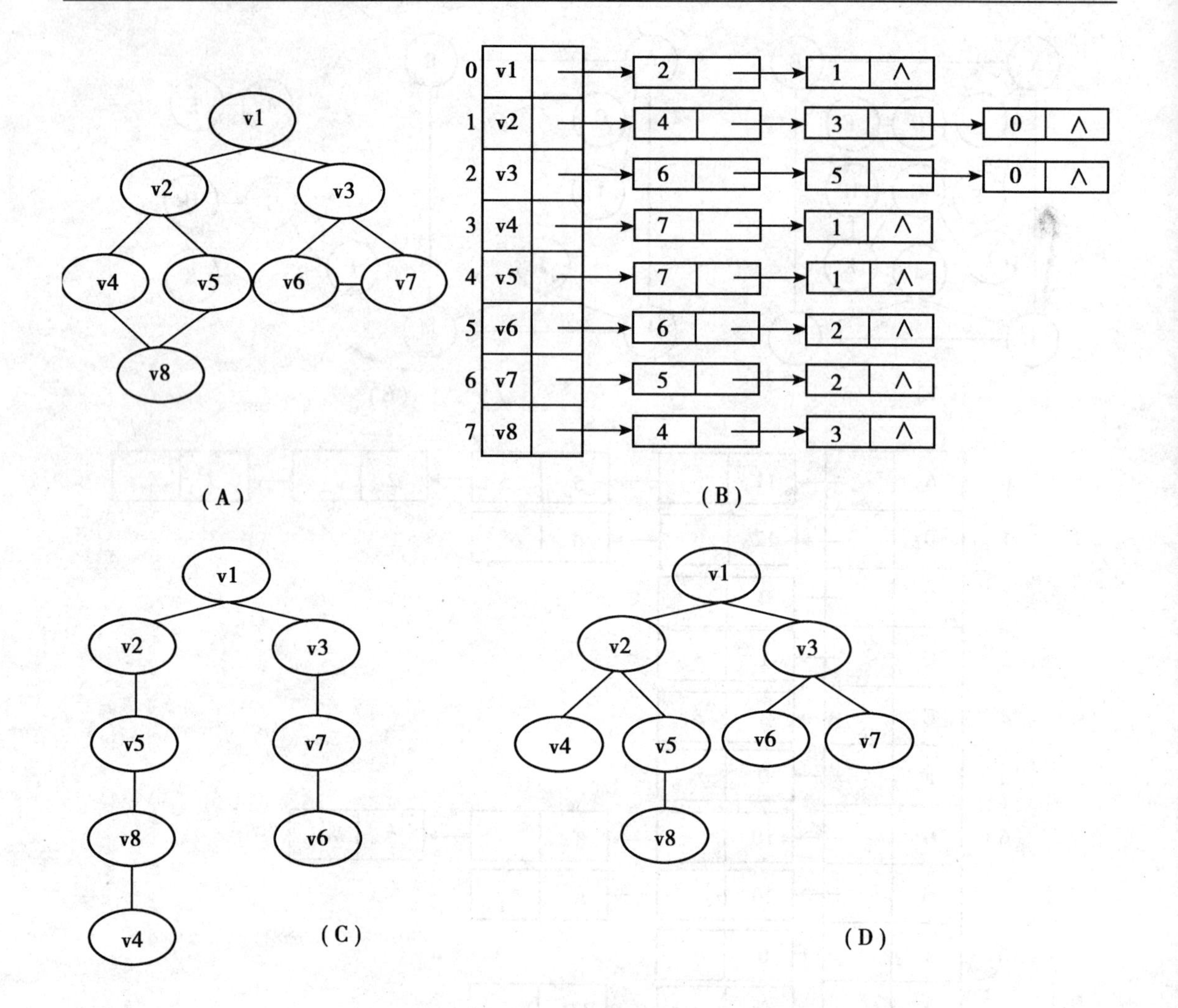

图 7-9 连通图的生成树

（A）连通图 G1，（B）G1 的邻接表，（C）G1 的深度优先生成树，

（D）G1 的广度优先生成树

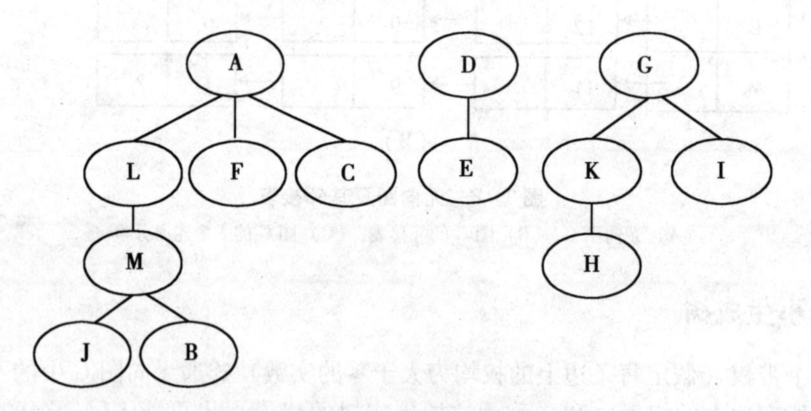

图 7-10 图 G 的深度优先有生成森林

上的权值表示相应的代价。这个通讯网可以建立许多棵生成树，每棵生成树都是一个可行的通讯网络，我们希望找到一棵生成树，它的所有边上权值之和（即所耗费的总代价）最小，这就是构造最小生成树的问题。图 7－11 的（B）、（C）是（A）的最小生成树。由此可见，一个连通图的最小生成树不是唯一的，但最小生成树的总代价一定相同。

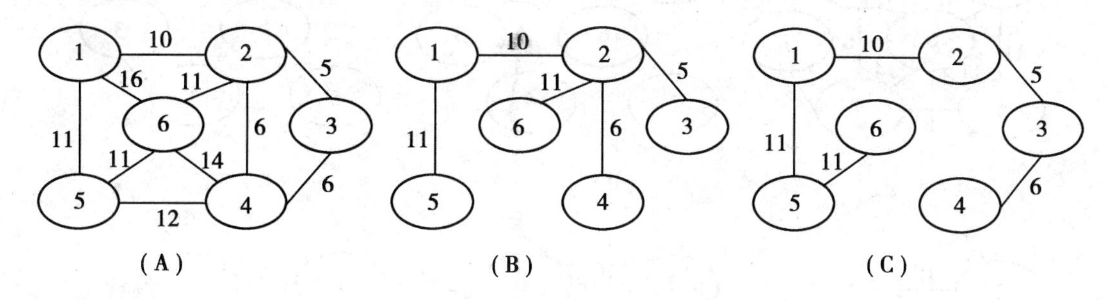

图 7－11　连通网及其最小生成树

（A）连通网 N，（B）最小生成树，（C）最小生成树

按照生成树的定义，n 个顶点的连通图的生成树有 n 个顶点、n－1 条边。因此，构造最小生成树的准则有 3 条：

①必须只使用该图中的边来构造最小生成树；

②必须使用且仅使用 n－1 条边来连接图中的 n 个顶点；

③不能使用产生回路的边。

构造最小生成树的算法方法有又多种，其中多数算法都利用了最小生成树的一种简称为 MST 的性质：假设 N＝（V，{E}）是一个连通网，U 是顶点集 V 的一个非空子集。若（u，v）是一条具有最小权值（代价）的边，其中 $u \in U$，$v \in V-U$，则必定存在一棵包含边（u，v）的最小生成树。可以用反证法证明之，这里不作详细的证明推理。

下面主要讨论普里姆（Prim）算法和克鲁斯卡尔（Kruskal）算法。这两个算法都是利用 MST 性质来构造最小生成树。

1. 普里姆（Prim）算法

普里姆算法的基本思想是：取图中任意一个顶点 v 作为生成树的根，之后往生成树上添加新的顶点 w。在添加的顶点 w 和已经在生成树上的顶点 v 之间必定存在一条边，并且该边的权值在所有连通顶点 v 和 w 之间的边中取值最小。之后继续往生成树上添加顶点，直至生成树上含有 n 个顶点为止。

一般情况下所添加的顶点应满足下列条件：

在生成树的构造过程中，图中 n 个顶点分属两个集合：已落在生成树上的顶点集 U 和尚未落在生成树上的顶点集 V－U，则应在所有连通 U 中顶点和 V－U 中顶点的边中选取权值最小的边。

普里姆算法的构造最小生成树的步骤是：

设 N＝（（V，{E}）是连通网，TE 是 N 上最小生成树中边的集合。

①初始令 U＝ $\{v_0\}$，（$u_0 \in V$），TE＝F，v_0 到其他顶点的所有边为候选边；

②在所有 $u \in U$，$v \in V-U$ 的边（u，v）$\in E$ 中，找一条代价最小的边（u_0，v_0）；

③将（u_0，v_0）并入集合 TE，同时 v_0 并入 U；

④重复（2）和（3）的操作直至U=V为止，则T=（V，{TE}）为N的最小生成树。

例如，如图7-12所示是对连通网（A利用普里姆算法构造一棵最小生成树的过程）。

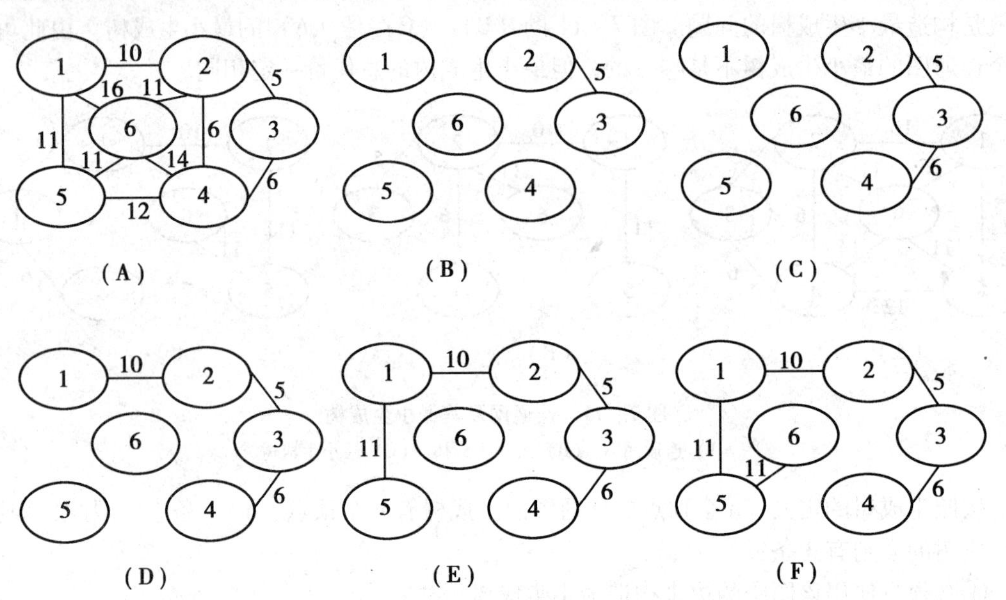

图7-12　普里姆算法构造最小生成树的过程

为实现这个算法，设置一个辅助数组closedge，以记录从U到V-U具有最小代价的边。对每个顶点$v_i \in V-U$，在辅助数组中存一个相应分量closedge［i-1］，它包括两个域，其中lowcost存储该边上的权。显然，closedge［i-1］.lowcost = Min {cost（u，v_i）| u∈U}。则辅助数组的定义如下。

```
// - - - - - - - - - - -记录从顶点集U到V-U的代价最小的边得辅助数组定义
- - - - - - - - - - - - -
struct {
VertexType   adjvex;  // 顶点序号
VRType       lowcost;  // 边的权值
} closedge[MAX_VERTEX_NUM];
// - - - - - - - - - - - - - - - - - - - - - - - - - - - - - - - - - - - - -
- - - - - - - - - - - - - - - - - - - - - - - - - - - - - - - - - - - - - - - -
- - - - - - - - - - - - - - - - - - - - - - - - -
```

普里姆算法描述如算法7-8所示。

算法7-8：

```
void MiniSpanTree_PRIM(Mgraph G,VertexType u){
    // 用普里姆算法从顶点u出发构造网G的最小生成树
    k = LocateVex( G,u);
    for( j=0; j<G.vexnum; ++j)  // 辅助数组初始化
```

```
    if(j! =k)
        closedge[j] = {u,G. arcs[k][j]. adj};
        closedge[k]. lowcost = 0;          // 初始,U={u}
    for(i=0; i<G. vexnum; ++i){
        k = minimum(closedge);             // 求出加入生成树的下一个顶点k
        printf(closedge[k]. adjvex,G. vexs[k]);  // 输出生成树上一条边
        closedge[k]. lowcost = 0;      // 第k顶点并入U集
        for(j=0; j<G. vexnum; ++j)              //修改其他顶点的最小边
        if(G. arcs[k][j]. adj < closedge[j]. lowcost)// 新顶点并入U后重新选择最
                                                       小边
            closedge[j] = {G. vexs[k],G. arcs[k][j]. adj};
    }
}// MiniSpanTree
```

例如，对图7－12中的连通网，利用算法7－8，将输出生成树上的5条边，分别是：{（2，3），（3，6），（2，1），（1，5），（5，6）}。

分析算法7－8，假设网中有n个顶点，则第一个进行初始化的循环语句的频度为n，第二个循环语句的频度为n－1。其中有两个内循环：其一是在closedge［v］.lowcost中求最小值，其频度为n－1；其二是重新选择具有最小代价的边，其频度为n。由此，普里姆算法的时间复杂度为O（n^2），与网中的边数无关，因此适用于边稠密的网的最小生成树。

2. 克鲁斯卡尔（Kruskal）算法

克鲁斯卡尔算法的基本思想是：

①考虑问题的出发点：为使生成树上边的权值之和达到最小，则应使生成树中每一条边的权值尽可能地小；

②具体做法：先构造一个只含n个顶点的子图SG，然后从权值最小的边开始，若它的添加不使SG中产生回路，则在SG上加上这条边，如此重复，直至加上n－1条边为止。

克鲁斯卡尔算法的构造最小生成树的步骤是：

假设G=（V，E）是一个具有n个顶点的带权连通无向图，T=（U，TE）是G的最小生成树。

①令最小生成树的初始状态为只有n个顶点而无边的非连通图T=（V，{F}），每个顶点自成一个连通分量；

②将图G中的边按权值从小到大的顺序依次选取：若选取的边未使生成树T形成回路，则加入TE；否则舍弃，依次类推，直到TE中包含（n－1）条边为止。

例如，图7－13所示是对连通网（A利用克鲁斯卡尔算法构造一棵最小生成树的过程）。

为了简便，在实现克鲁斯卡尔算法Kruskal（）时，参数E存放图G中的所有边，假设它们是按权值从小到大的顺序排列的。N为图G的顶点个数，e为图G的边数。

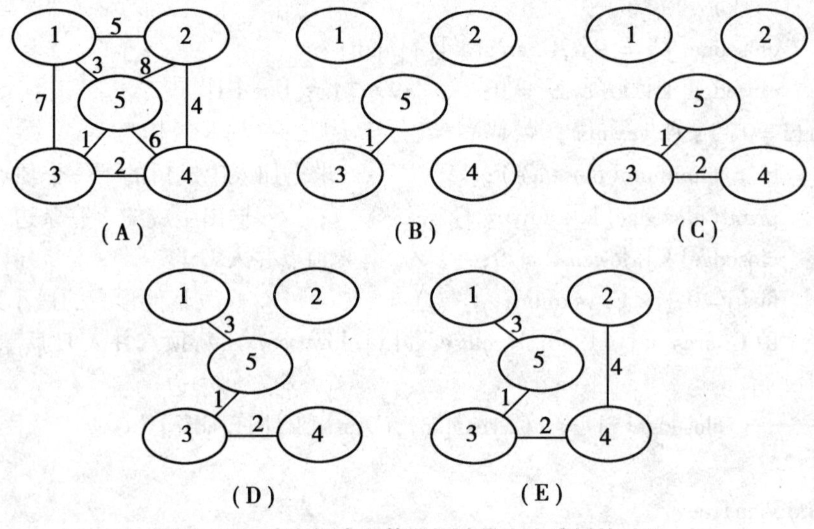

图7－13　克鲁斯卡尔算法构造最小生成树的过程

```
Typedef struct {
    int u;        /* 边的起始顶点 */
    int v;        /* 边的终止顶点 */
    int w;        /* 边的权值 */
} Edge;
```

克鲁斯卡尔算法描述如算法7－9所示。

算法7－9：

```
void Kruskal (Edge E [ ], int n, int e) {
    int i, j, m1, m2, sn1, sn2, k; int vset [MAXV];
    for (i=0; i<n; i++)    vset [i] =i; // 初始化辅助数组
    k=1; j=0;    // k 为当前构造最小生成树的第几条边，初值为 1，E 中边下标，初值为 0
    while (k<n) {  // 生成的边数小于 n 时循环
        m1=E [j] .u; m2=E [j] .v;        // 取一条边的头尾顶点
        sn1=vset [m1]; sn2=vset [m2]; // 分别得到两个顶点所属的集合编号
        if (sn1!=sn2) {  // 属不同的集合－>最小生成树的一条边
            printf ("(%d,%d):%d\n", m1, m2, E [j] .w);
            k++;                    // 生成边数增1
            for (i=0; i<n; i++)          // 两个集合统一编号
                if (vset [i] ==sn2)    //集合编号为 sn2 的改为 sn1
                    vset [i] =sn1;
        }
        j++;    // 扫描下一条边
    } // while
} // Kruskal
```

完整的克鲁斯卡尔算法应包括对边按权值递增排序，上述算法假设边已排序的情况下，时间复杂度为 O（n^2）。

如果给定的带权连通无向图 G 有 e 条边，n 个顶点，采用堆排序（将在第九章中介绍）对边按权值递增排序，那么用克鲁斯卡尔算法构造最小生成树的时间复杂度降为 O（eloge）。由于它与 n 无关，只与 e 有关，所以说克鲁斯卡尔算法适合于稀疏图。

7.5　有向无环图及其应用

一个无环的有向图称作有向无环图（directed acycline graph），简称 DAG 图。DAG 图是一类较有向树更一般的特殊有向图，如图 7－14 所示的有向树、DAG 图和有向图的例子。

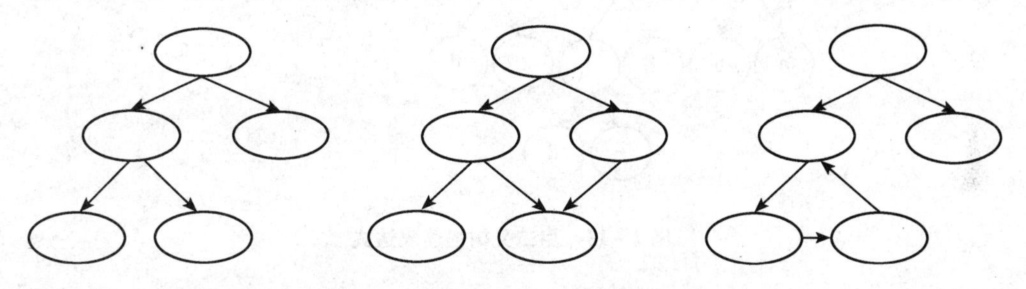

图 7－14　有向树、DAG 图和有向图

有向无环图是描述含有公共子式的表达式的的有效工具。例如，下述表达式（（a＋B ＊（B　＊（c＋D）＋（c＋D＊ e）＊（（c＋D＊ e）

可以利用第六章讨论的二叉树来表示，如图 7－15 所示。

仔细观察该表达式，可发现有一些相同的子表达式，如（c＋D 和（c＋D＊ e 等，在二叉树中，它们重复出现。若利用有向无环图，则可实现对相同子式的共享，从而节省存储空间。如图 7－16 所示为表示同一表达式的有向无环图。

有向无环图也是描述一项工程或系统的进行过程的有效工具。除最简单的情况外，几乎所有的工程（project）都可分为若干个称作活动（activity）的子工程，而这些子工程之间，通常受着一定条件的约束，例如，其中某些子工程的开始必须在另一些子工程完成之后。对整个工程和系统而言，人们最关心的是两个方面的问题：一是工程能否顺利进行；而是估算整个工程完成所必须的最短时间。这两方面的问题对应于有向图，即为进行拓扑排序和求关键路径的操作。下面，分别讨论这两个问题。

7.5.1　拓扑排序

拓扑排序是定义在有向图上的一种操作，目的是根据结点间的关系求得结点的一个线性序列。这种操作在有关工程进度和次序规划之类的问题中有着大量的应用。

在日常生活中，一项大的工程可以看做是由若干个子工程（这些子工程称为“活动”）组成的集合，这些子工程（活动）之间存在一些先后关系，即某些子工程（活动）必须在其他一些子工程（活动）完成之后才能开始。例如，大学里计算机专业的学生必须完成一

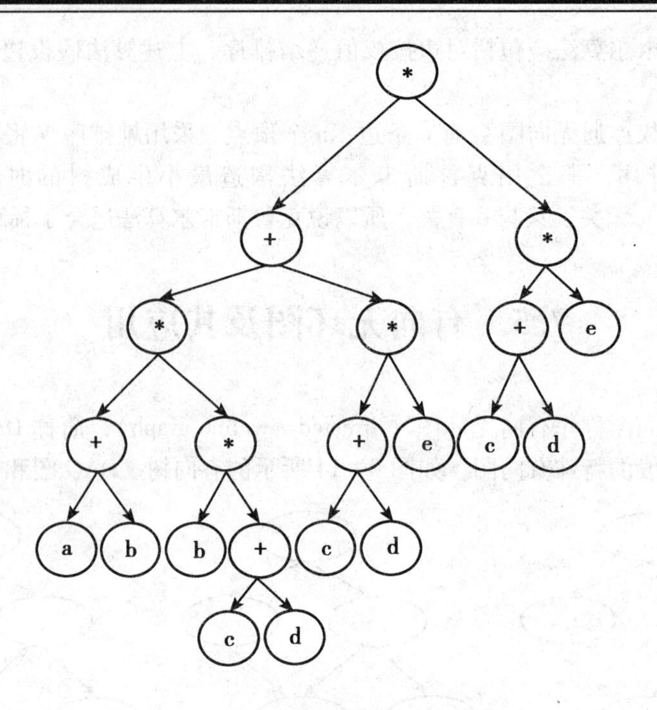

图 7-15　用二叉树描述表达式

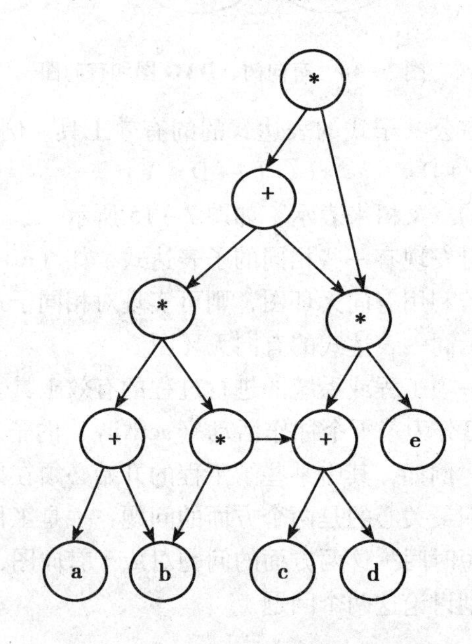

图 7-16　用有向无环图二叉树描述表达式

系列规定的基础课和专业课才能毕业，假设这些课程的名称与相应代号有如图 7-17 所示的关系，其中有些课程是基础课，没有前导课程，它们可以独立于其他课程，如《高等数学》；而有些课程必须在学完作为它的基础的先修课程后才能开始学习，如在《程序设计》和《离散数学》学完之前就不能开始学习《数据结构》，这些先决条件定义了课程之间的先后关系，我们可以用有向图来形象地表示这些子工程（活动）之间的先后关系，如图 7-18 所示，图中顶点表示课程，有向边（弧）表示先决条件。若课程 i 是课程 j 的先决条件，则

图中必有弧 <i，j>。

课程代号	课程名称	先修课程
C1	高等数学	无
C2	程序设计	无
C3	离散数学	C1
C4	数据结构	C2，C3
C5	编译原理	C2，C4
C6	操作系统	C4，C7
C7	计算机组成原理	C2

图 7－17　计算机专业的学生必须学习的课程

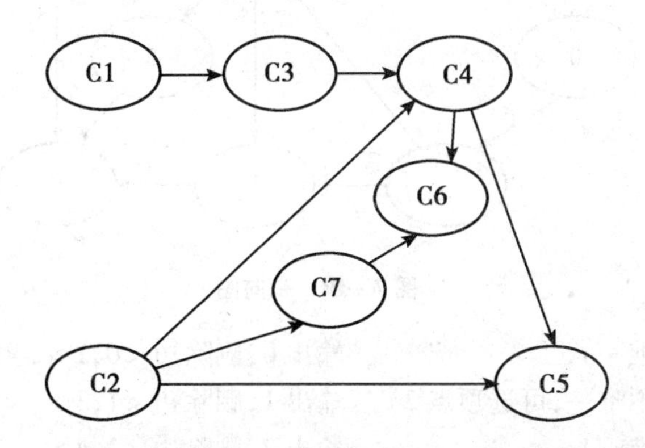

图 7－18　课程之间先后关系的有向图

这种用顶点表示活动，用弧表示活动间优先关系的有向图称为顶点表示活动的网（Activity On Vertex Network），简称 AOV 网。

在 AOV 网中，有向边代表子工程（活动）的先后关系，即有向边的起点活动是终点活动的前驱活动，只有当起点活动完成之后终点活动才能进行。如果有一条从顶点 V_i 到 V_j 的有向路径，则说 V_i 是 V_j 的前驱，V_j 是 V_i 的后继。如果有弧 $<V_i, V_j>$，则称 V_i 是 V_j 的直接前驱，V_j 是 V_i 的直接后继。

一个 AOV 网应该是一个有向无环图，即不应该带有回路，否则必定会有一些活动互相牵制，造成环中的活动都无法进行。

简单地说，由某个集合上的一个偏序得到该集合上的一个全序的操作称为拓扑排序（Topological Sort）。即把不带回路的 AOV 网中的所有活动排成一个线性序列，使得每个活动的所有前驱活动都排在该活动的前面，这个过程称为“拓扑排序”，所得到的活动序列称为“拓扑序列”。

对图 7－18 这个有向图进行拓扑排序可得到一个拓扑序列：C1－C3－C2－C4－C7－C6－C5。也可得到另一个拓扑序列：C2－C7－C1－C3－C4－C5－C6，还可以得到其他的拓扑序列。学生按照任何一个拓扑序列都可以顺序地进行课程学习。若某个学生每学期只学一门课的画，则他必须按拓扑有序的顺序来安排学习计划。

如何进行拓扑排序？解决的方法如下：

(1) 从有向图中选择一个没有前驱（即入度为0）的顶点并且输出它。

(2) 从网中删去该顶点，删去从该顶点发出的全部有向边（所有以该顶点为尾的弧）。

(3) 重复上述两步，直到全部顶点均已输出或者剩余的网中不再存在没有前驱的顶点为止。后一种情况说明有向图中存在环。

温馨提示

一个 AOV 网的拓扑序列不是唯一的。

例如，对图 7 – 19 进行拓扑排序的过程如下。

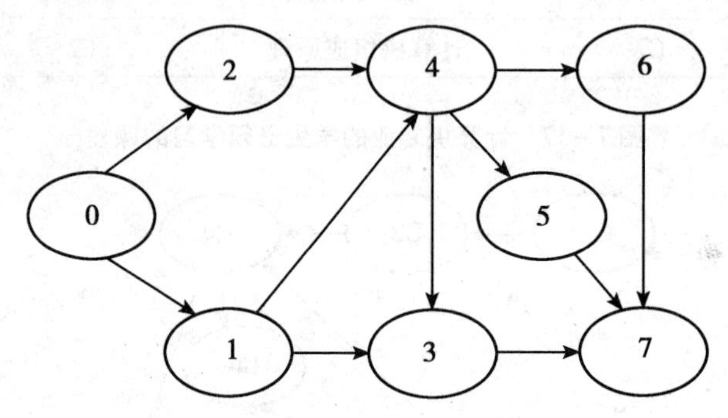

图 7 – 19　有向图

(1)选择顶点 0(唯一)，　　　　　输出 0,删除边 <0,1 >, <0,2 >;

(2)选择顶点 1(不唯一,可选顶点 2)，输出 1,删除边 <1,3 >, <1,4 >;

(3)选择顶点 2(唯一)，　　　　　输出 2,删除边 <2,4 >;

(4)选择顶点 4(唯一)，　　　　　输出 4,删除边 <4,3 >, <4,5 >, <4,6 >;

(5)选择顶点 3(不唯一,可选顶点 6)，输出 3,删除边 <3,5 >, <3,7 >;

(6)选择顶点 5(不唯一,可选顶点 6)，输出 5,删除边 <5,7 >;

(7)选择顶点 6(唯一)，　　　　　输出 6,删除边 <6,7 >;

(8)选择顶点 7(唯一)，　　　　　输出 7,结束。

对于给定的有向图，如何在计算机中实现拓扑排序？解决的思想如下：

①以邻接表作存储结构，为每个顶点设立一个链表，每个链表有一个表头结点，这些表头结点构成一个数组，表头结点中增加一个存放顶点入度的数组 indegree。即将邻接表定义中的 VNode 类型修改如下。

```
typedef struct {              // 表头结点类型
    Vertex data;              // 顶点信息
    int count;                // 存放顶点入度
    ArcNode *firstarc;        // 指向第一条弧
} VNode;
```

②把邻接表中所有入度为 0 的顶点进栈；

③栈非空时，输出栈顶元素 V_i 并退栈；在邻接表中查找 Vi 的直接后继 V_k，把 V_k 的入度减 1；若 V_k 的入度为 0 则进栈；

④重复上述操作直至栈空为止。若栈空时输出的顶点个数不是 n，则有向图有环；否则，拓扑排序完毕。

由此得拓扑排序的算法描述如算法 7 - 10 所示。

算法 7 - 10：

```
Status TopologicalSort (ALGraph G) {
    // 有向图 G 采用邻接表存储结构。
    // 若 G 无回路，则输出 G 的顶点的一个拓扑序列并返回 OK；否则，返回 ER-
       ROR。
    CountInDegree (G, indegree); // 对各顶点求入度 indegree [0.. vernum - 1]
    InitStack (S);
    for (i = 0; i < G. vexnum; + + i) // 建零入度顶点栈 S
        if (! indegree [i]) Push (S, i); // 入度为零的顶点入栈
    count = 0; // 对输出顶点计数
    while (! StackEmpty (S)) {
        Pop (S, i);    printf (i, G. vertices [i] . data); + + count; // 输出 i 号顶
                                                                          点并计数
        for (p = G. vertices [i] . firstarc; p; p = p - > nextarc) {
            k = p - > adjvex; // 对 i 号顶点的每个邻接点的入度减 1
            if (! ( - - indegree [k]))   Push (S, k); // 若入度为 0，则入栈
        } // for
        } // while
        if (count < G. vexnum) return ERROR; // 该有向图有回路
        else return OK;
    } // TopologicalSort
```

分析算法 7 - 10，对有 n 个顶点和 e 条弧的有向图而言，建立求各顶点的入度的时间复杂度为 O (e)；建零入度顶点栈的时间复杂度为 O (n)；在拓扑排序过程中，若有向图无环，则每个顶点进一次栈，出一次栈，入度减 1 的操作在 while 语句中共执行 e 次，所以，总的时间复杂度为 O (n + e)。这里讨论的拓扑排序的算法是下节中要讨论的关键路径的基础。

当有向图中无环时，也可以利用深度优先遍历进行拓扑排序。它的基本思想是，先输出无后继的顶点，即由图中某个顶点出发进行深度优先搜索遍历时，最先退出 DFS 函数的顶点（即出度为 0 的顶点），是拓扑有序序列中最后一个顶点。由此，按退出 DFS 函数的先后记录下来的顶点序列即为逆向的拓扑有序序列。

7.5.2　关键路径

关键路径是对加权的有向图的一种操作。前面讲的拓扑排序能对工程中活动的先后顺序作出安排。但一个活动的完成总需要一定的时间，为了能估算出某个活动的开始时间，找出那些影响工程完成时间的最主要的活动，以便争取提高这些活动的工效，从而缩短整个工期。这就是关键路径所要解决的问题。

我们可以利用带权的有向图，图中的边表示活动，边上的权表示完成该活动所需要的时间，一条边的两个顶点分别表示活动的开始事件和结束事件，这种用边表示活动的网络，称为“AOE（Activity On Edge）网”。

AOE 网与 AOV 网类似，也是一种被赋予了抽象语义的有向图，是许多实际问题的模型。AOE 网的操作一般有下列几种。

（1）关键路径（Critical Path）。这种操作最早用于维修与建筑行业中工期进度估算。

（2）性能估计与复审（Performance Evaluation and Review Technique）。该项操作最初是为了研制北极星式导弹系统而引入的。

（3）资源分配与多工程调度（Resource Allocation and Multi－Project Scheduling）。即按资源状况和多工程项目计划表操作。

下面主要就 AOE 网中求关键路径的操作来展开讨论。在实际应用中，AOE 网是一个带权的有向无环图，其中顶点表示事件，弧表示活动，权表示活动持续时间。通常，AOE 网中只有一个入度为零的开始顶点（称为源点），同时还有一个出度为零的结束顶点（称为汇点）。网中不存在回路，否则整个工程无法完成。

温馨提示

如果 AOE 网中存在多个入度为 0 的顶点，只要加一个虚拟源点，使这个虚拟源点到原来所有入度为 0 的点都有一条长度为 0 的边，变成只有一个源点。对存在多个出度为 0 的顶点的情况作类似的处理。所以只需讨论单源点和单汇点的情况。

在 AOE 网中，从源点到汇点的所有路径中，具有最大路径长度的路径称为关键路径（Critical Path）。完成整个工程的最短时间就是网中关键路径的长度，也就是网中关键路径上各活动持续时间的总和，我们把关键路径上的活动称为关键活动。因此，只要找出 AOE 网中的关键活动，也就找到了关键路径。鉴于此，对 AOE 网有待研究的问题主要是如下两方面：

（1）完成整个工程至少需要多少时间？

（2）哪些活动是影响工程进度的关键？

下面分别围绕这两个方面展开讨论关键路径的问题。

假设开始点是 v_1，从 v_1 到 v_i 的最长路径长度叫做事件 v_i 的最早发生时间。这个时间决定了所有以 v_i 为尾的弧所表示的活动的最早开始时间。我们用 ee（i）表示活动（弧）a_i 的最早开始时间，用 el（i）表示活动（弧）的最迟开始时间，活动的最迟开始时间是指在不推迟整个工程完成的前提下，活动 a_i 必须开始的时间。el（i）－ ee（i）就表示完成活动 a_i 的时间余量（用 d（i）来表示）。我们把 el（i）＝ ee（i）的活动叫做关键活动，关键路径上的所有活动都是关键活动，因此，寻找关键路径的核心就是辨别确定关键活动。

关键活动是指该弧上的权值增加，有向图上的最长路径的长度增加。如何求关键活动？

为了确定 AOE 网中活动的 ee（i）和 el（i），首先需要求得事件（顶点）的最早发生开始时间 ve（j）和事件（顶点）的最迟发生时间 vl（j）。

“事件（顶点）”的最早发生时间 ve（j）＝ 从源点到顶点 j 的最长路径长度；

“事件（顶点）”的最迟发生时间 vl（j）＝ 从顶点 j 到汇点的最短路径长度。

如果第 i 条弧记为 a_i（即活动 a_i），是由弧 <j，k> 来表示，其持续时间记为 dut（<j，k>），则

(1) 对第 i 项活动（即活动 a_i）而言，存在如下关系：

"活动（弧）"的最早开始时间 *ee*（i）= ve（j）；

"活动（弧）"的最迟开始时间 *el*（i）= vl（k）- dut（<j, k>）。

(2) 对事件发生时间而言，存在如下关系：

ve（源点）= 0；即 ve（0）= 0

vl（汇点）= ve（汇点）；即 vl（n-1）= ve（n-1）

① 从 ve（0）开始向前地推，则

ve（k）= Max {ve（j）+ dut（<j, k>）}，<j, k> ∈ T，k = 1，2，…，n-1

其中 T 是所有以第 k 个顶点为头的弧的集合。

② 从 vl（n-1）= ve（n-1）开始向后地推，则

vl（j）= Min {vl（k）- dut（<j, k>）}，<j, k> ∈ S，j = n-2，…，0

其中，S 是所有以第 j 个顶点为尾的弧的集合。

也就是说，ve（j-1）必须在 v_j 的所有前驱的最早发生时间求得之后才能确定，而 vl（j-1）则必须在 v_j 的所有后继的最迟发生时间求得之后才能确定，因此可以在拓扑排序的基础上计算 ve（j-1）和 vl（j-1）。

例如，求图 7-20 所示的 AOE 网的所有事件的最早发生时间 ve（）；所有事件的最迟发生时间 vl（）；每项活动 ai 的最早开始时间 ee（）和最迟开始时间 el（），完成此工程最少需要多少天？哪些是关键活动，是否存在某项活动，当其提高速度后能使整个工程缩短工期？

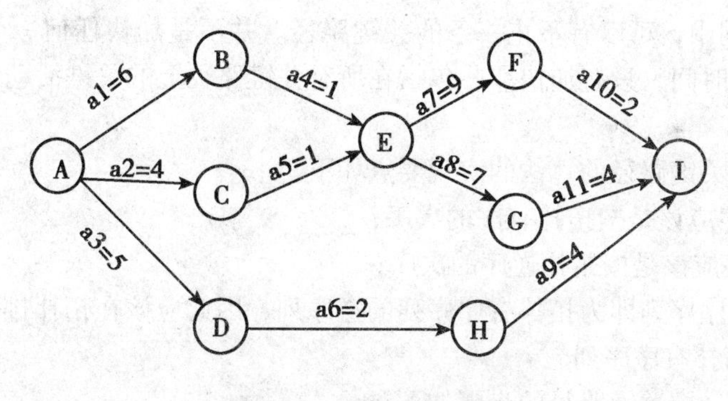

图 7-20 一个 AOE 网

(1) 各事件的最早开始时间

ve（A）=0　　ve（B）=6

ve（C）= 4　　ve（D）=5

ve（E）=max {ve（B）+1，ve（C）+1} =7　　ve（F）=ve（E）+9=16

ve（G）=ve（E）+7=14　　ve（H）=ve（D）+2 =7

ve（I）=max {ve（F）+2，ve（G）+4，ve（H）+4} =max（18，18，11} =18

(2) 各事件的最迟开始时间

vl（I）=ve（I）=18　　vl（F）=vl（I）-2 =16

vl（G）=vl（I）-4 =14　　vl（H）=vl（I）-4 =14

vl（E）=min {vl（F）-9，vl（G）-7} = {7，7} =7vl（D）=vl（H）-2 =12

vl（C）=vl（E）-1=6　　　　　　　　　　vl（B）=vl（E）-1=6

vl（A）=min｛vl（B）-6，vl（C）-4，vl（D）-5｝=｛0，2，7｝=0

（3）各活动的最早开始时间、最迟开始时间和时间余量

活动 a1：ee（1）=ve（A）=0，el（1）=vl（B）-6=0，d（1）=0

活动 a2：ee（2）=ve（A）=0，el（2）=vl（C）-4=2，d（2）=2

活动 a3：ee（3）=ve（A）=0，el（3）=vl（D）-5=7，d（3）=7

活动 a4：ee（4）=ve（B）=6，el（4）=vl（E）-1=6，d（4）=0

活动 a5：ee（5）=ve（C）=4，el（5）=vl（E）-1=6，d（5）=2

活动 a6：ee（6）=ve（D）=5，el（6）=vl（H）-2=12，d（6）=7

活动 a7：ee（7）=ve（E）=7，el（7）=vl（F）-9=7，d（7）=0

活动 a8：ee（8）=ve（E）=7，el（8）=vl（G）-7=7，d（8）=0

活动 a9：ee（9）=ve（H）=7，el（9）=vl（G）-4=10，d（9）=3

活动 a10：ee（10）=ve（F）=16，el（10）=vl（I）-2=16，d（10）=0

活动 a11：ee（11）=ve（G）=14，el（11）=vl（I）-4=14，d（11）=0

结合上面的分析，根据 el（i）= ee（i）的活动 ai 是关键活动可知，图 7-20 的图中，的关键活动有 a1，a4，a7，a10 和 a1，a4，a8，a11，因此，关键路径有两条：A-B-E-F-I 和 A-B-E-G-I。提高 a1，a4 的速度可缩短工期。

温馨提示

在一个 AOE 网中，可以有不止一条的关键路径。并不是加快任何一个关键活动都可以缩短整个工程完成时间，只有加快那些包括在所有关键路径上的关键活动才能达到缩短工期的目的。

由此，得到求关键路径的算法的实现要点如下。

①求 ve 的顺序应该是按拓扑有序的次序；

②求 vl 的顺序应该是按拓扑逆序的次序；

③因为拓扑逆序序列即为拓扑有序序列的逆序列，因此应该在拓扑排序的过程中，另设一个“栈”记下拓扑有序序列。

综合以上分析，求关键路径的步骤如下。

①输入 e 条弧〈j，k〉，建立 AOE 网的存储结构；

②按拓扑有序求各个顶点的最早发生时间 ve（i）；

③按拓扑逆序求各个顶点的最迟发生时间 vl（i）；

④求每条弧的最早开始时间 ee（i）和最迟开始时间 el（i），当 e（i）=vl（i）时即为关键活动。

求关键路径的算法描述如算法 7-11 所示。

算法 7-11：

```
void critical_ path (ALGraph *G) {
    int j, k, m; LinkNode *p;
    if (Topologic_ Sort (G) = = -1)
```

```
        printf ("\nAOE 网中存在回路,错误!! \n\n");
    else {
        for ( j=0; j<G->vexnum; j++)
            ve[j] =0;          // 事件最早发生时间初始化
        for (m=0; m<G->vexnum; m++)      {
            j=topol[m];
            p=G->adjlist[j].firstarc;
            for (; p!=NULL; p=p->nextarc) {
                k=p->adjvex;
                if (ve[j] +p->weight>ve[k])
                    ve[k] =ve[j] +p->weight;
            }
        } // 计算每个事件的最早发生时间 ve 值
        for ( j=0; j<G->vexnum; j++)
            vl[j] =ve[j];          // 事件最晚发生时间初始化
        for (m=G->vexnum-1; m>=0; m--) {
            j=topol[m]; p=G->adjlist[j].firstarc;
            for (; p!=NULL; p=p->nextarc) {
                k=p->adjvex;
                if (vl[k] -p->weight<vl[j])
                    vl[j] =vl[k] -p->weight;
            }
        }     // 计算每个事件的最晚发生时间 vl 值
        for (m=0; m<G->vexnum; m++) {
            p=G->adjlist[m].firstarc;
            for (; p!=NULL; p=p->nextarc) {
                k=p->adjvex;
                if ( (ve[m] +p->weight) ==vl[k])
                    printf ("<%d,%d>, m, j");
            }
        }      // 输出所有的关键活动
    }
```

设 AOE 网有 n 个事件，e 个活动，则算法的主要执行是：

①进行拓扑排序：时间复杂度是 O (n+e)；

②求每个事件的 ve 值和 vl 值：时间复杂度是 O (n+e)；

③根据 ve 值和 vl 值找关键活动：时间复杂度是 O (n+e)。

因此，整个算法的时间复杂度是 O (n+e)。

7.6 最短路径

在一个无权的图中，若从一顶点到另一顶点存在着一条路径，则称该路径长度为该路径上所经过的边的数目，它等于该路径上的顶点数减1。

由于从一顶点到另一顶点可能存在着多条路径，每条路径上所经过的边数可能不同，即路径长度不同，我们把路径长度最短（即经过的边数最少）的那条路径叫做最短路径，其路径长度叫做最短路径长度或最短距离。

对于带权的图，考虑路径上各边上的权值，则通常把一条路径上所经边的权值之和定义为该路径的路径长度或称带权路径长度。

从源点到终点可能不止一条路径，把带权路径长度最短的那条路径称为最短路径，其路径长度（权值之和）称为最短路径长度或者最短距离。

例如，若用带权图表示交通网，图中顶点表示地点，边代表两地之间有直接道路，边上的权值表示路程（或所花费用或时间）。从一个地方到另一个地方的路径长度表示该路径上各边的权值之和。那么，如何确定两地之间是否有通路？在有多条通路的情况下，哪条最短？

考虑到交通网的有向性，我们直接讨论的是带权有向图的最短路径问题，但解决问题的算法也适用于无向图。

将一个路径的起始顶点称为源点，最后一个顶点称为终点。

7.6.1 单源点最短路径

对于给定的有向图 G =（V，E）及单个源点 V_s，求 V_s 到 G 的其余各顶点的最短路径。

针对单源点的最短路径问题，Dijkstra 提出了一种按路径长度递增次序产生最短路径的算法，即迪杰斯特拉（DijkstrA）算法。

采用迪杰斯特拉算法求解的基本思想是：设给定源点为 V_s，S 为已求得最短路径的终点集，开始时令 S = $\{V_s\}$。当求得第一条最短路径（V_s，V_i）后，S 为 $\{V_s, V_i\}$。根据以下结论可求下一条最短路径。

设下一条最短路径终点为 V_j，则 V_j 只有：

①源点到终点有直接的弧 $< V_s, V_j >$；

②从 V_s 出发到 V_j 的这条最短路径所经过的所有中间顶点必定在 S 中。即只有这条最短路径的最后一条弧才是从 S 内某个顶点连接到 S 外的顶点 V_j。

若定义一个数组 dist [n]，其每个 dist [i] 分量保存从 V_s 出发中间只经过集合 S 中的顶点而到达 V_i 的所有路径中长度最小的路径长度值，则下一条最短路径的终点 V_j 必定是不在 S 中且值最小的顶点，即：

dist [i] = Min $\{$dist [k] $\mid V_k \in V - S\}$

利用上述公式就可以依次找出下一条最短路径。

迪杰斯特拉算法求解的具体步骤是：

①令 S = $\{V_s\}$，用带权的邻接矩阵表示有向图，对图中每个顶点 V_i 按以下原则置

初值：

$$dist[i]=\begin{cases}0 & i=s\\ W_{si} & i\neq s 且 <v_s, v_i>\in E，W_{si}为弧上的权值\\ \infty & i\neq s 且 <v_s, v_i>不属于 E\end{cases}$$

②选择一个顶点 V_j，使得：

dist [j] = Min {dist [k] | $V_k \in V-S$}

V_j 就是求得的下一条最短路径终点，将 V_j 并入到 S 中，即 $S=S\cup\{V_j\}$。

③对 V－S 中的每个顶点 V_k，修改 dist [k]，方法是：

若 dist [j] + W_{jk} < dist [k]，则修改为：

dist [k] = dist [j] + W_{jk} （“$V_k \in V-S$”）

④重复②，③，直到 S = V 为止。

迪杰斯特拉算法求解的过程描述：

用带权的邻接矩阵表示有向图，对 Prim 算法略加改动就成了 Dijkstra 算法，将 Prim 算法中求每个顶点 V_k 的 lowcost 值用 dist [k] 代替即可。

①设数组 pre [n] 保存从 V_s 到其他顶点的最短路径。若 pre [i] = k，表示从 V_s 到 V_i 的最短路径中，V_i 的前一个顶点是 V_k，即最短路径序列是（V_s，……，V_k，V_i）；

②设数组 final [n] 标识一个顶点是否已加入 S 中。

则迪杰斯特拉算法的描述如算法 7－12 所示。

算法 7－12：

```
B OOLEAN   final [MAX_ VEX];
int   pre [MAX_ VEX], dist [MAX_ VEX];
void Dijkstra_ path (AdjGraph *G, int v) {
    // 从图 G 中的顶点 v 出发到其余各顶点的最短路径
    int j, k, m, min;
    for ( j=0; j<G->vexnum; j++) {
        pre [j] =v;    final [j] =FALSE;
        dist [j] =G->adj [v] [j];
    }                                   // 各数组的初始化
    dist [v] =0; final [v] =TRUE;       // 设置 S= {v}
    for ( j=0; j<G->vexnum-1; j++) {// 其余 n-1 个顶点
        m=0;
        while (final [m])    m++;       // 找不在 S 中的顶点 vk
        min=INFINITY;
        for ( k=0; k<G->vexnum; k++) {
            if (! final [k] &&dist [m] <min) {
                min=dist [k];    m=k;
            }
        }                               // 求出当前最小的 dist [k] 值
        final [m] =TRUE;                // 将第 k 个顶点并入 S 中
```

```
        for ( j=0; j<G->vexnum; j++ ) {
            if (! final [j] && (dist [m] +G->adj [m] [j] <dist [j])) {
                dist [j] =dist [m] +G->adj [m] [j];
                pre [j] =m;
            }
        } // 修改 dist 和 pre 数组的值
    } // 找到最短路径
}
```

例如，对图 7－21 的带权有向图及其邻接矩阵，用 Dijkstra 算法求从顶点 0 到其余各顶点的最短路径，数组 dist 和 pre 的各分量的变化如表 7－1 所示。

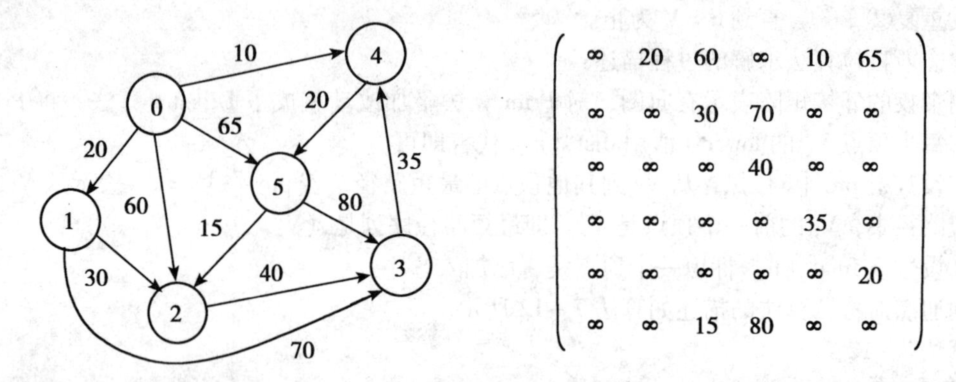

图 7－21　带权有向图及其邻接矩阵

表 7－1　求最短路径时数组 dist 和 pre 的各分量的变化情况

步骤 \ 顶点		1	2	3	4	5	S
初态	Dist	20	60	∞	10	65	{0}
	pre	0	0	0	0	0	
1	Dist	20	60	∞	10	30	{0, 4}
	pre	0	0	0	0	4	
2	Dist	20	50	90	10	30	{0, 4, 1}
	pre	0	1	1	0	4	
3	Dist	20	45	90	10	30	{0, 4, 1, 5}
	pre	0	5	1	0	4	
4	Dist	20	45	85	10	30	{0, 4, 1, 5, 2}
	pre	0	5	2	0	4	
5	Dist	20	45	85	10	30	{0, 4, 1, 5, 2, 3}
	pre	0	5	2	0	4	

迪杰斯特拉算法的分析：

①数组变量的初始化的时间复杂度是 O (n)；

②求最短路径的二重循环的时间复杂度是 O（n^2）。

因此，整个算法的时间复杂度是 O（n^2）。

7.6.2 每一对顶点间的最短路径

用 Dijkstra 算法也可以求得有向图 G =（V，E）中每一对顶点间的最短路径。方法是：每次以一个不同的顶点为源点重复 Dijkstra 算法便可求得每一对顶点间的最短路径，时间复杂度是 O（n^3）。

弗罗伊德（Floyd）提出了另一个算法，其时间复杂度仍是 O（n^3），但算法形式更为简明，步骤更为简单，数据结构仍然是基于图的邻接矩阵。

弗罗伊德算法的思想是：

设顶点集 S（初值为空），用数组 A 的每个元素 A［i］［j］保存从 V_i 只经过 S 中的顶点到达 V_j 的最短路径长度，其思想是：

①初始时令 S = {}，A［i］［j］的赋初值方式是：

$$A[i][j] = \begin{cases} 0 & i = j \text{时} \\ W_{ij} & i \neq j \text{且} < v_i, v_j > \in E, w_{ij} \text{为弧上的权值} \\ \infty & i \neq j \text{且} < v_i, v_j > \text{不属于} E \end{cases}$$

②将图中一个顶点 V_k 加入到 S 中，修改 A［i］［j］的值，修改方法是：

A［i］［j］= Min {A［i］［j］，(A［i］［k］+ A［k］［j］)}

原因：从 V_i 只经过 S 中的顶点（V_k）到达 V_j 的路径长度可能比原来不经过 V_k 的路径更短。

③重复②，直到 G 的所有顶点都加入到 S 中为止。

弗罗伊德算法求解的过程描述：

①定义二维数组 Path［n］［n］（n 为图的顶点数），元素 Path［i］［j］保存从 V_i 到 V_j 的最短路径所经过的顶点。

②若 Path［i］［j］= k：从 V_i 到 V_j 经过 V_k，最短路径序列是（V_i，…，V_k，…，V_j），则路径子序列：（V_i，…，V_k）和（V_k，…，V_j）一定是从 V_i 到 V_k 和从 V_k 到 V_j 的最短路径。从而可以根据 Path［i］［k］和 Path［k］［j］的值再找到该路径上所经过的其他顶点，依此类推。

③初始化为 Path［i］［j］= −1，表示从 V_i 到 V_j 不经过任何（S 中的中间）顶点。当某个顶点 V_k 加入到 S 中后使 A［i］［j］变小时，令 Path［i］［j］= k。

例如，表 7－2 给出了利用 Floyd 算法求图 7－22 的带权有向图的任意一对顶点间最短路径的过程。

表 7－2 用 Floyd 算法求任意一对顶点间最短路径

步骤	初态	k = 0	k = 1	k = 2
A	$\begin{bmatrix} 0 & 2 & 8 \\ \infty & 0 & 4 \\ 5 & \infty & 0 \end{bmatrix}$	$\begin{bmatrix} 0 & 2 & 8 \\ \infty & 0 & 4 \\ 5 & 7 & 0 \end{bmatrix}$	$\begin{bmatrix} 0 & 2 & 6 \\ \infty & 0 & 4 \\ 5 & 7 & 0 \end{bmatrix}$	$\begin{bmatrix} 0 & 2 & 6 \\ 9 & 0 & 4 \\ 5 & 7 & 0 \end{bmatrix}$

（续表）

步骤	初态	k=0	k=1	k=2
Path	$\begin{bmatrix}-1&-1&-1\\-1&-1&-1\\-1&-1&-1\end{bmatrix}$	$\begin{bmatrix}-1&-1&-1\\-1&-1&-1\\-1&0&-1\end{bmatrix}$	$\begin{bmatrix}-1&-1&1\\-1&-1&-1\\-1&0&-1\end{bmatrix}$	$\begin{bmatrix}-1&-1&1\\2&-1&-1\\-1&0&-1\end{bmatrix}$
S	{}	{v_0}	{v_0，v_1}	{v_0，v_1，v_2}

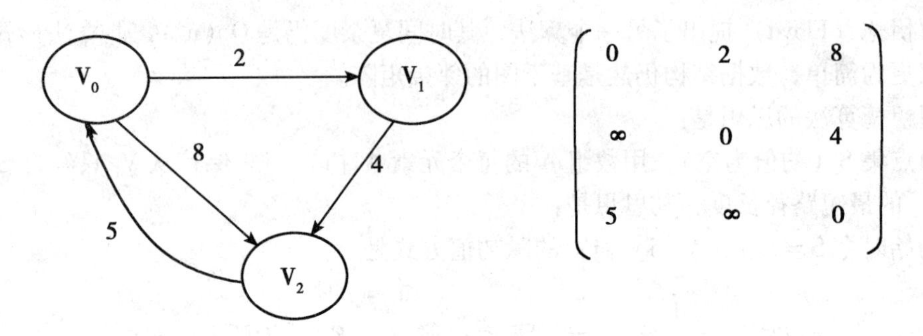

图 7-22　带权有向图及其邻接矩阵

根据上述过程中 Path [i] [j] 数组，得出：

V_0 到 V_1：最短路径是 {0，1}，路径长度是 2；

V_0 到 V_2：最短路径是 {0，1，2}，路径长度是 6；

V_1 到 V_0：最短路径是 {1，2，0}，路径长度是 9；

V_1 到 V_2：最短路径是 {1，2}，路径长度是 4；

V_2 到 V_0：最短路径是 {2，0}，路径长度是 5；

V_2 到 V_1：最短路径是 {2，0，1}，路径长度是 7。

弗罗伊德算法的描述如算法 7-13 所示。

算法 7-13：

```
void Floyd (int cost [] [MAXV], int n) {
    int A [MAXV] [MAXV], path [MAXV] [MAXV]; int i, j, k;
    for (i=0; i<n; i++)
        for (j=0; j<n; j++)   {
        A [i] [j] =cost [i] [j]; path [i] [j] = -1;
    }
    for (k=0; k<n; k++)
        for (i=0; i<n; i++)
            for (j=0; j<n; j++)
                if (A [i] [j] > (A [i] [k] +A [k] [j])) {
                    A [i] [j] =A [i] [k] +A [k] [j]; path [i] [j] =k;
                }
    Dispath (A, path, n);     // 输出最短路径
} // Floyd
```

7.7 总结与提高

7.7.1 主要知识点

①图的相关概念，包括图、有向图、无向图、完全图、子图、连通图、度、入度、出度、简单回路和环等定义。

②图的各种存储结构，包括邻接矩阵和邻接表等。

③图的基本运算，包括创建图、输出图、深度优先遍历、广度优先遍历算法等。

④图的其他运算，包括最小生成树、最短路径、拓扑排序等算法。

7.7.2 典型例题

1. 对有 5 个结点 {A，B，C，D，E} 的图的邻接矩阵，

$$\begin{bmatrix} 0 & 100 & 30 & \infty & 10 \\ \infty & 0 & \infty & \infty & \infty \\ \infty & 60 & 0 & 20 & \infty \\ \infty & 10 & \infty & 0 & \infty \\ \infty & \infty & \infty & 50 & 0 \end{bmatrix}$$

①画出逻辑图；

②画出图的邻接表存储；

③从顶点 A 出发，写出图基于邻接表的深度优先、广度优先遍历序列；

④写出图可能的拓扑序列；

⑤计算图的关键路径；

⑥画出按普里姆算法构造最小生成树的示意图。

解：

①逻辑图如图 7－23 的图（A）所示；

②图的邻接表存储如图 7－23 的图（B）所示；

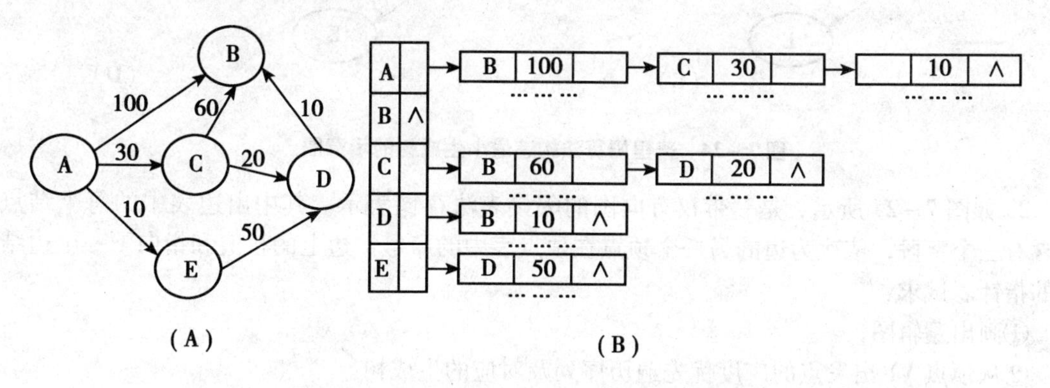

图 7－23 邻接矩阵对应的逻辑图及邻接表

③深度优先遍历序列：ABCDE；广度优先遍历序列：ABCED；

④可能的拓扑序列：ACEDB 或 AECDB；

⑤一是事件的最早发生时间与最迟发生时间为：

	A	C	E	D	B
ve	0	30	10	60	100
vl	0	40	40	90	100

二是活动的最早开始时间和最迟开始时间为：

	A－B	A－C	A－E	C－B	C－D	E－D	D－B
ee	0	0	0	30	30	10	60
el	0	10	30	40	70	20	90

根据以上计算，得出关键活动为 A－B，这些活动构成一条关键路径，即 A－B 。

⑥普里姆算法构造最小生成树的示意图如图 7－24（A）至（D）所示。

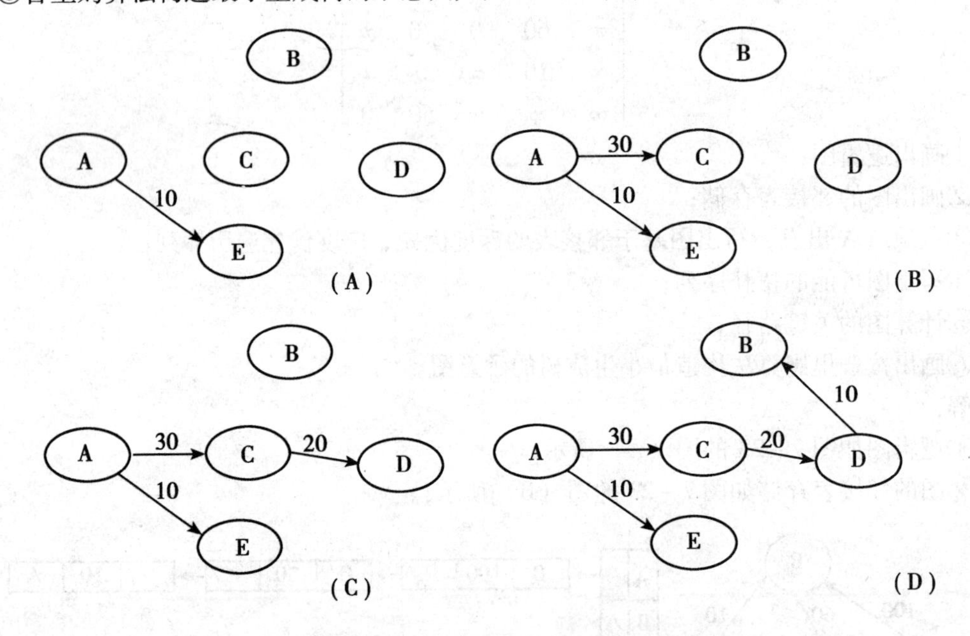

图 7－24　普里姆算法构造最小生成树的示意图

2. 如图 7－25 所示，是一带权有向图的邻接表法存储表示。其中出边表中的每个结点均含有三个字段，依次为边的另一个顶点在顶点表中的序号、边上的权值和指向下一个边结点的指针。试求：

①画出逻辑图；

②从顶点 V1 出发点的广度优先遍历序列及对应的生成树。

解：

①邻接表对应的逻辑图如图 7－26 图（A）所示；

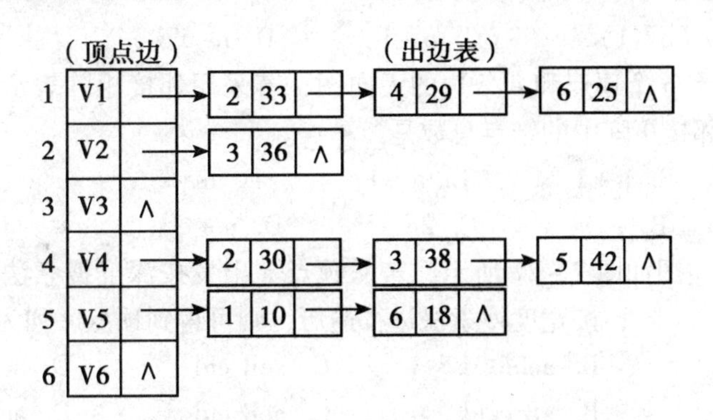

图 7－25　一个有向图的邻接表

②从顶点 V1 出发点的广度优先遍历序列：V1、V2、V4、V6、V3、V5，对应的生成树如图 7－26（B）所示。

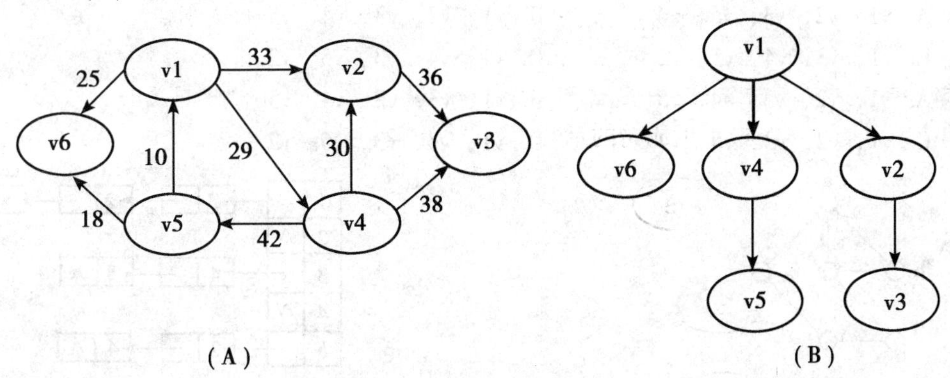

图 7－26　逻辑图及其广度优先生成树

练习题目

一、单选题

1. 在一个图中，所有顶点的度数之和等于所有边数的__________倍。

A. 1/2　　B. 1　　C. 2　　D. 4

2. 在一个有向图中，所有顶点的入度之和等于所有顶点的出度这和__________倍。

A. 1/2　　B. 1　　C. 2　　D. 4

3. 一个有 n 个顶点的无向图最多有__________条边。

A. n　　B. n（n－1）　　C. n（n－1）/2　　D. 2n

4. 具有 4 个顶点的无向完全图有__________条边。

A. 6　　B. 12　　C. 16　　D. 20

5. 具有 6 个顶点的无向图至少应有__________条边才能确保是一个连通图。

A. 5　　B. 6　　C. 7　　D. 8

6. 在一个具有 n 个顶点的无向图中，要连通全部顶点至少需要__________条边。

A. n　　B. n＋1　　C. n－1　　D. n/2

7. 对于一个具有 n 个顶点的无向图，若采用邻接矩阵表示，则该矩阵的大小是______。

A. n　　B. $(n-1)^2$　　C. n－1　　D. n^2

8. 对于一个具有 n 个顶点和 e 条边的无向图，若采用邻接矩阵表示，则表头向量的大小是______；所有邻接矩阵中的结点总数是______。

1　A. n　　B. n＋1　　C. n－1　　D. n＋e

2　A. e/2　　B. e　　C. 2e　　D. n＋e

9. 已知一个无向图如图 7－27 所示，若从顶点 a 出发按深度搜索法进行遍历，则可得到顶点序列为__________；按宽度搜索法进行遍历，则可得到顶点序列为____________。

1　A. aB ecdf　　B. acfeB d　　C. aeB cfd　　D. aedfcB

2　A. aB cedf　　B. aB cefd　　C. aeB cfd　　D. acfdeB

10. 已知一有向图的邻接表存储结构如图 7－28 所示

（1）根据有向图的深度优先遍历算法，从 v1 顶点出发，所得到的顶点序列是________。

（2）根据有向图的宽度优先遍历算法，从 v1 顶点出发，所得到的顶点序列是________。

1　A. v1，v2，v3，v5，v4　　B. v1，v2，v3，v4，v5

　C. v1，v3，v4，v5，v2　　D. v1，v4，v3，v5，v2

2　A. v1，v2，v3，v4，v5　　B. v1，v3，v2，v4，v5

　C. v1，v2，v3，v5，v4　　D. v1，v4，v3，v5，v2

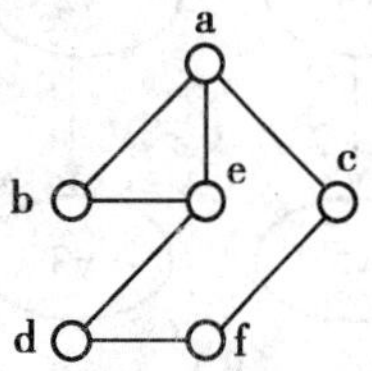

图 7－27　一个无向图

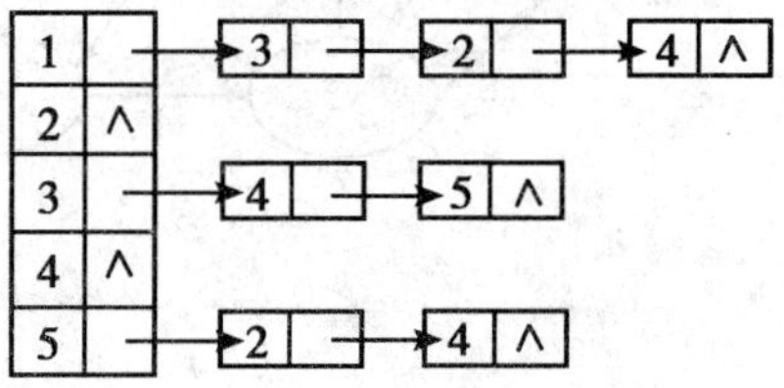

图 7－28　一个有向图的邻接表

11. 采用邻接表存储的图的深度优先遍历算法类似于二叉树的____________。

A. 先序遍历　　B. 中序遍历　　C. 后序遍历　　D. 按层遍历

12. 采用邻接表存储的图的宽度优先遍历算法类似于二叉树的______________。

A. 先序遍历　　B. 中序遍历　　C. 后序遍历　　D. 按层遍历

13. 判定一个有向图是否存在回路除了可以利用拓扑排序方法外，还可以利用______。

A. 求关键路径方法　　B. 求最短路径的 Dijkstra 方法

C. 宽度优先遍历算法　　D. 深度优先遍历算法

二、填空题

1. n 个顶点的连通图至少__________条边。

2. 在无权图 G 的邻接矩阵中，若（vi，vj）或 <vi，vj> 属于图 G 的边集，则对应元素 A［i］［j］等于__________，否则等于__________。

3. 在无权图 G 的邻接矩阵中，若 A［i］［j］等于 1，则等于 A［j］［i］＝__________。

4. 已知图 G 的邻接表如图 7－29 所示，其从 v1 顶点出发的深度优先搜索序列为__________，其从 v1 顶点出发的宽度优先搜索序列为__________。

5. 已知一图的邻接矩阵表示，计算第 i 个结点的入度的方法是__________。

6. 已知一图的邻接矩阵表示，删除所有从第 i 个结点出发的边的方法是__________。

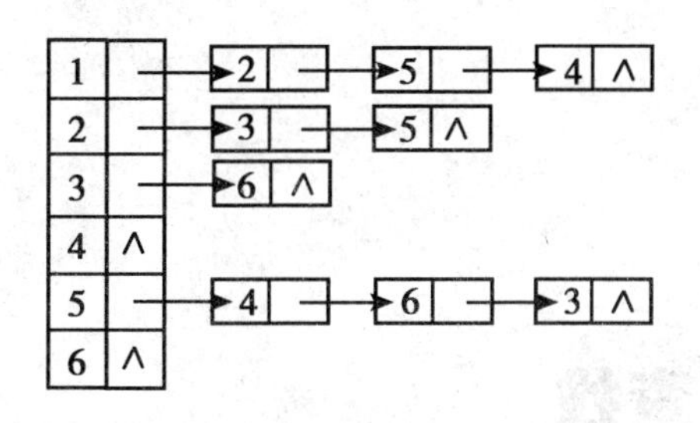

图 7-29　一个图的邻接表

三、简答题

1. 设有数据逻辑结构为：

B　=（K，R），　K =｛k1，k2，…，k9｝

R =｛< k1，k3 >，< k1，k8 >，< k2，k3 >，< k2，k4 >，< k2，k5 >，< k3，k9 >，< k5，k6 >，< k8，k9 >，< k9，k7 >，< k4，k7 >，< k4，k6 >｝

（1）画出这个逻辑结构的图示。

（2）相对于关系 r，指出所有的开始接点和终端结点。

（3）分别对关系 r 中的开始结点，举出一个拓扑序列的例子。

（4）分别画出该逻辑结构的正向邻接表和逆向邻接表。

2. 已知一个无向图如图 7-30 所示，要求分别用 Prim 和 Kruskal 算法生成最小树（假设以①为起点，试画出构造过程）。

3. 用最短路径算法，求如图 7-31 中从 a 到 z 的最短通路。

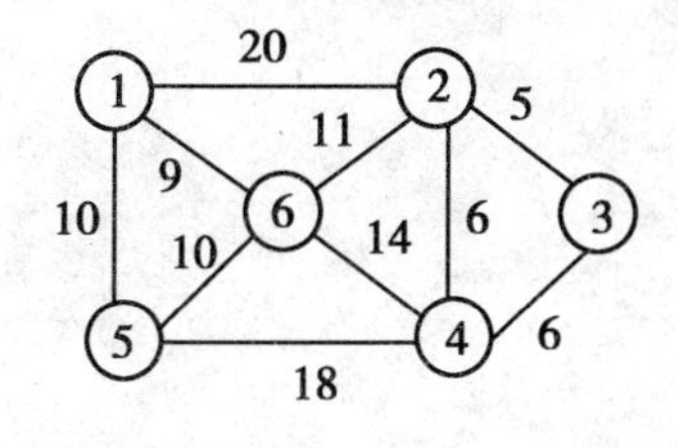

图 7-30

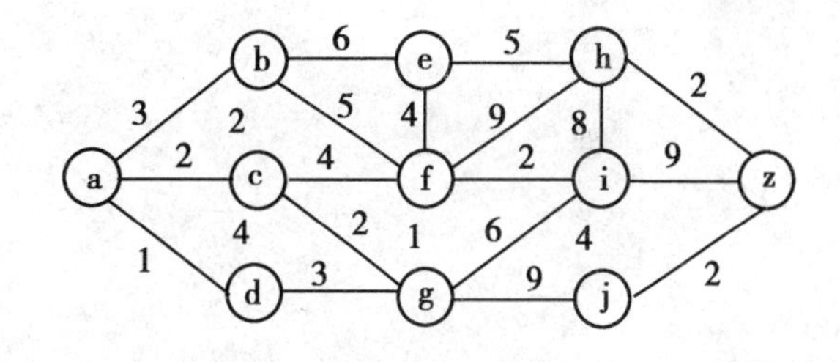

图 7-31

实验题目

1. 教学计划编制问题。假设任何专业都有固定的学习年限，每学年含两学期，每学期的时间长度和学分上限值均相等。每个专业开设的课程都是确定的，而且课程在开设时间的安排必须满足先修关系。每门课程有哪些先修课程是确定的，可以有任意多门，也可以没有。每门课恰好占一个学期。编制一个教学计划程序。

2. 利用克鲁斯卡尔算法实现求图 7-30 的最小生成树。

第八章

8 查找

教学目的

◎ 深入掌握静态查找表上的各种查找算法和性能分析
◎ 深入掌握动态查找表上的各种查找算法和性能分析
◎ 深入掌握构造散列表的过程、冲突处理方法和性能分析
◎ 灵活应用各种查找算法解决复杂的应用问题

数据的组织和查找是大多数应用程序的核心，而查找则是所有数据处理中最基本、最常用的操作。特别是当查找的对象是一个庞大数量的数据集合中的元素时，查找的方法和效率就显得格外重要。

本章主要讨论顺序表、有序表、树表和哈希表查找的各种实现方法，以及相应查找方法在等概率情况下的平均查找长度。

查找表（Search Table）：相同类型的数据元素（对象）组成的集合，每个元素通常由若干数据项构成。

关键字（Key，码）：数据元素中某个（或几个）数据项的值，它可以标识一个数据元素。若关键字能唯一标识一个数据元素，则关键字称为主关键字；将能标识若干个数据元素的关键字称为次关键字。

查找/检索（Searching）：根据给定的 K 值，在查找表中确定一个关键字等于给定值的记录或数据元素。若查找表中存在满足条件的记录，则查找成功，此时查找结果是给出整个记录的信息，或者是所查到的记录信息或记录在查找表中的位置；若查找表中不存在满足条件的记录，则查找失败，此时查找的结果可给出一个"空"记录或"空"指针。

查找有两种基本形式：静态查找和动态查找。

静态查找（Static Search）：在查找时只对数据元素进行查询或检索，此查找表称为静态查找表。

动态查找（Dynamic Search）：在实施查找的同时，插入查找表中不存在的记录，或从查找表中删除已存在的某个记录，此查找表称为动态查找表。

查找的对象是查找表，采用何种查找方法，首先取决于查找表的组织。查找表是记录的集合，而集合中的元素之间是一种完全松散的关系，因此，查找表是一种非常灵活的数据结构，可以用多种方式来存储。

根据存储结构的不同，查找方法可分为三大类：

①顺序表和链表的查找：将给定的 K 值与查找表中记录的关键字逐个进行比较，找到要查找的记录；

②散列表的查找：根据给定的 K 值直接访问查找表，从而找到要查找的记录；

③索引查找表的查找：首先根据索引确定待查找记录所在的块，然后再从块中找到要查找的记录。

查找过程中主要操作是关键字的比较，查找过程中关键字的平均比较次数（平均查找长度 ASL：Average Search Length）作为衡量一个查找算法效率高低的标准。ASL 定义为：

$$ASL = \sum_{i=1}^{n} p_i c_i$$

其中，n 是查找表中记录的个数。p_i 是查找第 i 个记录的概率，一般地，均认为每个记录的查找概率相等，即 $p_i = 1/n$（$1 \leq i \leq n$），c_i 是找到第 i 个记录所需进行的比较次数。

一般地，认为记录的关键字是一些可以进行比较运算的类型，如整型、字符型、实型等，本章以后各节中讨论所涉及的关键字、数据元素等的类型描述如下：

典型的关键字类型说明是：

```
typedef  float  KeyType;        // 实型
typedef  int    KeyType;        // 整型
typedef  char   KeyType;        // 字符串型
```

数据元素类型的定义是：

```
typedef   struct   RecType{
    KeyType   key;                // 关键字码
    ......                        // 其他域
}RecType;
```

对两个关键字的比较约定为如下带参数的宏定义：

```
//------对数值型关键字-----
#define   EQ(a,B     ((A==(B)
#define   LT(a,B     ((A<(B)
#define   LQ(a,B     ((A<=(B)
//------对字符串型关键字-----
#define   EQ(a,B     (!strcmp((A,(B))
#define   LT(a,B     (strcmp((A,(B) <0)
#define   LQ(a,B     (strcmp((A,(B) <=0)
```

8.1 静态查找法

静态查找表的抽象数据类型定义如下。

```
ADT Static_ SearchTaBle {
数据对象 D：D 是具有相同特性的数据元素的集合，
            各个数据元素有唯一标识的关键字。
数据关系 R：数据元素同属于一个集合。
基本操作 P：
    Create (&ST, n);
        操作结果：构造一个含 n 个数据元素的静态查找表 ST。
    Destroy (&ST);
        初始条件：静态查找表 ST 存在；
        操作结果：销毁表 ST。
    Search (ST, key);
        初始条件：静态查找表 ST 存在，key 为和查找表中元素的关键字类型相同
    的给定值；
        操作结果：若 ST 中存在其关键字等于 key 的数据元素，则函数值为该元素
    的值或在表中的位置，否则为"空"。
    Traverse (ST, Visit ());
        初始条件：静态查找表 ST 存在，Visit 是对元素操作的应用函数；
        操作结果：按某种次序对 ST 的每个元素调用函数 Visit () 一次且仅一次，
    一旦 Visit () 失败，则操作失败。
    } ADT Static_ SearchTaB le
```

线性表是查找表最简单的一种组织方式，本节介绍几种主要的关于顺序存储结构的查找方法。

8.1.1　顺序查找

顺序查找是一种最简单的查找方法。

1. 查找思想

顺序查找（Sequential Search）的基本思路是：从表的一端开始逐个将记录的关键字和给定 K 值进行比较，若某个记录的关键字和给定 K 值相等，查找成功；否则，若扫描完整个表，仍然没有找到相应的记录，则查找失败。

```
//－－－－－－顺序表的类型定义－－－－－－－－－－－－－
#define MAX_ SIZE   100
typedef   struct   SSTaB le {
     RecType   elem [MAX_ SIZE];          // 顺序表
     int   length;                         // 实际元素个数
} SSTaB le;
```

顺序查找的过程是：从表中最后一个记录开始，逐个进行记录的关键字和给定值的比较，若某个记录的关键字和给定值比较相等，则查找成功；反之，若直至第一个记录，其关键字和给定值都不相等，则表明表中没有所查找的记录，查找失败。

例如，在关键字序列为｛3，9，1，5，8，10，6，7，2，4｝的线性表查找关键字为 6 的数据元素。顺序查找过程如下：

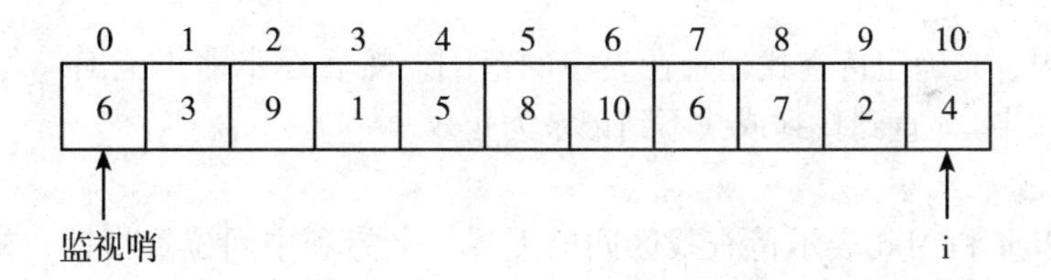

指针 i 从第 10 个位置开始向前逐个扫描比较，比较到第 4 次的时候查找成功。由此推广到有 n 个元素的情况是：查找第 n 个元素，比较 1 次；查找第 n－1 个元素，比较 2 次；……依次类推，查找第 i 个元素，比较 n＋1－i 次；查找第 1 个元素，比较 n 次；查找失败，比较 n＋1 次。

2. 算法实现

上述查找过程的算法描述如算法 8－1 所示。

算法 8－1：

```
int   Seq_ Search( SSTaB le   ST, KeyType key) {
     int p;
     ST. elem[0]. key = key;        // 设置监视哨兵，失败返回 0
     for( p = ST. length; ! EQ( ST. elem[ p]. key, key) ; p - - ) ;
     return( p) ;
} // Seq_ Search
```

3. 算法分析

不失一般性，设查找每个记录成功的概率相等，即 $P_i = 1/n$；查找第 i 个元素成功的比较次数 $C_i = n - i + 1$；

查找成功时的平均查找长度 ASL：$ASL_{sq} = \sum_{i=1}^{n} p_i c_i = \frac{1}{n}\sum_{i=1}^{n} i = \frac{1}{n} \times \frac{n(n+1)}{2} = \frac{n+1}{2}$

查找不成功时的比较次数为 n+1。若查找成功与查找不成功的概率相等，对每个记录的查找概率为 $P_i = 1/(2n)$，则平均查找长度 ASL：

$$ASL_{sq} = \sum_{i=1}^{n} p_i c_i = \frac{1}{2n}\sum_{i=1}^{n}(n - i + 1) + \frac{n+1}{2} = \frac{3(n+1)}{4}$$

在不等概率查找的情况下，ASL_{sq} 在 $P_n \geqslant P_{n-1} \geqslant \cdots\cdots \geqslant P_2 \geqslant P_1$ 时，取极小值。若查找概率无法事先测定，则查找过程采取的改进办法是，在每次查找之后，将刚刚查找到的记录直接移至表尾的位置上。

在本章的以后各章节中，仅讨论查找成功时的平均查找长度和查找不成功时的比较次数，但哈希表例外。

8.1.2 折半查找

上述顺序查找表的查找算法简单，但平均查找长度较大，特别不适用于表长较大的查找表。若以有序表表示静态查找表，则查找过程可以基于“折半”进行。

折半查找（Binary Search）又称为二分查找，是一种效率较高的查找方法。

进行折半查找的前提条件是：查找表中的所有记录是按关键字有序（升序或降序）。

查找过程中，先确定待查找记录在表中的范围，然后逐步缩小范围（每次将待查记录所在区间缩小一半），直到找到或找不到记录为止。

1. 查找思想

用 Low、High 和 Mid 表示待查找区间的下界、上界和中间位置指针，初值为 Low = 1，High = n。

（1）取中间位置 Mid：Mid = ⌊（Low + High）/2 ⌉。

（2）比较中间位置记录的关键字与给定的 K 值。

①相等：查找成功；

②小于：待查记录在区间的后半段，修改下界指针：Low = Mid + 1，转（1）；

③大于：待查记录在区间的前半段，修改上界指针：High = Mid - 1，转（1）。

直到越界（即 Low > High），查找失败。

例如，在关键字序列为 {3，15，18，25，37，54，70，78，85，90，92} 的有序表中，查找关键字为 25 和 88 的元素。

假设指针 low 和 high 分别指示待查元素所在区间的下界和上界，指针 mid 指示区间的中间位置，即 Mid = ⌊（Low + High）/2 ⌉。在此例中，low 和 high 的初值分别为 1 和 11，即初始待查区间为：[1，11]。

（1）给定关键之 key = 25 的查找过程如下。

① 首先令查找范围中间位置的关键字 ST. elem [mid]. key 与给定值 key 相比较；

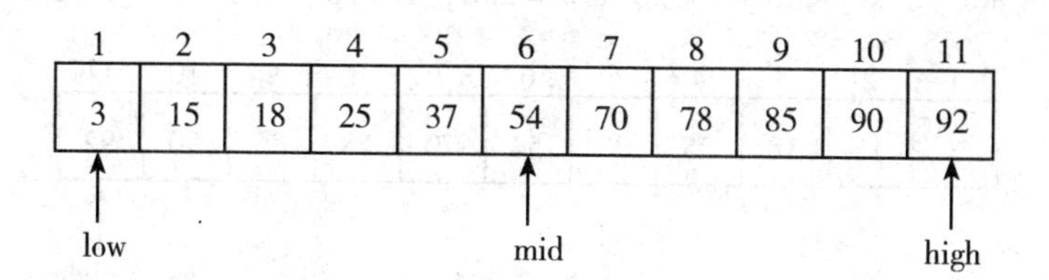

因为54 > 25，即 ST. elem［mid］. key > key，说明待查元素若存在，必在区间［low，mid - 1］的范围内。那么，令指针 high 指向第 mid - 1 个元素，重新求得 mid = $\lfloor (1+5)/2 \rfloor = 3$；

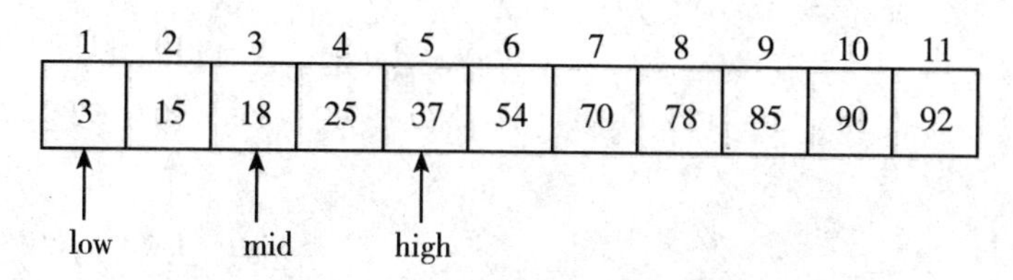

② 仍然以 ST. elem［mid］. key 和 key 相比较，因为 ST. elem［mid］. key < key，说明待查元素若存在，必在区间［mid + 1，high］的范围内。那么，令指针 low 指向第 mid + 1 个元素，重新求得 mid = $\lfloor (4+5)/2 \rfloor = 4$；

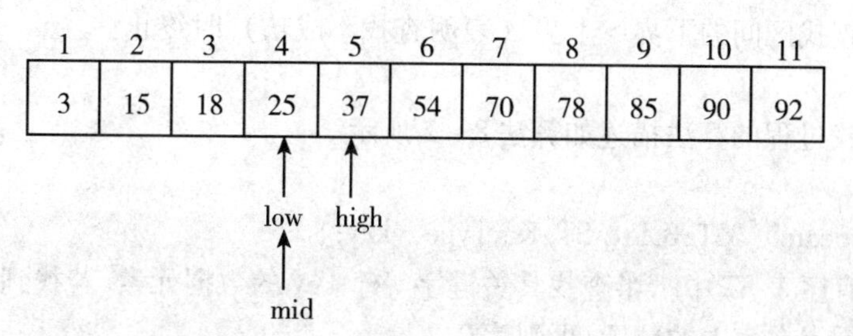

③ 继续比较 ST. elem［mid］. key 和 key，因为相等，说明查找成功，所查找的元素在表中的序号等于指针 mid 的值。

（2）给定关键之 key = 88 的查找过程如下。

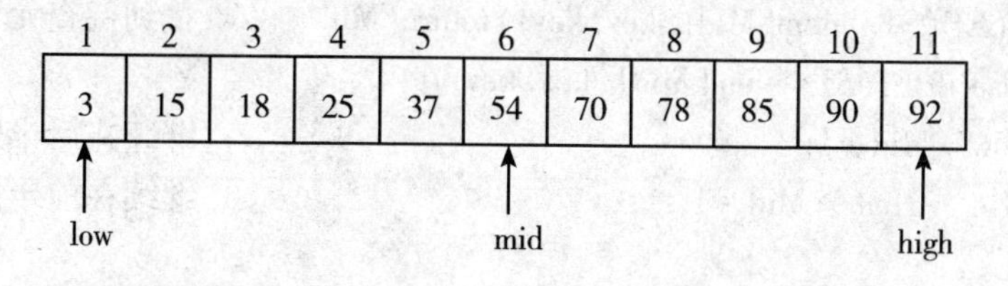

① ST. elem［mid］. key < key，则令 low = mid + 1 = 7，mid = $\lfloor (7+11)/2 \rfloor = 9$；

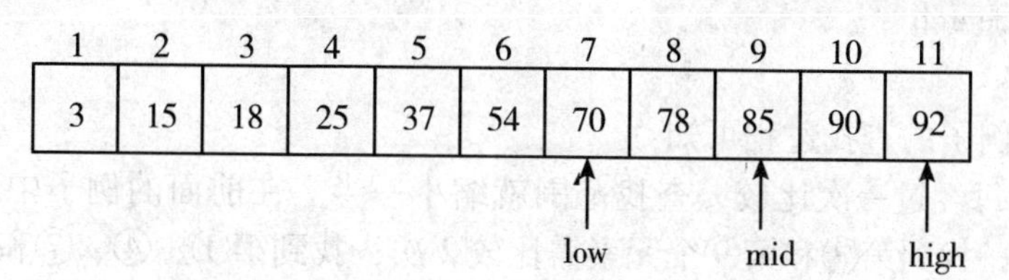

② ST. elem［mid］. key < key，则令 low = mid + 1 = 10，mid =⌊（10 + 11）/2 ⌉= 10；

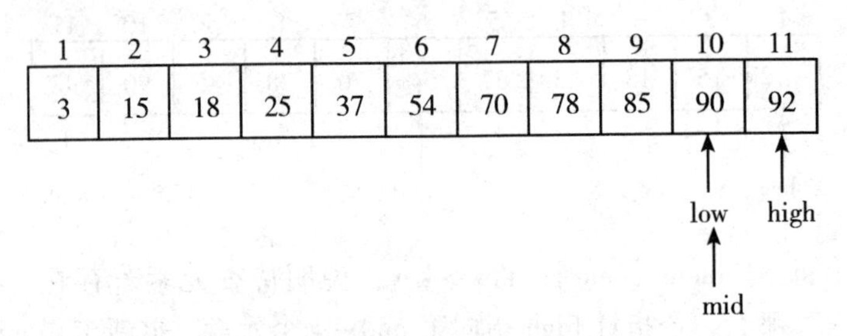

③ ST. elem［mid］. key > key，则令 high = mid - 1 = 10，mid =⌊（10 + 9）/2 ⌉= 9。

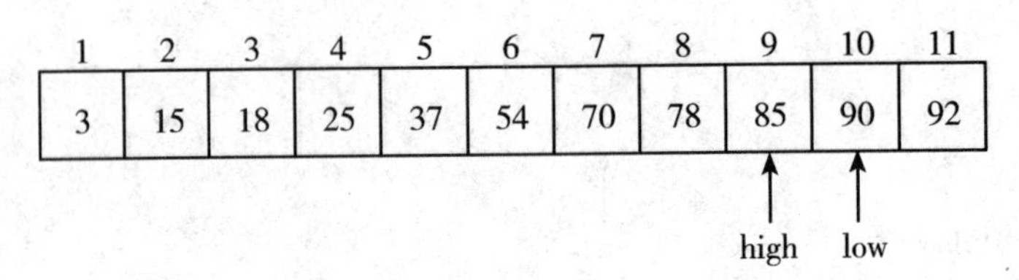

此时 low > high，即下界 > 上界，说明表中没有关键字等于 key 的元素，查找不成功。

从上述例子可见，折半查找过程是以处于区间中间位置的记录的关键字和给定值进行比较，若相等，则查找成功，若不等，则缩小范围，直至新区间中间位置记录的关键字等于给定的关键字或者查找区间的下界 > 上界（表明查找不成功）时终止。

2. 算法实现

上述折半查找过程的算法描述如算法 8 - 2 所示。

算法 8 - 2：

```
int  B in_ Search( SSTaB le   ST, KeyType   key) {
    // 在有序表 ST 中折半查找其关键字等于 key 的数据元素. 若找到, 则函数值为
    // 该元素在表中的位置, 否则为 0.
    int   Low = 1, High = ST. length, Mid;                 // 置区间初值
    while( Low < High) {
        Mid = ( Low + High) /2;
        if( EQ( ST.  elem[ Mid] . key, key) ) return( Mid) ;  // 找到待查元素
        else if( LT( ST.  elem[ Mid] . key, key) )
        Low = Mid + 1;                                     // 继续在后半区间进行查找
        else    High = Mid - 1;                            // 继续在前半区间进行查找
    }
    return(0) ;                                            // 查找失败
}// B in_ Search
```

3. 算法分析

从上述具体例子的查找过程可知：

（1）查找时每经过一次比较，查找范围就缩小一半。在前面的例子中，找到第⑥个元素仅需比较 1 次；找到第③和第⑨个元素需比较 2 次；找到第①、④、⑦和⑩个元素需比较 3 次；找到第②、⑤、⑧和⑪个元素需比较 4 次。该过程可用一棵二叉树表示，如图 8 - 1

所示。

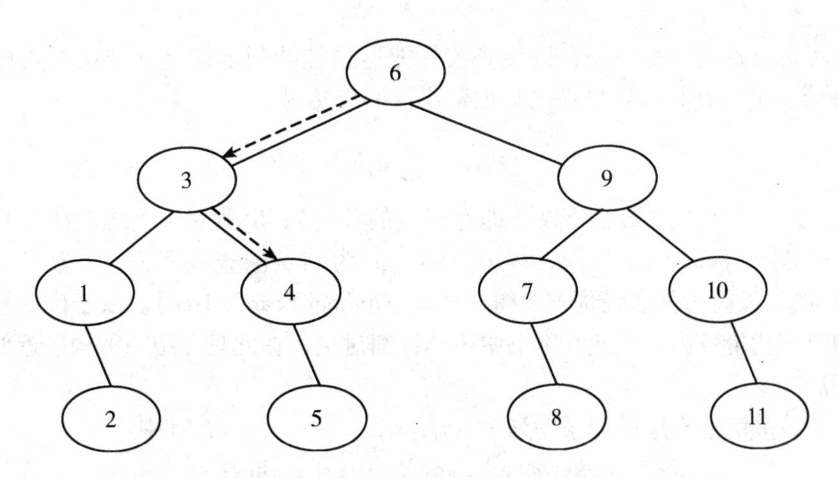

图 8-1　描述折半查找过程的判定树及查找 25 的过程

①根结点就是第一次进行比较的中间位置的记录；

②排在中间位置前面的作为左子树的结点；排在中间位置后面的作为右子树的结点；对各子树来说都是相同的。这样所得到的二叉树称为判定树（Decision Tree）。

（2）将二叉判定树的第$\lfloor \log_2 n \rceil+1$层上的结点补齐就成为一棵满二叉树，深度不变，$h=\lfloor \log_2 n \rceil+1$。

（3）一般情况下，表长为 n 的折半查找的判定树的深度和含有 n 个结点的满二叉树的深度相同。由满二叉树性质知，第 i 层上的结点数为 2^{i-1}（$i \leqslant h$），假设 $n=2^h-1$ 并且查找概率相等，即 $P_i=1/n$，查找成功时的平均查找长度。

$$ASL = \sum_{i=1}^{n} p_i c_i = \frac{1}{n}\sum_{i=1}^{n} c_i = \frac{1}{n}\sum_{j=1}^{h} j \cdot 2^{j-1} = \frac{n+1}{n}\log_2(n+1) - 1$$

当 n 很大（$n>50$）时，$ASL \approx \log_2(n+1)-1$。

8.1.3　静态树表的查找

上一小节对有序表查找性能的讨论是在“等概率”的前提下进行的，即当有序表中各记录的查找概率相等时，按照图 8-1 所示判定树描述的查找过程来进行折半查找，其性能最优。如果有序表中各记录的查找概率不等，情况又如何呢？

1. 查找思想

例如，假设有序表中有 5 个记录，并且已知各记录的查找概率不等，用 P_i（$1 \leqslant i \leqslant 5$）表示，其值分别为：0.2、0.3、0.05、0.3、0.15，结合上一小节中折半查找的相关知识，C_i（$1 \leqslant i \leqslant 5$）的值分别为：2、3、1、2、3，此时

$$ASL=2\times 0.2+3\times 0.3+1\times 0.05+2\times 0.3+3\times 0.15=2.4$$

但是，如果在查找时令给定值先和第 2 个记录的关键字进行比较，不相等时再继续在左子序列或右子序列中进行折半查找，即 C_i 的值分别为：2、1、3、2、3，则此时

$$ASL=2\times 0.2+1\times 0.3+3\times 0.05+2\times 0.3+3\times 0.15=1.9$$

这就说明，但有序表中各记录的查找概率不等时，按图 8-1 所示的判定树进行折半查找，其性能未必是最优的。那么，描述查找过程的判定树为何类二叉树时，其查找性能

最佳?

如果只考虑查找成功的情况，则使查找性能达最佳的判定树是其带权内路径长度之和PH值（PH值和平均查找长度呈正比）取最小值的二叉树。

$$PH \approx \sum_{i=1}^{n} w_i h_i$$

其中，n为二叉树上的结点个数（即有序表的长度）；h_i为第i个结点在二叉树上的层次数；结点的权$w_i = cp_i$（i = 1，2，……，n），p_i为结点的查找概率，c为某个常量。称PH值取最小的二叉树为静态最优查找树（Static Optimal Search Tree）。由于构造静态最优查找树花费的时间代价较高，因此在本书中不作详细讨论，在此只介绍一种构造近似最优查找树的有效算法。

已知一个按关键字有序的记录序列为（r_l，r_{l+1}，……，r_h），其中：

$$r_l.key < r_{l+1}.key < \cdots\cdots < r_h.key$$

与每个记录相应的权值为　　w_l，w_{l+1}，……，w_h

现构造一棵二叉树，是这颗二叉树的带权内路径长度PH值在所有具有同样权值的二叉树中近似为最小，称这类二叉树为次优查找树（Nearly Optimal Search Tree）。

构造次优查找树的方法是：

首先在按关键字有序的记录序列中取第i（l≤i≤h）个记录构造根结点r_i，为计算方便，令$w_i = ap_i$，使得

$$\Delta P_i = \left| \sum_{j=i+1}^{h} w_j - \sum_{j=1}^{i-1} w_j \right|$$

达最小，然后分别对子序列{r_l，r_{l+1}，……，r_{i-1}}和{r_{i+1}，……，r_h}构造两棵次优查找树，并分别设为根结点r_i的左子树和右子树。

为便于计算，引入累计权值和　　$sw_i = \sum_{j=1}^{i} w_j$

并设$w_{l-1} = 0$和$sw_{l-1} = 0$，则推导可得

$$\Delta P_i = \left| (sw_h + sw_{l-1}) - sw_i - sw_{i-1} \right|$$

例如，已知含9个关键字的有序表{A，B，C，D，E，F，G，H，I}，其相应的权值分别为{1，1，2，5，3，4，4，3，5}，构造次优查找树的过程中累计权值SW和△P的值得如图8-2（A）所示，构造所得次优查找树如图8-2（B）所示。

j	1	2	3	4	5	6	7	8	9
keyj	A	B	C	D	E	F	G	H	I
Wj	1	1	2	5	3	4	4	3	5
SWj	1	2	4	9	12	16	20	23	28
△Pj	27	25	22	15	7	0	8	15	23
根						F			
△Pj	11	9	6	1	9		8	1	7
根				D				H	
△Pj	3	1	2		0		0		0
根		B			E		G		I
△Pj	0		0						
根	A		C						

（A）

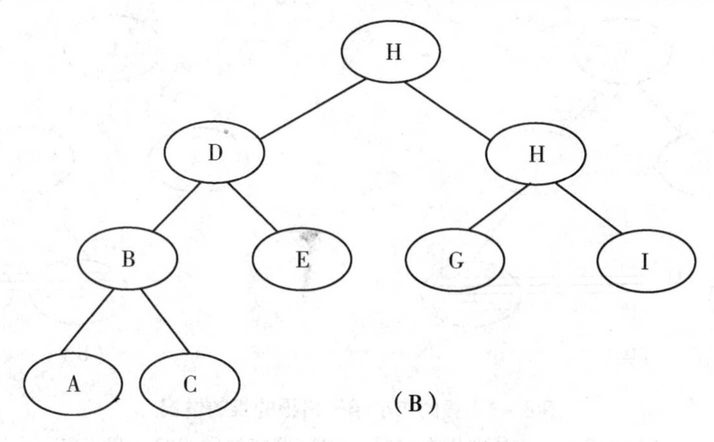

图 8-2 构造次优查找树示例

(A) 累计权值和△P 值, (B) 次优查找树

2. 算法实现

综上所述，构造次优查找树的递归算法如算法 8-3 所示。

算法 8-3：

```
Status SecondOptimal( B iTree &T, ElemType R[ ], float sw[ ], int low, int high) {
    // 由有序表 R[ low. . high] 及其累计权值表 sw 递归构造次优查找树 T.
    i = low; min = aB s( sw[ high] - sw[ low]); dw = sw[ high] + sw[ low - 1];
    for( j = low + 1; j < = high; + + j)                    // 选择最小的 ΔPi 值
        if( aB s( dw - sw[ j] - sw[ j - 1]) < min) {
            i = j; min = aB s( dw - sw[ j] - sw[ j - 1]);
        }
    if( ! ( T = ( B iTree) malloc( sizeof( B iTNode) ) ) )
        return ERROR;
    T - > data = R[ i];                                     // 生成结点
    if( i = = low)   T - > lchild = NULL;                   // 左子树空
    else   SecondOptimal( T - > lchild, R, sw, low, i - 1); // 构造左子树
    if( i = = high)   T - > rchild = NULL;                  // 右子树空
    else   SecondOptimal( T - > rchild, R, sw, i + 1, high); // 构造右子树
    return OK;
} // SecondOptimal
```

由于在构造次优查找树的过程中，没有考察单个关键字的相应权值，则有可能出现被选为根关键字的权值比它相邻的关键字的权值小，此时要做适当的调整，选取临近的权值较大的关键字做次优查找树的根结点。

例如，已知含 5 个关键字的有序表为 {A，B，C，D，E}，其相应的权值为 {1，30，2，29，3}，则按算法 8-3 构造所得次优查找树如图 8-3 (A) 所示，调整后的次优查找树如图 8-3 (B) 所示。图 (A) 的 PH 值为 132，图 (B) 的 PH 值为 105。

3. 算法分析

从次优查找树的结构特点可见，其查找过程类似于折半查找。若次优查找树为空，则查

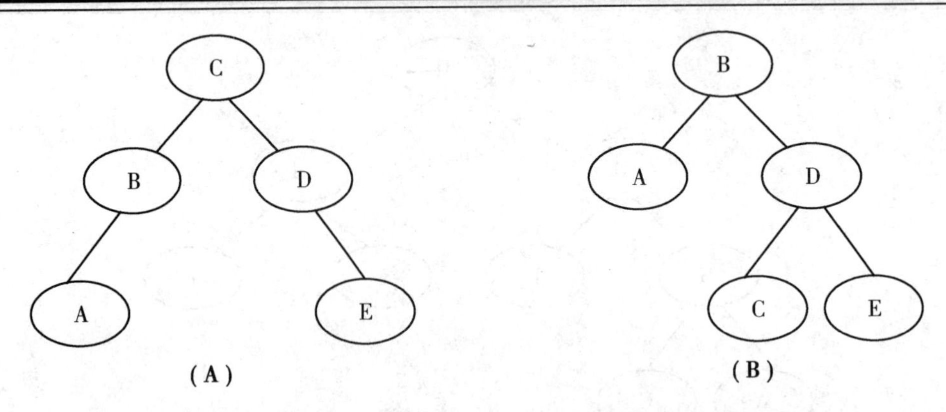

图 8-3　根的权小于子树根的权的情况

(A) 调整之前的次优查找树，(B) 调整之后的次优查找树

找不成功，否则，首先将给定值 key 和其根结点的关键字相比，若相等，则查找成功，该根结点的记录即为所求；否则，将根据给定值 key 小于或大于根结点的关键字而分别在左子树或右子树中继续查找，直到查找成功或不成功为止。其查找过程恰是走了一条从根到待查记录所在结点的一条路径，进行过比较的关键字个数不超过树的深度，因此，次优查找树的平均查找长度和 log n 成正比。

可见，在记录的查找概率不等的情况下，可用次优查找树表示静态查找树，故又称静态树表，按有序表构造次优查找树的算法如算法 8-4 所示。

算法 8-4：

```
typedef B iTree SOSTree;                          // 次优查找树采用二叉链表的存储结构
  Status CreateSOSTre( SOSTree &T, SSTaB le ST) {
      // 由有序表 ST 构造一棵次优查找树 T . ST 的数据元素含有权域 weight
      if( ST. length  = 0)    T  = NULL;
      else {
          FindSW( sw, ST) ;                       // 按照有序表 ST 中各数据元素的
                                                  // weight 值求累计权值表 sw
          SecondOpiamal( T, ST. elem, sw, 1, ST. length) ;
  }
  return OK;
  } // CreatSOSTree
```

8.1.4　分块查找

分块查找（Blocking Search）又称索引顺序查找，是顺序查找的一种改进方法。

1. 查找表的组织

（1）将查找表分成几块。块间有序，即第 i+1 块的所有记录关键字均大于（或小于）第 i 块记录关键字；块内无序。

（2）在查找表的基础上附加一个索引表，索引表是按关键字有序的，索引表中记录的构成是：

最大关键字
起始指针

例如，设有一个线性表，其中包含 18 个记录，其关键字序列为｛22，12，13，8，9，20，33，42，44，38，24，48，60，58，74，49，86，53｝。假设将 18 个记录分为 3 块，每块中有 6 个记录，该线性表的索引存储结构如下图 8－4 所示。

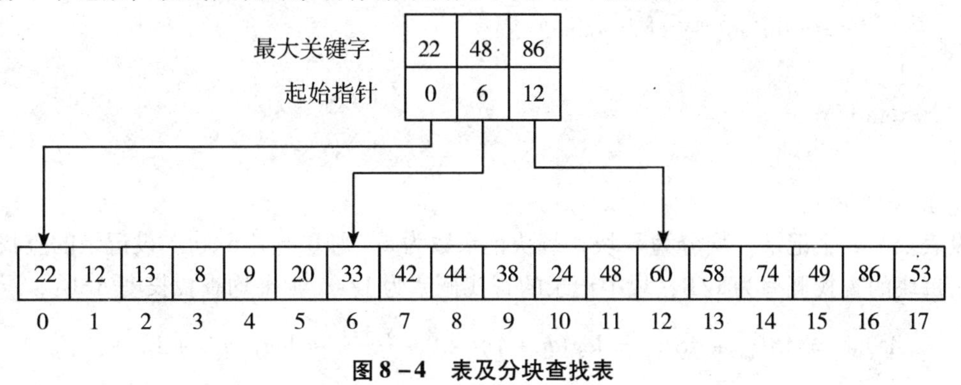

图 8－4　表及分块查找表

2. 查找思想

分块查找的过程需分两步进行。先确定待查记录所在块（子表），再在块内查找（顺序查找）。例如，在图 8－4 所示的查找表中，假设给定值为 key＝18，则先将 k 依次和分块查找表中各最大关键字进行比较，因为 14≤key≤34，则关键字为 18 的记录若存在，必定在第二个子表中，由于同一索引项中的指针指示第二个子表中的第一个记录是表中第 6 个记录，则自第 6 个记录起进行顺序查找，直到 ST. elem［8］. key＝key 为止。假如此表中没有关键字等于 key 的记录，例如，key＝20，从第 6 个记录起至第 10 个记录的关键字和 key 比较都不等，则查找失败。

由于索引项组成的索引表是按关键字有序排列的，则确定块的查找可以用顺序查找，亦可用折半查找，而块中记录是任意排列的，则在块中只能是顺序查找。

3. 算法实现

综上所述，分块查找的算法即为这两种查找算法的简单合成，其算法描述如算法 8－5 所示。

算法 8－5：

```
typedef struct IndexType{
    keyType   maxkey;                    // 块中最大的关键字
    int startpos;                            // 块的起始位置指针
}Index;
int B lock_ search( RecType ST[ ], Index ind[ ], KeyType key, int n, int B) {
    // 在分块索引表中查找关键字为 key 的记录, 表长为 n, 块数为 B
    int i =0, j, k;
    while( ( i < B) &&LT( ind[ i]. maxkey, key) )    i + +   ;
    if( i > B) {   printf( " \ nNot found") ;     return(0) ;    }
```

```
    j = ind[ i] . startpos;
        while( ( j < n) &&LQ( ST[ j] . key, ind[ i] . maxkey) ) {        // 在块内查找
            if( EQ( ST[ j] . key, key) )    B reak;
            j + +;
        }
        if( j > n |  | ! EQ( ST[ j] . key, key) ) {
            j =0;  printf( " \ nNot found") ;
        }
        return( j) ;
}
```

4. 算法分析

设表长为 n 个记录，均分为 B 块，每块记录数为 s，则 B = ⌈n/s⌉。设记录的查找概率相等，每块的查找概率为 1/B，块中记录的查找概率为 1/s，则平均查找长度 ASL：

$$ASL_{blk} = ASL_{bn} + ASL_{sq} = \log(h+1) - 1 + \frac{s+1}{2} \approx \log_2(n/s+1) + \frac{s}{2}$$

若以顺序查找确定块，则分块查找成功时的平均查找长度为：

$$ASL'_{blk} = ASL_{bn} + ASL_{sq} = \frac{b+1}{2} + \frac{s+1}{2} = \frac{s^2+2s+n}{2s}$$

8.2 动态查找法

当查找表以线性表的形式组织时，若对查找表进行插入、删除或排序操作，就必须移动大量的记录，当记录数很多时，这种移动的代价很大。

利用树的形式组织查找表，可以对查找表进行动态高效的查找。

动态查找表的特性是，表结构本身是在查找过程中动态生成的，即对于给定值 key，若表中存在其关键字等于 key 的记录，则查找成功返回，否则插入关键字等于 key 的记录。

动态查找表的抽象数据类型定义如下。

```
ADT DynamicSearchTable {
  数据对象 D：D 是具有相同特性的数据元素的集合。各个数据元素均含有类型相
              同，可唯一标示数据元素的关键字。
  数据关系 R：数据元素同属一个集合。
  基本操作 P：
      InitDSTable （&DT）；
        操作结果：构造一个空的动态查找表 DT。
      DestroyDSTable （&DT）；
        初始条件：动态查找表 DT 存在。
        操作结果：销毁动态查找表 DT。
      SearchDSTable （DT，key）；
```

初始条件：动态查找表 DT 存在，key 为和关键字类型相同的给定值。
　　操作结果：若 DT 中存在其关键字等于 key 的数据元素，则函数值为该元素的或在表中的位置，否则为“空”。

InsertDSTable（&DT，e）;
　　初始条件：动态查找表 DT 存在，e 为待插入的数据元素。
　　操作结果：若 DT 中不存在其关键字等于 e. key 的数据元素，则插入 e 到 DT。

DeleteDSTable（&DT，key）;
　　初始条件：动态查找表 DT 存在，k 为和关键字类型相同的给定值。
　　操作结果：若 DT 中存在其关键字等于 key 的数据元素，则删除之。

TraverseDSTable（DT，Visit（））;
　　初始条件：动态查找表 DT 存在，Visit 是对结点操作的应用函数。
　　操作结果：按某种次序对 DT 的每个结点调用函数 Visit（）一次且至多一次。一旦 Visit（）失败，则操作失败。

} ADT DynamicSearchTable

动态查找亦可以用不同的方法，在本节中将讨论各种树结构表示时的实现方法。

8.2.1　二叉排序树

二叉排序树（Binary Sort Tree 或 Binary Search Tree）或者是空树，或者是满足下列性质的二叉树。

（1）若左子树不为空，则左子树上所有结点的值（关键字）都小于根结点的值；

（2）若右子树不为空，则右子树上所有结点的值（关键字）都大于根结点的值；

（3）左、右子树都分别是二叉排序树。

由二叉树的这些性质可知，若按中序遍历一棵二叉排序树，所得到的结点序列是一个递增序列。如图 8 -5 所示，是一棵二叉排序树。

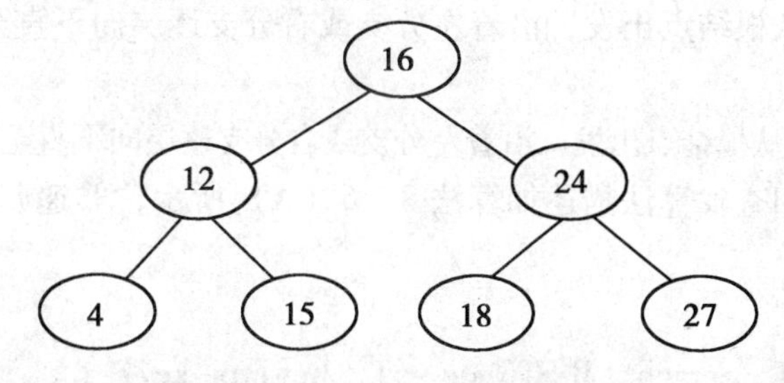

图 8 -5　二叉排序树示例

二叉排序树仍然可以用二叉链表来存储。其结点类型定义如下：

```
typedef  struct  Node {
    KeyType  key;     // 关键字域
    其他数据域;
    struct  Node  * Lchild,  * Rchild;
} B STNode;
```

1. 二叉排序树的查找

二叉排序树的查找思想是：若二叉排序树为空，则查找失败；否则，先将给定的 k 值与二叉排序树的根结点的关键字进行比较，若相等，则查找成功；否则按如下步骤处理：

①给定的 k 值小于 B ST 的根结点的关键字，则继续在该结点的左子树上进行查找；

②给定的 k 值大于 B ST 的根结点的关键字，继续在该结点的右子树上进行查找。

先拿根结点值与待查值进行比较，若相等，则查找成功，若根结点值大于待查值，则进入左子树重复此步骤，否则，进入右子树重复此步骤，若在查找过程中遇到二叉排序树的叶子结点时，还没有找到待找结点，则查找不成功。

例如，图 8 -6 所示是对二叉排序树的查找示例，其中图（A）是查找关键字等于 35 的示例，图（B）是查找关键字等于 95 的示例。

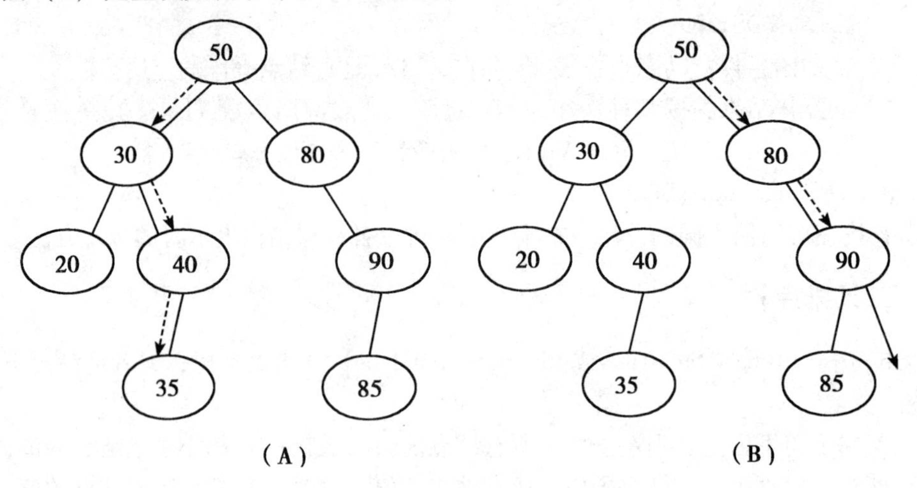

图 8 -6　二叉排序树查找示例

（A）查找关键字等于 35 的记录，（B）查找关键字等于 95 的记录

从上述查找过程可见，在查找过程中，生成了一条查找路径：

①查找成功时，从根结点出发，沿着左分支或右分支逐层向下直至关键字等于给定值的结点；

②查找不成功时，从根结点出发，沿着左分支或右分支逐层向下直至指针指向空树为止。

二叉排序树的递归查找算法描述如算法 8 -6（A）所示，非递归查找算法如算法 8 -6（B）所示。

算法 8 -6（A）：

```
B STNode *B ST_ Serach (B STNode *T, KeyType key) {
    if (T = =NULL)    return (NULL);
    else {
        if   (EQ (T- >key, key))    return (T);
        else if ( LT (key, T- >key))
            return (B ST_ Serach (T- >Lchild, key));
        else  return (B ST_ Serach (T- >Rchild, key));
    }
}
```

算法 8 -6（B）：

```
B STNode *B ST_ Serach (B STNode *T, KeyType key) {
    B STNode p = T;
    while (p! =NULL&& ! EQ (p- >key, key)) {
        if ( LT (key, p- >key))   p =p- >Lchild;
        else p =p- >Rchild;
    }
    if  (EQ (p- >key, key))   return (p);
    else return (NULL);
}
```

2. 二叉排序树的插入

在 B ST 树中插入一个新结点，要保证插入后仍满足 B ST 的性质。

二叉排序树的插入思想是：在 B ST 树中插入一个新结点 x 时，若 B ST 树为空，则令新结点 x 为插入后 B ST 树的根结点；否则，将结点 x 的关键字与根结点 T 的关键字进行比较：

（1）若相等，则不需要插入；

（2）若 x. key < T - >key，则结点 x 插入到 T 的左子树中；

（3）若 x. key > T - >key，则结点 x 插入到 T 的右子树中。

由上述插入思想可得，二叉排序树的递归插入算法描述如算法 8 -7（A）所示，非递归插入算法如算法 8 -7（B）所示。

算法 8 -7（A）：

```
void  Insert_ B ST (B STNode *T, KeyType  key) {
B STNode *x;
x = (B STNode *) malloc (sizeof (B STNode));
x- >key =key; x- >Lchild =x- >Rchild =NULL;
if (T= =NULL)   T =x;
else {
    if (EQ (T- >key, x- >key)) return  ; // 已有结点
    else if (LT (x- >key, T- >key))
        Insert_ B ST (T- >Lchild, key);
    else  Insert_ B ST (T- >Rchild, key);
    }
}
```

算法 8 -7（B）：

```
void Insert_ B ST (B STNode *T, KeyType key) {
    B STNode *x, *p, *q;
    x = (B STNode *) malloc (sizeof (B STNode));
    x- >key =key; x- >Lchild =x- >Rchild =NULL;
    if (T= =NULL)   T =x;
        else  {
```

```
        p = T;
        while (p! = NULL) {
            if  (EQ (p - >key, x - >key))    return  ;
                q = p;      // q 作为 p 的父结点
            if (LT (x - >key, p - >key))    p = p - >Lchild;
            else p = p - >Rchild;
        }
        if (LT (x - >key, q - >key))    q - >Lchild = x;
        else q - >Rchild = x;
    }
}
```

由算法知，每次插入的新结点都是 B ST 树的叶子结点，即在插入时不必移动其他结点，仅需修改某个结点的指针。

利用 B ST 树的插入操作，可以从空树开始逐个插入每个结点，经过一系列的查找插入操作之后，建立一棵 B ST 树。

例如，设查找的关键字序列为 {1, 12, 5, 8, 3, 12, 10, 7, 13, 9}，则生成的二叉排序树如图 8 -7 所示。

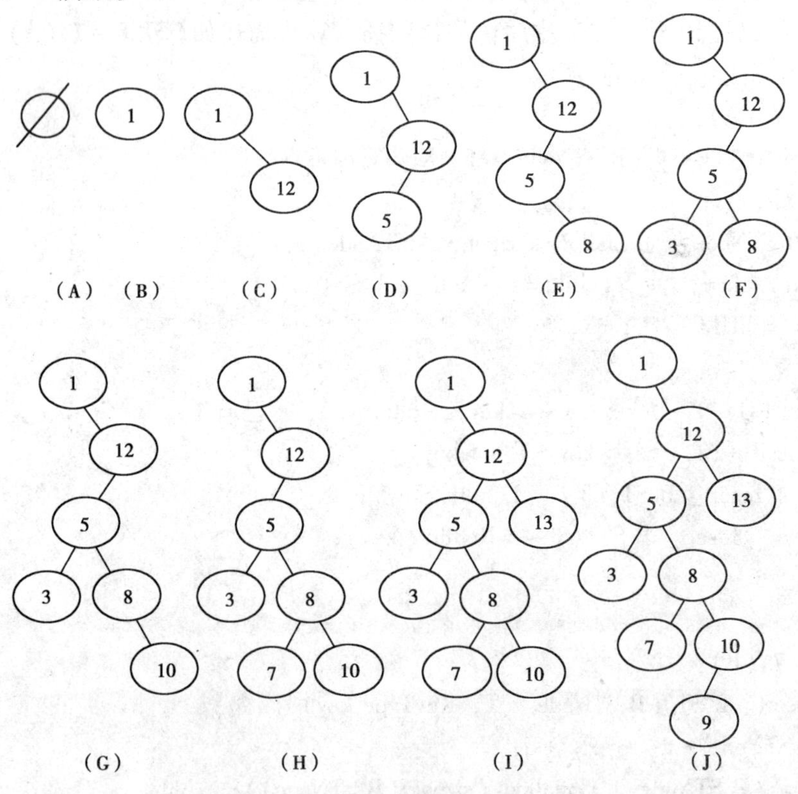

图 8 -7　二叉排序树的构造过程

(A) 空树，(B) 插入 1，(C) 插入 12，(D) 插入 5，(E) 插入 8，(F) 插入 3，(G) 插入 10，(H) 插入 7，(I) 插入 13，(J) 插入 9

建立 B ST 树的算法描述如算法 8－8 所示。

算法 8－8：

```
#define ENDKEY   65535
B STNode  * create_ B ST ( ) {
      KeyType   key; B STNode  * T = NULL;    scanf ("%d", &key);
      while (key! =ENDKEY) {
            Insert_ B ST (T, key);
            scanf ("%d", &key);}
      return (T);    }
```

3. 二叉排序树的删除

从 B ST 树上删除一个结点，仍然要保证删除后满足 B ST 的性质。设被删除结点为 p，其父结点为 f，删除情况如下。

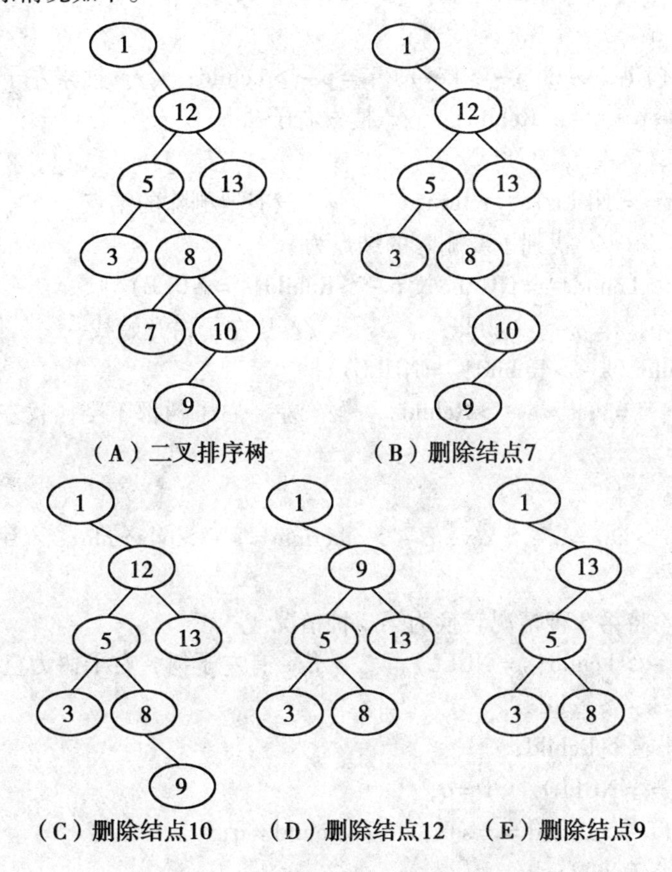

图 8－8　二叉排序树的结点删除示例

（1）若 p 是叶子结点：直接删除 p，如图 8－8（B）所示。

（2）若 p 只有一棵子树（左子树或右子树）：直接用 p 的左子树（或右子树）取代 p 的位置而成为 f 的一棵子树。即原来 p 是 f 的左子树，则 p 的子树成为 f 的左子树；原来 p 是 f 的右子树，则 p 的子树成为 f 的右子树，如图 8－8（C）、（D）所示。

（3）若 p 既有左子树又有右子树：处理方法有以下两种，可以任选其中一种。

① 用p的直接前驱结点代替p。即从p的左子树中选择值最大的结点s放在p的位置（用结点s的内容替换结点p内容），然后删除结点s。s是p的左子树中的最右边的结点且没有右子树，对s的删除同（2），如图8-8（E）所示。

② 用p的直接后继结点代替p。即从p的右子树中选择值最小的结点s放在p的位置（用结点s的内容替换结点p内容），然后删除结点s。s是p的右子树中的最左边的结点且没有左子树，对s的删除同（2），如图8-8（F）所示。

根据以上的分析可得，在二叉排序树上删除结点的算法如算法8-9所示。

算法8-9：

```
void Delete_ B ST (B STNode *T, KeyType  key) {
        // 在以T为根结点的B ST树中删除关键字为key的结点
        B STNode *p=T, *f=NULL, *q, *s;
        while ( p! =NULL&&! EQ (p->key, key)) {
            f=p;
            if (LT (key, p->key)) p=p->Lchild;    // 搜索左子树
            else p=p->Rchild;    // 搜索右子树
        }
        if  (p= =NULL)   return;         // 没有要删除的结点
        s=p;        // 找到了要删除的结点为p
        if (p->Lchild! =NULL&& p->Rchild! =NULL) {
            f=p; s=p->Lchild;              // 从左子树开始找
            while (s->Rchild! =NULL) {
                f=s; s=s->Rchild;     // 左、右子树都不空，找左子树中最右边的
结点
            }
            p->key=s->key; p->otherinfo=s->otherinfo; // 用结点s的内容替
换结点p内容
        }   // 将第3种情况转换为第2种情况
        if  (s->Lchild! =NULL)    // 若s有左子树，右子树为空
            q=s->Lchild;
        else q=s->Rchild;
        if  (f= =NULL)   T=q;
        else if (f->Lchild= =s)   f->Lchild=q;
        else f->Rchild=q;
        free (s);
    } // Delete_ B ST
```

4. 二叉排序树的查找性能分析

在二叉排序树查找中，成功的查找次数不会超过二叉树的深度，而具有n个结点的二叉排序树的深度，最好为$\log_2 n$，最坏为n。因此，二叉排序树查找的最好时间复杂度为O（$\log_2 n$），最坏的时间复杂度为O（n），一般情形下，其时间复杂度大致可看成

O（$\log_2 n$），比顺序查找效率要好，但比二分查找要差。

对于每一棵特定的二叉排序树，均可按照平均查找长度的定义来求它的 ASL 值，显然，由值相同的 n 个关键字，构造所得的不同形态的各棵二叉排序树的平均查找长度的值不同，甚至可能差别很大。

例如，由关键字序列｛1，2，3，4，5｝构造而得的二叉排序树，如图 8－9（A）所示，由关键字序列｛3，1，2，5，4｝构造而得的二叉排序树，如图 8－9（B）所示，两棵二叉排序树中结点的值都相同，但是图（A）树的深度为 5，而图（B）树的深度为 3。再从平均查找长度来看，假设 5 个记录的查找概率相等，均为 1/5，则图（A）树的平均查找长度为 $ASL_{(A)} = (1+2+3+4+5)/5=3$，而图（B）树的平均查找长度为 $ASL_{(B)} = (1+2+3+2+3)/5=2.2$。

因此，含有 n 个结点的二叉排序树的平均查找长度和树的形态有关。当先后插入的关键字有序时，构成的二叉排序树蜕变成单支树。

不失一般性，假设长度为 n 的序列中有 k 个关键字小于第一个关键字，则必有 n－k－1 个关键字大于第一个关键字，由它构造的二叉排序树的平均查找长度是 n 和 k 的函数 P（n，k）（0£ k £ n－1）。

假设 n 个关键字可能出现的 n! 种排列的可能性相同，则含 n 个关键字的二叉排序树的平均查找长度：

$$ASL = P(n) = \frac{1}{n}\sum_{k=0}^{n-1} P(n,k)$$

在等概率查找的情况下，

$$P(n,k) = \sum_{i=1}^{n} p_i C_i = \frac{1}{n}\sum_{i=1}^{n} C_i$$

$$P(n,k) = \frac{1}{n}\sum_{i=1}^{n} C_i = \frac{1}{n}\left(C_{root} + \sum_L C_i + \sum_R C_i\right)$$

$$= \frac{1}{n}[1 + k(P(k)+1) + (n-k-1)(P(n-k-1)+1)]$$

$$= 1 + \frac{1}{n}[k \times P(k) + (n-k-1) \times P(n-k-1)]$$

由此

$$P(n) = \frac{1}{n}\sum_{k=0}^{n-1}\left(1 + \frac{1}{n}[k \times P(k) + (n-k-1) \times P(n-k-1)]\right)$$

可类似于解差分方程，此递归方程有解：

$$P(n) = 2\frac{n+1}{n}\log n + C$$

8.2.2　平衡二叉树

B ST 是一种查找效率比较高的组织形式，但其平均查找长度受树的形态影响较大，形态比较均匀时查找效率很好，形态明显偏向某一方向时其效率就大大降低。因此，希望有更好的二叉排序树，其形态总是均衡的，查找时能得到最好的效率，这就是平衡二叉排序树。

平衡二叉排序树（Balanced Binary Tree 或 Height－Balanced Tree）是在 1962 年由

Adelson－Velskii 和 Landis 提出的，又称 AVL 树。

平衡二叉树或者是空树，或者是满足下列性质的二叉树。

(1) 左子树和右子树深度之差的绝对值不大于 1；

(2) 左子树和右子树也都是平衡二叉树。

平衡因子（Balance Factor）：二叉树上结点的左子树的深度减去其右子树深度称为该结点的平衡因子。

因此，平衡二叉树上每个结点的平衡因子只可能是－1、0 和 1，否则，只要有一个结点的平衡因子的绝对值大于 1，该二叉树就不是平衡二叉树。

例如，图 8－9 中的图（A）是一棵平衡二叉树，图（B）不是平衡二叉树。

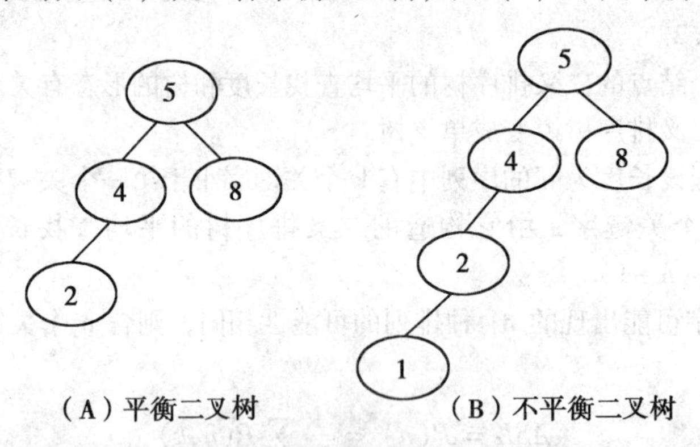

图 8－9　不同形态的二叉查找树

如果一棵二叉树既是二叉排序树又是平衡二叉树，称为平衡二叉排序树（Balanced Binary Sort Tree）。

平衡二叉树中结点类型定义如下。

```
typedef  struct  B Node {
      KeyType  key;       // 关键字域
      int  B factor;       // 平衡因子域
      …       // 其他数据域
      struct  B Node  * Lchild, * Rchild;
  } B STNode;
```

在平衡二叉排序树上执行查找的过程与二叉排序树上的查找过程完全一样，则在 AVL 树上执行查找时，和给定的 K 值比较的次数不超过树的深度。

我们希望二叉排序树都是 AVL 树，因为它的深度和 $\log_2 n$ 是同数量级的，则平均查找长度也和 $\log_2 n$ 同数量级。

1. 平衡化旋转

一般的二叉排序树是不平衡的，若能通过某种方法使其既保持有序性，又具有平衡性，就找到了构造平衡二叉排序树的方法，该方法称为平衡化旋转。

在对 AVL 树进行插入或删除一个结点后，通常会影响到从根结点到插入（或删除）结点的路径上的某些结点，这些结点的子树可能发生变化。以插入结点为例，影响有以下几种可能性。

① 以某些结点为根的子树的深度发生了变化；

② 某些结点的平衡因子发生了变化；

③ 某些结点失去平衡。

沿着插入结点上行到根结点就能找到某些结点，这些结点的平衡因子和子树深度都会发生变化，这样的结点称为失衡结点。

(1) LL 型平衡化旋转。

① 失衡原因：在结点 a 的左孩子的左子树上进行插入，插入使结点 a 失去平衡。a 插入前的平衡因子是 1，插入后的平衡因子是 2。设 B 是 a 的左孩子，B 在插入前的平衡因子只能是 0，插入后的平衡因子是 1（否则 B 就是失衡结点）。

② 平衡化旋转方法：通过顺时针旋转操作实现，如图 8－10 所示。用 B 取代 a 的位置，a 成为 B 的右子树的根结点，B 原来的右子树作为 a 的左子树。

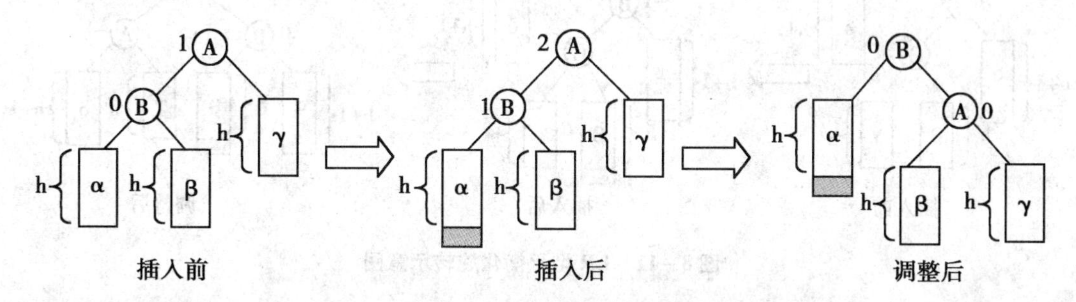

图 8－10　LL 型平衡化旋转示意图

③ 插入后各结点的平衡因子分析：旋转前的平衡因子：设插入后 B 的左子树的深度为 H_{BL}，则其右子树的深度为 $H_{BL}-1$；a 的左子树的深度为 $H_{BL}+1$。a 的平衡因子为 2，则 a 的右子树的深度为：$H_{aR}=H_{BL}+1-2=H_{BL}-1$。

旋转后的平衡因子：a 的右子树没有变，而左子树是 B 的右子树，则平衡因子是：$H_{aL}-H_{aR}=(H_{BL}-1)-(H_{BL}-1)=0$，即 a 是平衡的，以 a 为根的子树的深度是 H_{BL}。B 的左子树没有变化，右子树是以 a 为根的子树，则平衡因子是：$H_{BL}-H_{BL}=0$，即 B 也是平衡的，以 B 为根的子树的深度是 $H_{BL}+1$，与插入前 a 的子树的深度相同，则该子树的上层各结点的平衡因子没有变化，即整棵树旋转后是平衡的。

(2) LR 型平衡化旋转。

① 失衡原因：在结点 a 的左孩子的右子树上进行插入，插入使结点 a 失去平衡。a 插入前的平衡因子是 1，插入后 a 的平衡因子是 2。设 B 是 a 的左孩子，c 为 B 的右孩子，B 在插入前的平衡因子只能是 0，插入后的平衡因子是 －1；c 在插入前的平衡因子只能是 0，否则，c 就是失衡结点。

② 插入后结点 c 的平衡因子的变化分析：插入后 c 的平衡因子是 1：即在 c 的左子树上插入。设 c 的左子树的深度为 H_{cL}，则右子树的深度为 $H_{cL}-1$；B 插入后的平衡因子是 －1，则 B 的左子树的深度为 H_{cL}，以 B 为根的子树的深度是 $H_{cL}+2$。

因插入后 a 的平衡因子是 2，则 a 的右子树的深度是 H_{cL}。

插入后 c 的平衡因子是 0：c 本身是插入结点。设 c 的左子树的深度为 H_{cL}，则右子树的深度也是 H_{cL}；因 B 插入后的平衡因子是 －1，则 B 的左子树的深度为 H_{cL}，以 B 为根的子树

的深度是 $H_{cL}+2$；插入后 a 的平衡因子是 2，则 a 的右子树的深度是 H_{cL}。

插入后 c 的平衡因子是 -1：即在 c 的右子树上插入。设 c 的左子树的深度为 H_{cL}，则右子树的深度为 $H_{cL}+1$，以 c 为根的子树的深度是 $H_{cL}+2$；因 B 插入后的平衡因子是 -1，则 B 的左子树的深度为 $H_{cL}+1$，以 B 为根的子树的深度是 $H_{cL}+3$；则 a 的右子树的深度是$H_{cL}+1$。

③ 平衡化旋转方法：先以 B 进行一次逆时针旋转（将以 B 为根的子树旋转为以 c 为根），再以 a 进行一次顺时针旋转，如图 8－11 所示。将整棵子树旋转为以 c 为根，B 是 c 的左子树，a 是 c 的右子树；c 的右子树移到 a 的左子树位置，c 的左子树移到 B 的右子树位置。

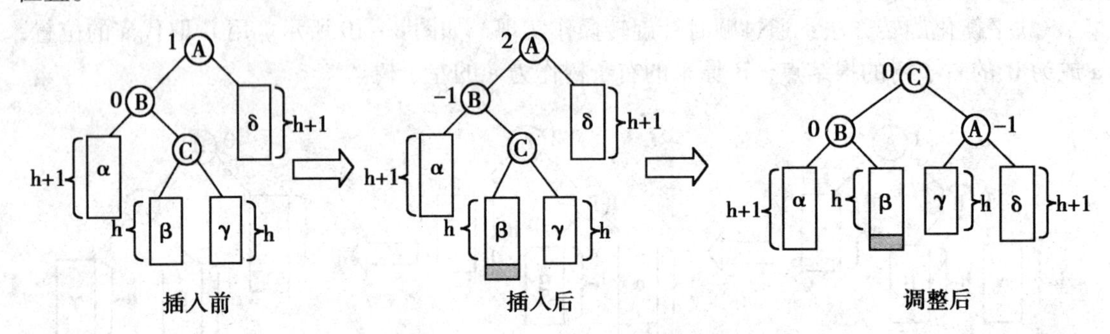

图 8－11　LR 型平衡化旋转示意图

④ 旋转后各结点（a，B，c）平衡因子分析：旋转前（插入后）c 的平衡因子是 1；a 的左子树深度为 $H_{cL}-1$，其右子树没有变化，深度是 H_{cL}，则 a 的平衡因子是 -1；B 的左子树没有变化，深度为 H_{cL}，右子树是 c 旋转前的左子树，深度为 H_{cL}，则 B 的平衡因子是 0；c 的左、右子树分别是以 B 和 a 为根的子树，则 c 的平衡因子是 0 。

旋转前（插入后）c 的平衡因子是 0，旋转后 a，B，c 的平衡因子都是 0 。

旋转前（插入后）c 的平衡因子是 -1，旋转后 a，B，c 的平衡因子分别是 0，-1，0 。

综上所述，即整棵树旋转后是平衡的。

（3）RL 型平衡化旋转。

① 失衡原因：在结点 a 的右孩子的左子树上进行插入，插入使结点 a 失去平衡，与 LR 型正好对称。对于结点 a，插入前的平衡因子是 -1，插入后 a 的平衡因子是 -2。设 B 是 a 的右孩子，c 为 B 的左孩子，B 在插入前的平衡因子只能是 0，插入后的平衡因子是 1；同样，c 在插入前的平衡因子只能是 0，否则，c 就是失衡结点。

② 插入后结点 c 的平衡因子的变化分析：插入后 c 的平衡因子是 1，在 c 的左子树上插入。设 c 的左子树的深度为 H_{cL}，则右子树的深度为 $H_{cL}-1$。

因 B 插入后的平衡因子是 1，则其右子树的深度为 H_{cL}，以 B 为根的子树的深度是 $H_{cL}+2$；因插入后 a 的平衡因子是 -2，则 a 的左子树的深度是 H_{cL}。

插入后 c 的平衡因子是 0：c 本身是插入结点。设 c 的左子树的深度为 H_{cL}，则右子树的深度也是 H_{cL}；因 B 插入后的平衡因子是 1，则 B 的右子树的深度为 H_{cL}，以 B 为根的子树的深度是 $H_{cL}+2$；因插入后 a 的平衡因子是 -2，则 a 的左子树的深度是 H_{cL}。

插入后 c 的平衡因子是 -1：在 c 的右子树上插入。设 c 的左子树的深度为 H_{cL}，则右子树的深度为 $H_{cL}+1$，以 c 为根的子树的深度是 $H_{cL}+2$；因 B 插入后的平衡因子是 1，则 B 的

右子树的深度为 $H_{cL}+1$，以 B 为根的子树的深度是 $H_{cL}+3$；则 a 的右子树的深度是 $H_{cL}+1$。

③ 平衡化旋转方法：先以 B 进行一次顺时针旋转，再以 a 进行一次逆时针旋转，如图 8－12所示。即将整棵子树（以 a 为根）旋转为以 c 为根，a 是 c 的左子树，B 是 c 的右子树；c 的右子树移到 B 的左子树位置，c 的左子树移到 a 的右子树位置。

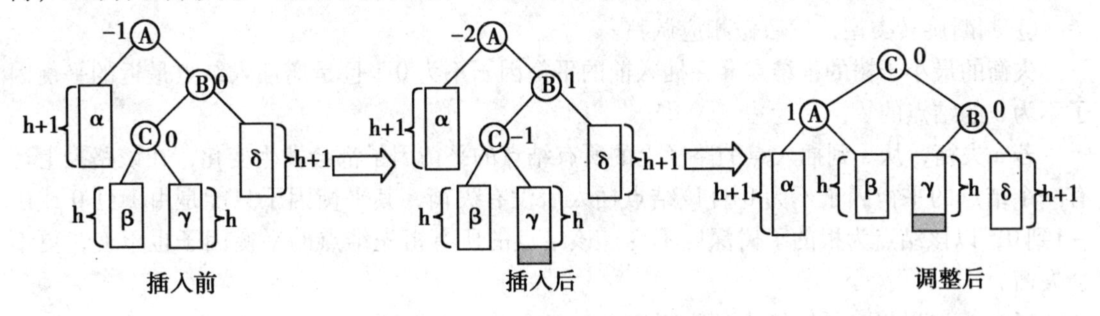

图 8－12　RL 型平衡化旋转示意图

④ 旋转后各结点（a，B，c）的平衡因子分析：旋转前（插入后）c 的平衡因子是 1，a 的左子树没有变化，深度是 H_{cL}，右子树是 c 旋转前的左子树，深度为 H_{cL}，则 a 的平衡因子是 0；B 的右子树没有变化，深度为 H_{cL}，左子树是 c 旋转前的右子树，深度为 $H_{cL}-1$，则 B 的平衡因子是－1；c 的左、右子树分别是以 a 和 B 为根的子树，则 c 的平衡因子是 0 。

旋转前（插入后）c 的平衡因子是 0，旋转后 a，B，c 的平衡因子都是 0 。

旋转前（插入后）c 的平衡因子是－1，旋转后 a，B，c 的平衡因子分别是 1，0，0 。

综上所述，即整棵树旋转后是平衡的。

（4）RR 型平衡化旋转。

① 失衡原因：在结点 a 的右孩子的右子树上进行插入，插入使结点 a 失去平衡。要进行一次逆时针旋转，和 LL 型平衡化旋转正好对称。

② 平衡化旋转方法：设 B 是 a 的右孩子，通过逆时针旋转实现，如图 8－13 所示。用 B 取代 a 的位置，a 作为 B 的左子树的根结点，B 原来的左子树作为 a 的右子树。

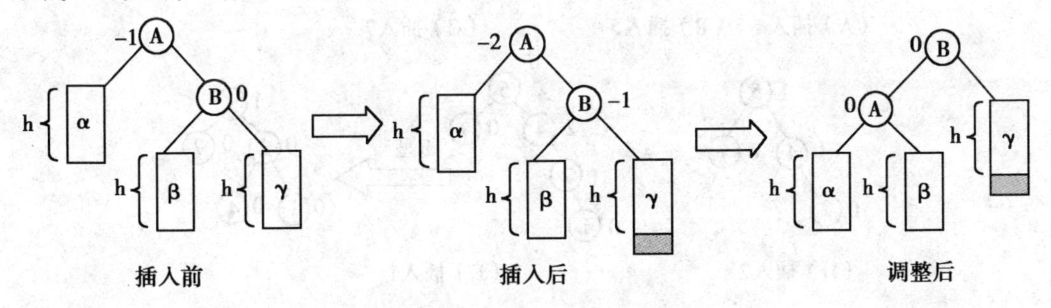

图 8－13　RR 型平衡化旋转示意图

对于上述 4 种平衡化旋转，其正确性容易由“遍历所得中序序列不变”来证明。并且，无论是哪种情况，平衡化旋转处理完成后，形成的新子树仍然是平衡二叉排序树，且其深度和插入前以 a 为根结点的平衡二叉排序树的深度相同。所以，在平衡二叉排序树上因插入结点而失衡，仅需对失衡子树做平衡化旋转处理。

2. 平衡二叉树的插入

平衡二叉排序树的插入操作实际上是在二叉排序插入的基础上完成以下工作：

① 判别插入结点后的二叉排序树是否产生不平衡?

② 找出失去平衡的最小子树。

③ 判断旋转类型，然后做相应调整。

失衡的最小子树的根结点 a 在插入前的平衡因子不为 0，且是离插入结点最近的平衡因子不为 0 的结点的。

若 a 失衡，从 a 到插入点的路径上的所有结点的平衡因子都会发生变化，在该路径上还有一个结点的平衡因子不为 0 且该结点插入后没有失衡，其平衡因子只能是由 1 到 0 或由 -1到 0，以该结点为根的子树深度不变。该结点的所有祖先结点的平衡因子也不变，更不会失衡。

（1）算法思想（插入结点的步骤）。

① 按照二叉排序树的定义，将结点 s 插入；

② 在查找结点 s 的插入位置的过程中，记录离结点 s 最近且平衡因子不为 0 的结点 a，若该结点不存在，则结点 a 指向根结点；

③ 修改结点 a 到结点 s 路径上所有结点的；

④ 判断是否产生不平衡，若不平衡，则确定旋转类型并做相应调整。

例：设要构造的平衡二叉树中各结点的值分别是 {4，5，7，2，1，3，6}，平衡二叉树的构造过程如图 8 - 14 所示。

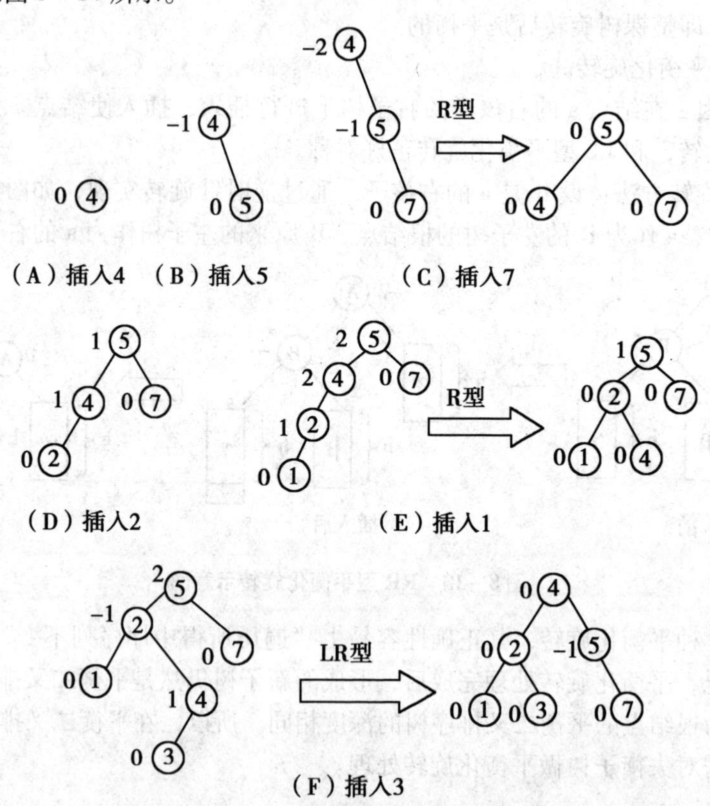

图 8 - 14　平衡二叉树的构造过程

（2）算法实现。平衡二叉树中插入结点的算法如算法 8-10 所示。

算法 8-10：

```
void  Insert_ B B ST (B B STNode  * T, B B STNode  * S) {
    B B STNode  * f,  * a,  * B,  * p,  * q;
    if   (T = =NULL)     {   T=S; T- >B factor=1; return;   }
    a=p=T;         // a 指向离 s 最近且平衡因子不为 0 的结点
    f=q=NULL;           // f 指向 a 的父结点，q 指向 p 父结点
    while (p!  =NULL) {
        if (EQ (S- >key, p- >key))    return;      // 结点已存在
        if (p- >B factor!  =0)    {  a=p; f=q;   }
        q=p;
        if (LT (S- >key, p- >key))    p=p- >Lchild;
        else p=p- >Rchild;        // 在右子树中搜索
    }      /*  找插入位置  */
    if (LT (S- >key, p- >key))    q- >Lchild=S; // s 为左孩子
    else   q- >Rchild=S;         // s 插入为 q 的右孩子
    p=a;
    while (p!  =S) {
        if (LT (S- >key, p- >key)) {
            p- >B factor+ +;    p=p- >Lchild;   }
        else {   p- >B factor- -; p=p- >Rchild;    }
    }
    if (a- >B factor> -2&& a- >B factor<2)
        return;     // 未失去平衡，不做调整
    if (a- >B factor= =2) {
        B  =a- >Lchild;
        if (B- >B factor= =1)      p=LL_ rotate (a);
        else p=LR_ rotate (a);
    }
    else   {
        B  =a- >Rchild;
        if (B- >B factor= =1)      p=RL_ rotate (a);
        else   p=RR_ rotate (a);
    }                                   // 修改双亲结点指针
    if (f= =NULL)    T=p;            // p 为根结点
    else     if (f- >Lchild= =a) f- >Lchild=p;
    else   f- >Lchild=p;
}
```

3. 平衡二叉树的查找性能分析

平衡二叉树本身就是一棵二叉排序树，故它的查找与二叉排序树完全相同。但它的查找性能优于二叉排序树，不像二叉排序树一样，会出现最坏的时间复杂度 O（n），它的时间复杂度与二叉排序树的最好时间复杂相同，都为 O（$\log_2 n$）。

8.2.3 B－树

B－树又称为多路平衡查找树，是一种组织和维护外存文件系统非常有效的数据结构。

B－树中所有结点的孩子结点最大值称为 B－树的阶，通常用 m 表示，从查找效率考虑，要求 m≥3。一棵 m 阶 B－树或者是一棵空树，或者是满足下列要求的 m 叉树：

①树中每个结点至多有 m 个孩子结点（即至多有 m－1 个关键字）；

②除根结点外，其他结点至少有 $\lceil m/2 \rceil$ 个孩子结点（即至少有 $\lceil m/2 \rceil - 1 = \lfloor (m-1)/2 \rfloor$ 个关键字）；

③若根结点不是叶子结点，则根结点至少有两个孩子结点；

④每个结点的结构为：

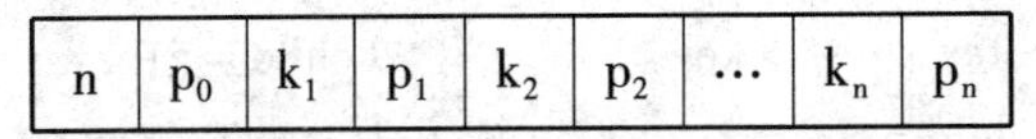

其中，n 为该结点中的关键字个数，除根结点外，其他所有结点的 n 大于等于 $\lceil m/2 \rceil - 1$，且小于等于 m－1；k_i（$1 \le i \le n$）为该结点的关键字且满足 $k_i < k_{i+1}$；p_i（$0 \le i \le n$）为该结点的孩子结点指针且满足 p_i（$0 \le i \le n-1$）结点上的关键字大于等于 k_i 且小于 k_{i+1}，pn 结点上的关键字大于 k_n；

⑤所有叶子结点都在同一层上，即 B－树是所有结点的平衡因子均等于 0 的多路查找树。例如，图 8－15 是一棵 5 阶 B－树。

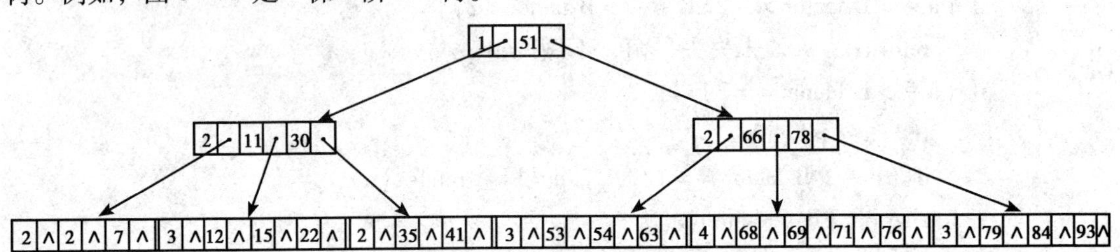

图 8－15　一棵 5 阶 B－树

在 B－树的存储结构中，各结点的类型定义如下：

```
#define M     5          // 根据实际需要定义 B－树的阶数，这里暂设为 5
typedef  struct B TNode {
    int   keynum;   // 结点中关键字的个数
    struct B TNode   * parent;        // 指向父结点的指针
    KeyType  key [M+1];         // 关键字向量，key [0] 未用
    struct B TNode   * ptr [M+1]; // 子树指针向量
    RecType    * recptr [M+1]; // 记录指针向量，recptr [0] 未用
} B TNode;
```

1. B－树的查找

由B－树的定义可知，在其上的查找过程和二叉排序树的查找相似。

（1）算法思想。在一棵B－树上顺序查找关键字为k的方法为：

① 从树的根结点T开始，在T所指向的结点的关键字向量key［1…keynum］中查找给定值K（用折半查找）：若key［i］＝K（1≤i≤keynum），则查找成功，返回结点及关键字位置；否则，转（2）；

② 将K与向量key［1…keynum］中的各个分量的值进行比较，以选定查找的子树：

若K＜key［1］，则T＝T－＞ptr［0］；

若key［i］＜K＜key［i＋1］（i＝1，2，…keynum－1），则T＝T－＞ptr［i］；

若K＞key［keynum］，则T＝T－＞ptr［keynum］；转①，直到T是叶子结点且未找到相等的关键字，则查找失败。

（2）算法实现。B－树查找的算法如算法8－11所示。

算法8－11：

```
int  B T_ search (B TNode *T, KeyType K, B TNode *p) {
    // 在B－树中查找关键字K，查找成功返回在结点中的位置
    // 及结点指针p；否则返回0及最后一个结点指针
    B TNode *q; int n;
    p=q=T;
    while  (q!=NULL) {
        p=q; q->key[0]=K;          // 设置查找哨兵
        for (n=q->keynum; K<q->key[n]; n--)
            if (n>0&&EQ(q->key[n], K))      return n;
        q=q->ptr[n];
    }
    return 0;
}
```

（3）算法分析。在B－树上的查找有两种基本操作：

①在B－树上查找结点（查找算法中没有体现）；

②在结点中查找关键字：在磁盘上找到指针ptr所指向的结点后，将结点信息读入内存后再查找。因此，磁盘上的查找次数（待查找的记录关键字在B－树上的层次数）是决定B－树查找效率的首要因素。

根据m阶B－树的定义，第一层上至少有1个结点，第二层上至少有2个结点；除根结点外，所有非终端结点至少有$\lceil m/2 \rceil$棵子树，……，第h层上至少有$\lceil m/2 \rceil^{h-2}$个结点。在这些结点中：根结点至少包含1个关键字，其他结点至少包含$\lceil m/2 \rceil-1$个关键字，设$s=\lceil m/2 \rceil$，则总的关键字数目n满足：

$$n \geqslant 1+(s-1)\sum_{i=2}^{h} 2s^{i}=2(s-1)\frac{s^{h-1}-1}{s-1}=2s^{h-1}-1$$

因此有：$h \leqslant 1+\log_s((n+1)/2)=1+\log_{\lceil m/2 \rceil}((n+1)/2)$

即在含有n个关键字的B－树上进行查找时，从根结点到待查找记录关键字的结点的路

径上所涉及的结点数不超过1 + log⌈m/2⌉[(n+1)/2]。

2. B－树的插入

B－树的生成也是从空树起，逐个插入关键字。插入时不是每插入一个关键字就添加一个叶子结点，而是首先在最低层的某个叶子结点中添加一个关键字，然后有可能“分裂”。

（1）插入思想。

① 在B－树的中查找关键字K，若找到，表明关键字已存在，返回；否则，K的查找操作失败于某个叶子结点，转②；

② 将K插入到该叶子结点中，插入时，若：

叶子结点的关键字数<m－1，则直接插入；

叶子结点的关键字数=m－1，则将结点“分裂”。

其中，结点“分裂”方法如下：

设待“分裂”结点包含信息为：

（m，A0，K1，A1，K2，A2，…，Km，Am），从其中间位置分为两个结点：

（⌈m/2⌉－1，A0，K1，A1，…，K⌈m/2⌉－1，A⌈m/2⌉－1）

（m－⌈m/2⌉，A⌈m/2⌉，K⌈m/2⌉+1，A⌈m/2⌉+1，…，Km，Am）

并将中间关键字K⌈m/2⌉插入到p的父结点中，以分裂后的两个结点作为中间关键字K⌈m/2⌉的两个子结点。

当将中间关键字K⌈m/2⌉插入到p的父结点后，父结点也可能不满足m阶B－树的要求（分枝数大于m），则必须对父结点进行“分裂”，一直进行下去，直到没有父结点或分裂后的父结点满足m阶B－树的要求。

当根结点分裂时，因没有父结点，则建立一个新的根，B－树增高一层。

（2）算法实现。要实现插入，首先必须考虑结点的分裂。设待分裂的结点是p，分裂时先开辟一个新结点，依此将结点p中后半部分的关键字和指针移到新开辟的结点中。分裂之后，而需要插入到父结点中的关键字在p的关键字向量的p－>keynum+1位置上。

B－树的分裂算法和插入算法分别如算法8－12的（A）和（B）所示。

算法8－12（A）：

```
B TNode  *split (B TNode *p) {
    // 结点p中包含m个关键字，从中分裂出一个新的结点
    B TNode *q;   int k, mid, j;
    q = (B TNode *) malloc (sizeof ( B TNode));
    mid = (m+1) /2;     q->ptr [0] =p->ptr [mid];
    for (j=1, k=mid+1; k<=m; k++) {
        q->key [j] =p->key [k];
        q->ptr [j++] =p->ptr [k];
    }   // 将p的后半部分移到新结点q中
    q->keynum=m-mid;     p->keynum=mid-1;
    return (q);
}
```

算法 8－12（B）：

```
void  insert_ B Tree（B TNode *T，KeyType  K）{  // 在B _ 树T中插入关键字K

    B TNode *q，*s1 = NULL，*s2 = NULL；
    int n；
    if  （! B T_ search（T，K，p））  {    // 树中不存在关键字K
        while（p! = NULL）{
            p－>key［0］ = K；      // 设置哨兵
            for（n = p－>keynum；K < p－>key［n］；n－－）  {
                p－>key［n + 1］ = p－>key［n］；
                p－>ptr［n + 1］ = p－>ptr［n］；
            }    // 后移关键字和指针
            p－>key［n］ = K；p－>ptr［n－1］ = s1；
            p－>ptr［n + 1］ = s2；   // 置关键字K的左右指针
            if（+ +（p－>keynum））< m  B reak；
            else {
                s2 = split（p）；s1 = p；   // 分裂结点p
                K = p－>key［p－>keynum + 1］；
                p = p－>parent；     // 取出父结点
            }
            if（p = = NULL）    {     // 需要产生新的根结点
                p = （B TNode *）malloc（sizeof（ B TNode））；
                p－>keynum = 1；p－>key［1］ = K；
                p－>ptr［0］ = s1；p－>ptr［1］ = s2；
            }
        }
    }
}
```

利用m阶B－树的插入操作，可从空树起，将一组关键字依次插入到m阶B－树中，从而生成一个m阶B－树。

例：关键字序列为{1，2，6，7，11，4，8，13，10，5，17，9，16，20，3，12，14，18，19，15}。创建一棵5阶B－树。建立B－树的过程如图8－16所示。

3. B－树的删除

B－树的删除过程与插入过程类似，只是稍为复杂一些。要使删除后的结点中的关键字个数≥⌈m/2⌉－1，将涉及结点的“合并”问题。

在B－树上删除关键字k的过程分两步完成：

（1）利用前述的B－树的查找算法找出该关键字所在的结点。

（2）在结点上删除关键字k。有两种情况：一种是在叶子结点上删除关键字；另一种是在非叶子结点上删除关键字。

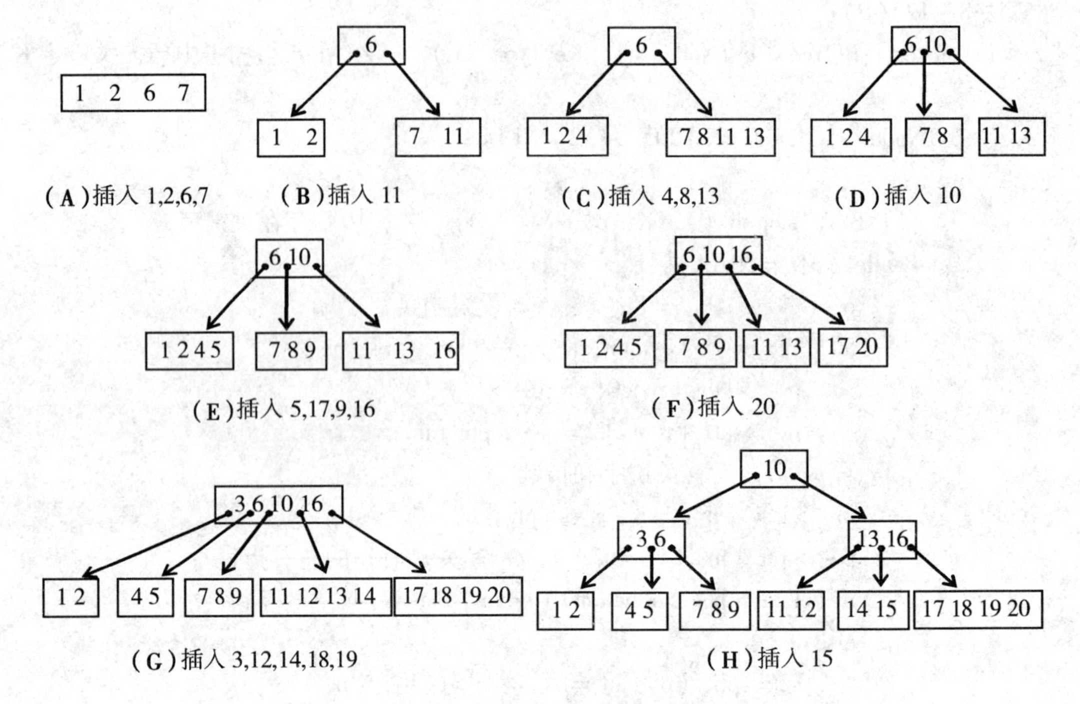

(A)插入 1,2,6,7　(B)插入 11　(C)插入 4,8,13　(D)插入 10

(E)插入 5,17,9,16　(F)插入 20

(G)插入 3,12,14,18,19　(H)插入 15

图 8－16　B－树的建立过程

①在非叶子结点上删除关键字的过程：假设要删除关键字 key［i］（1≤i≤n），在删去该关键字后，以该结点 ptr［i］所指子树中的最小关键字 key［min］来代替被删关键字 key［i］所在的位置（注意 ptr［i］所指子树中的最小关键字 key［min］一定是在叶子结点上），然后再以指针 ptr［i］所指结点为根结点查找并删除 key［min］（即再以 ptr［i］所指结点为 B－树的根结点，以 key［min］为要删除的关键字，然后再次调用 B－树上的删除算法），这样也就把在非叶子结点上删除关键字 k 的问题转化成了在叶子结点上删除关键字 key［min］的问题。

②在 B－树的叶子结点上删除关键字共有以下三种情况：

一是假如被删结点的关键字个数大于 Min，说明删去该关键字后该结点仍满足 B－树的定义，则可直接删去该关键字。

二是假如被删结点的关键字个数等于 Min，说明删去关键字后该结点将不满足 B－树的定义，此时若该结点的左（或右）兄弟结点中关键字个数大于 Min，则把该结点的左（或右）兄弟结点中最大（或最小）的关键字上移到双亲结点中，同时把双亲结点中大于（或小于）上移关键字的关键字下移到要删除关键字的结点中，这样删去关键字 k 后该结点以及它的左（或右）兄弟结点都仍旧满足 B－树的定义。

三是假如被删结点的关键字个数等于 Min，并且该结点的左和右兄弟结点（如果存在的话）中关键字个数均等于 Min，这时，需把要删除关键字的结点与其左（或右）兄弟结点以及双亲结点中分割二者的关键字合并成一个结点。如果因此使双亲结点中关键字个数小于 Min，则对此双亲结点作同样处理，以致于可能直到对根结点作这样的处理而使整个树减少一层。

例如，对于图 8－16 中生成的 B－树，给出删除 8，16，15，4 四个关键字的过程如图

8－17 所示。

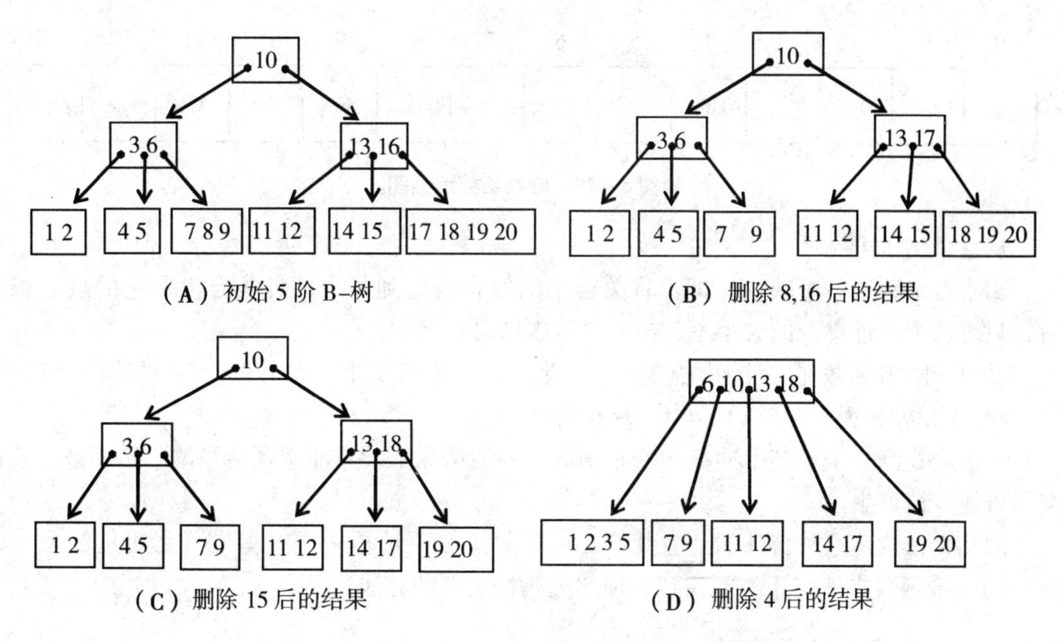

（A）初始 5 阶 B–树

（B）删除 8,16 后的结果

（C）删除 15 后的结果

（D）删除 4 后的结果

图 8－17　B－树的删除过程

8.3　计算查找法——哈希表

前面讨论的表示查找表的各种结构的共同特点是：记录在表中的位置和它的关键字之间不存在一个确定的关系；查找的过程为给定值依次和关键字集合中各个关键字进行比较；查找的效率取决于和给定值进行比较的关键字个数。

用这类方法表示的查找表，其平均查找长度都不为零。不同的表示方法，其差别仅在于关键字和给定值进行比较的顺序不同。

对于频繁使用的查找表，希望 ASL＝0。只有一个办法：预先知道所查关键字在表中的位置，即，要求：记录在表中位置和其关键字之间存在一种确定的关系。

例如，为每年招收的 1000 名新生建立一张查找表，其关键字为学号，其值的范围为 xx000～xx999（前两位为年份）。

若以下标为 000～999 的顺序表表示之，则查找过程可以简单进行：取给定值（学号）的后三位，不需要经过比较便可直接从顺序表中找到待查关键字。

但是，对于动态查找表而言，表长不确定；在设计查找表时，只知道关键字所属范围，而不知道确切的关键字。因此在一般情况下，需在关键字与记录在表中的存储位置之间建立一个函数关系，以 f（key）作为关键字为 key 的记录在表中的位置，通常称这个函数 f（key)为哈希函数。

例如，对于有 9 个关键字，非别为｛Zhao，Qian，Sun，Li，Wu，Chen，Han，Ye，Dei｝，设 哈希函数 f（key）＝⌊（Ord（第一个字母）－Ord（'A'）+1）/2⌋，如图8－18

所示。

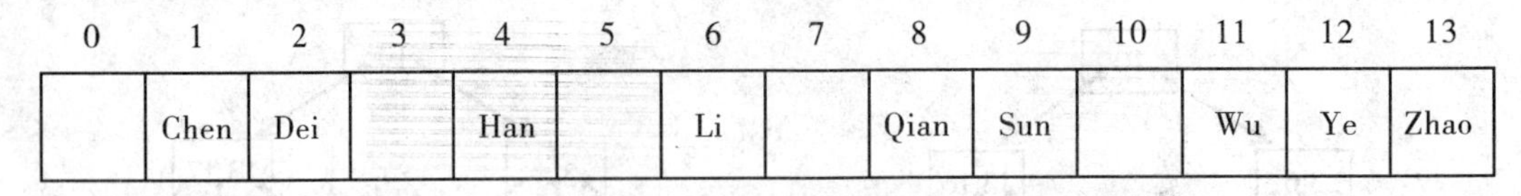

0
1
2
3
4
5
6
7
8
9
10
11
12
13
Chen
Dei
Han
Li
Qian
Sun
Wu
Ye
Zhao

图 8－18 哈希函数示意图

从这个例子可见：

①哈希函数是一个映象，即：将关键字的集合映射到某个地址集合上，它的设置很灵活，只要这个地址集合的大小不超出允许范围即可；

②由于哈希函数是一个压缩映象，因此，在一般情况下，很容易产生“冲突”现象，即：key11 key2，而 f（key1）＝f（key2）；

③很难找到一个不产生冲突的哈希函数。一般情况下，只能选择恰当的哈希函数，使冲突尽可能少地产生。

因此，在构造这种特殊的“查找表”时，除了需要选择一个“好”（尽可能少产生冲突）的哈希函数之外；还需要找到一种“处理冲突”的方法。

8.3.1 哈希表与哈希方法

在记录的关键字与记录的存储地址之间建立的一种对应关系叫哈希函数。哈希函数是一种映象，是从关键字空间到存储地址空间的一种映象。可写成：addr（a_i）＝H（k_i），其中 i 是表中一个元素，addr（a_i）是 a_i 的地址，k_i 是 a_i 的关键字。

应用哈希函数，由记录的关键字确定记录在表中的地址，并将记录放入此地址，这样构成的表叫哈希表。利用哈希函数进行查找的过程叫哈希查找（又叫散列查找）。

对于不同的关键字 k_i、k_j，若 $k_i 1 k_j$，但 H（k_i）＝H（k_j）的现象叫冲突（collision）。

具有相同函数值的两个不同的关键字，称为该哈希函数的同义词。

哈希函数通常是一种压缩映象，所以冲突不可避免，只能尽量减少；当冲突发生时，应该有处理冲突的方法。设计一个散列表应包括：

①散列表的空间范围，即确定散列函数的值域；

②构造合适的散列函数，使得对于所有可能的元素（记录的关键字），函数值均在散列表的地址空间范围内，且出现冲突的可能尽量小；

③处理冲突的方法。即当冲突出现时如何解决。

8.3.2 哈希函数的构造方法

哈希函数是一种映象，其设定很灵活，只要使任何关键字的哈希函数值都落在表长允许的范围之内即可。哈希函数“好坏”的主要评价因素有：

①散列函数的构造简单；

②能“均匀”地将散列表中的关键字映射到地址空间。所谓“均匀”（uniform）是指发生冲突的可能性尽可能最少。

哈希函数的构造方法有如下几种。

1. 直接定址法

取关键字或关键字的某个线性函数作哈希地址，即 H（key）=key 或 H（key）=a·key+B，（a，B 为常数）

特点：直接定址法所得地址集合与关键字集合大小相等，不会发生冲突，但实际中很少使用。

2. 数字分析法

对关键字进行分析，取关键字的若干位或组合作为哈希地址。

适用于关键字位数比哈希地址位数大，且可能出现的关键字事先知道的情况。

例如，对于一组关键字｛92317602，92326875，92739628，92343634，92706816，92774638，92381262，92394220｝

通过分析可知，每个关键字从左到右的第 1、2、3 位和第 6 位取值较集中，不宜作为哈希函数，剩余的第 4、5、7 和 8 位取值较分散，可根据实际需要取其中的若干位作为哈希地址。若取最后两位作为哈希地址，则哈希地址的集合为｛2，75，28，34，16，38，62，20｝。

3. 平方取中法

将关键字平方后取中间几位作为哈希地址。

一个数平方后中间几位和数的每一位都有关，则由随机分布的关键字得到的散列地址也是随机的。散列函数所取的位数由散列表的长度决定。这种方法适于不知道全部关键字情况，是一种较为常用的方法。

4. 折叠法

将关键字分割成位数相同的几部分（最后一部分可以不同），然后取这几部分的叠加和作为哈希地址。

数位叠加有移位叠加和间界叠加两种。

①移位叠加：将分割后的几部分低位对齐相加；

②间界叠加：从一端到另一端沿分割界来回折叠，然后对齐相加。

适于关键字位数很多，且每一位上数字分布大致均匀情况。

例：设关键字为 0442205864，哈希地址位数为 4。两种不同的地址计算方法如下：

```
  5 8 6 4          5 8 6 4
  4 2 2 0          0 2 2 4
      0 4              0 4
---------        ---------
1 0 0 8 8          6 0 9 2

H（key）=0088      H（key）=6092

  移位叠加           间界叠加
```

5. 除留余数法

取关键字被某个不大于哈希表表长 m 的数 p 除后所得余数作哈希地址，即 H（key）=key　MOD p（p£ m）是一种简单、常用的哈希函数构造方法。

利用这种方法的关键是p的选取，p选得不好，容易产生同义词。p的选取的分析：

①选取 $p=2^i$（p£ m）：运算便于用移位来实现，但等于将关键字的高位忽略而仅留下低位二进制数。高位不同而低位相同的关键字是同义词；

②选取 p = q′f（q、f都是质因数，p£ m）：则所有含有q或f因子的关键字的散列地址均是q或f的倍数；

③选取p为素数或 p = q′f（q、f是质数且均大于20，p£ m）：常用的选取方法，能减少冲突出现的可能性。

例如，假设哈希表长度 m = 13，采用除留余数法哈希函数建立如下关键字集合的哈希表：{16，74，60，43，54，90，46，31，29，88，77}。

解：n = 11，m = 13，除留余数法的哈希函数为 h（k）= k mod p，p应为小于等于m的素数，假设p取值13。则有：

h（16）=3，h（74）=9，h（60）=8，h（43）=4，h（54）=2，h（90）=12，h（46）=7，h（31）=5，h（29）=3，h（88）=10，h（77）=12。

注意：存在冲突。

6. 随机数法

取关键字的随机函数值作哈希地址，即 H（key）= random（key），当散列表中关键字长度不等时，该方法比较合适。

在实际工作中，根据不同的情况采用不同的哈希函数，通常，选取哈希函数要考虑以下因素。

①计算哈希函数所需时间；

②关键字的长度；

③哈希表长度（哈希地址范围）；

④关键字分布情况；

⑤记录的查找频率。

8.3.3 处理冲突的方法

当出现冲突时，为冲突元素找到另一个存储位置。下面讨论常用的处理冲突的方法。

1. 开放定址法

开放定址法是一类以发生冲突的哈希地址为自变量，通过某种哈希冲突函数得到一个新的空闲的哈希地址的方法。即为产生冲突的地址 H（key）求得一个新的地址序列：H_0，H_1，H_2，……，H_s（$1 \leq s \leq m-1$）

其中：$H_0 = H(key)$

$H_i = (H(key) + d_i)$ MOD m（i = 1，2，……，s）

H（key）是哈希函数；m是哈希表长度；d_i 是第i次探测时的增量序列；H_i 是经第i次探测后得到的散列地址。

对增量 d_i 有三种取法：

（1）线性探测再散列。$d_i = c′i$ 最简单的情况是 c = 1（即 d_i = 1，2，……，m − 1）。

线性探测再散列法的优点是只要散列表未满，总能找到一个不冲突的散列地址；缺点是每个产生冲突的记录被散列到离冲突最近的空地址上，从而又增加了更多的冲突机会（这种现象称为冲突的“聚集”)。

例如，设散列表长为7，记录关键字组为{15，14，28，26，56，23}，散列函数为H(key) =key　MOD7，采用线性探测再散列法处理冲突，并将关键字填入计算出所得的地址中。

解：H(15) =15MOD 7 =1　　　　H(14) =14MOD 7 =0

H(28) =28MOD7 =0，冲突；H_1(28) =1，又冲突；H_2(28) =2

H(26) =26MOD7 =5

H(56) =56MOD7 =0，冲突；H_1(56) =1，又冲突；H_2(56) =2，又冲突；H_3(56) =3

H(23) =23MOD7 =2，冲突；H_1(23) =3，又冲突；H_3(23) =4

由此可得，采用线性探测再散列法处理冲突后得到的哈希表如图8-19所示。

0	1	2	3	4	5	6
14	15	28	56	23	26	

图8-19　线性探测再散列法处理冲突后得到的哈希表

(2) 二次探测再散列(又称平方探测再散列)。$d_i = 1^2, -1^2, 2^2, -2^2, \cdots\cdots, \pm k^2$ $(k \leqslant m/2)$。

平方探查法是一种较好地处理冲突的方法，可以避免出现堆积问题。它的缺点是不能探查到哈希表上的所有单元，但至少能探查到一半的单元。

例如，若对上面的例子，采用二次探测再散列法进行冲突处理，则：

H(15) =15MOD7 =1　　　　H(14) =14MOD7 =0

H(28) =28MOD7 =0，冲突；H_1(28) =1，又冲突；H_2(28) =4

H(26) =26MOD7 =5

H(56) =56MOD7 =0，冲突；H_1(56) =1，又冲突；H_2(56) =0，又冲突；H_3(56) =4，又冲突；H_4(56) =2

H(23) =23MOD7 =2，冲突；H_1(23) =3

由此可得，采用二次探测再散列法处理冲突后得到的哈希表如图8-20所示。

0	1	2	3	4	5	6
14	15	28	56	23	26	

图8-20　二次探测再散列法处理冲突后得到的哈希表

(3) 随机探测再散列。d_i 是一组伪随机数列或者 $d_i = i \times H_2(key)$(又称双散列函数探测)。

注意：增量 d_i 应具有“完备性”，即产生的 H_i 均不相同，且所产生的 s(m-1) 个 H_i 值能覆盖哈希表中所有地址。这就要求：

① 平方探测时的表长 m 必为形如 4j+3 的素数(如：7，11，19，23，…… 等)；

② 随机探测时的 m 和 d_i 没有公因子。

2. 再哈希法

构造若干个哈希函数，当发生冲突时，利用不同的哈希函数再计算下一个新哈希地址，直到不发生冲突为止。即：$H_i = RH_i$（key）　　$i = 1, 2, \cdots, k$

RH_i 是一组不同的哈希函数。第一次发生冲突时，用 RH_1 计算，第二次发生冲突时，用 RH_2 计算，……，依此类推直到得到某个 H_i 不再冲突为止。

再哈希法的优点不易产生冲突的“聚集”现象；缺点是计算时间增加。

3. 链地址法

将所有关键字为同义词（散列地址相同）的记录存储在一个单链表中，并用一维数组存放链表的头指针。

设散列表长为 m，定义一个一维指针数组：

RecNode * linkhash ［m］，其中 RecNode 是结点类型，每个分量的初值为空。凡散列地址为 k 的记录都插入到以 linkhash ［k］ 为头指针的链表中，插入位置可以在表头或表尾或按关键字排序插入。

例如，已知一组关键字｛19，14，23，1，68，20，84，27，55，11，10，79｝，哈希函数为：H（key） = key MOD13，用链地址法处理冲突，如图 8 - 21 所示 。

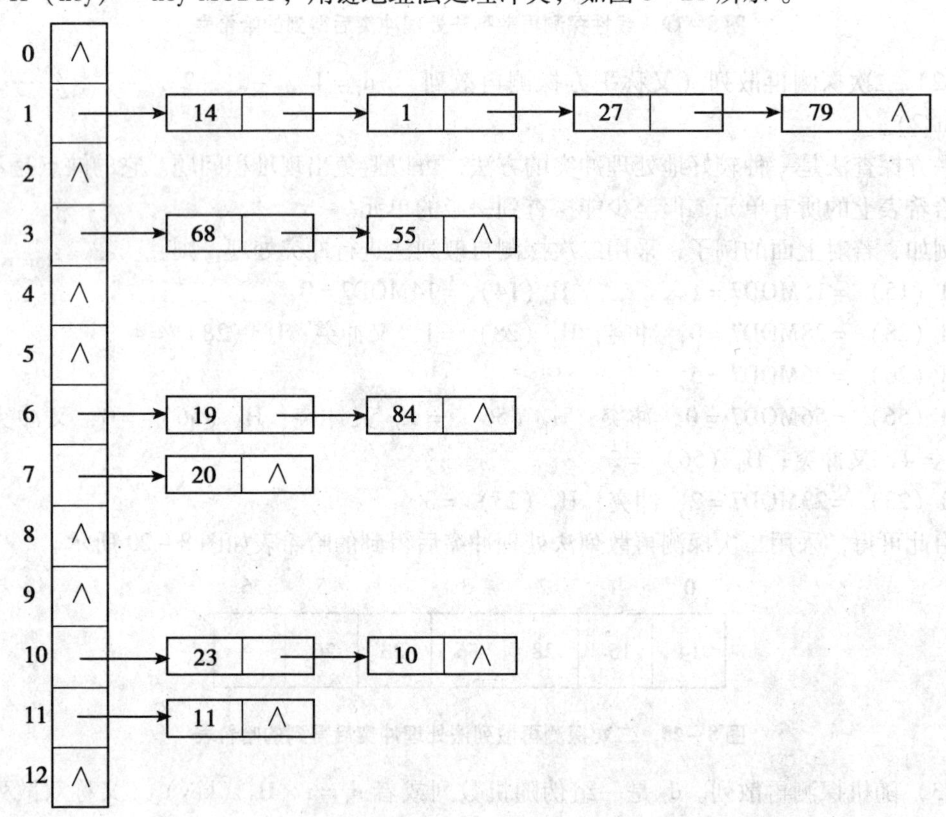

图 8 - 21　链地址法处理冲突时的哈希表

（同一链表中关键字自小到大有序）

链地址法的优点是不易产生冲突的“聚集”；删除记录也很简单。

8.3.4　哈希表的查找

1. 查找过程

哈希表的主要目的是用于快速查找，且插入和删除操作都要用到查找。由于散列表的特殊组织形式，其查找有特殊的方法。

设散列为 HT［0…m－1］，散列函数为 H（key），解决冲突的方法为 R（x，i），则在散列表上查找定值为 K 的记录的过程如图 8－22 所示。

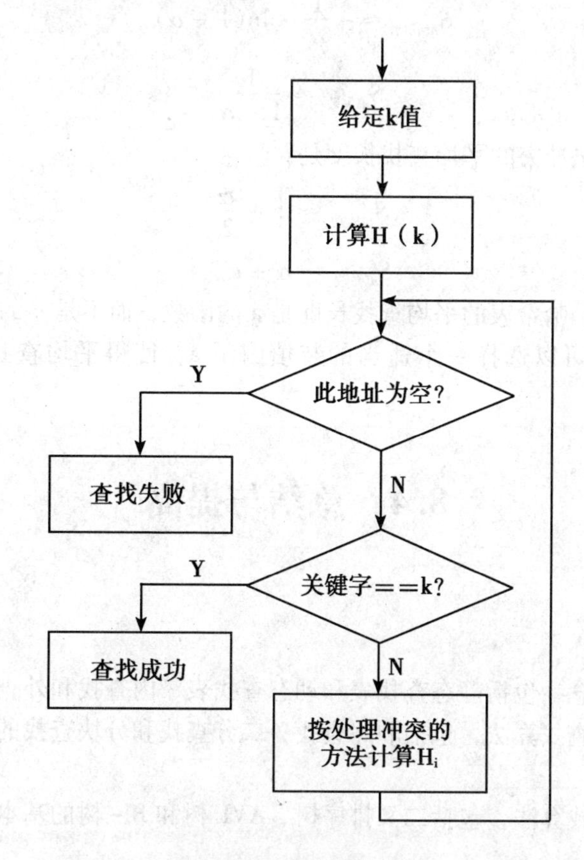

图 8－22　哈希查找过程

2. 查找分析

从哈希查找过程可见：尽管散列表在关键字与记录的存储地址之间建立了直接映象，但由于“冲突”，查找过程仍是一个给定值与关键字进行比较的过程，评价哈希查找效率仍要用 ASL。

决定哈希表查找的 ASL 的因素有如下几个方面。

①选用的哈希函数；

②选用的处理冲突的方法；

③哈希表饱和的程度，装载因子 α。装载因子 α 的定义是：

$$\alpha = \frac{\text{表中填入的记录数}}{\text{哈希表的长度}}$$

各种散列函数所构造的散列表的 ASL 如下：

①线性探测法的平均查找长度是：

$$S_{nl成功} \approx \frac{1}{2}(1 + \frac{1}{1-\alpha})$$

$$S_{nl失败} \approx \frac{1}{2}(1 + \frac{1}{(1-\alpha)^2})$$

②二次探测、伪随机探测、再哈希法的平均查找长度是：

$$S_{nl成功} \approx -\frac{1}{\alpha} \times \ln(1-\alpha)$$

$$S_{nl失败} \approx \frac{1}{1-\alpha}$$

③用链地址法解决冲突的平均查找长度是：

$$S_{nl成功} \approx 1 + \frac{\alpha}{2}$$

$$S_{nl失败} \approx \alpha + e^{-\alpha}$$

从以上结果可见，哈希表的平均查找长度是 a 的函数，而不是 n 的函数。这说明，用哈希表构造查找表时，可以选择一个适当的装填因子 a，使得平均查找长度限定在某个范围内。

8.4 总结与提高

8.4.1 主要知识点

①查找的基本概念，包括静态查找表和动态查找表、内查找和外查找之间的差异。

②线性表上各种查找算法，包括顺序查找、二分查找和分块查找的基本思路、算法实现和查找效率等。

③各种树表的查找算法，包括二叉排序树、AVL 树和 B－树的基本思路、算法实现和查找效率等。

④哈希表查找技术以及哈希表与其他表的本质区别。

8.4.2 典型例题

1. 对于给定 11 个数据元素的有序表 {2，3，10，15，20，25，28，29，30，35，40}，采用二分查找，试问：

（1）若查找给定值为 20 的元素，将依次与表中哪些元素比较？

（2）若查找给定值为 26 的元素，将依次与哪些元素比较？

（3）假设查找表中每个元素的概率相同，求查找成功时的平均查找长度和查找不成功时的平均查找长度。

解：

描述二分查找过程的判定树如图 8－23 所示：

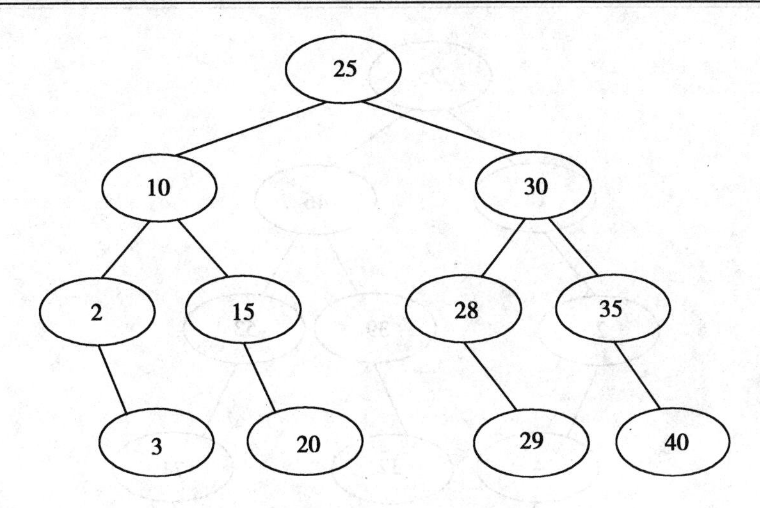

图 8－23　描述二分查找过程的判定树

（1）若查找给定值为 20 的元素，依次与表中 25，10，15，20 元素比较，共比较 4 次。

（2）若查找给定值为 26 的元素，依次与 25，30，28 元素比较，共比较 3 次。

（3）在查找成功时，会找到图中某个圆形结点，则成功时的平均查找长度：

$$ASLsucc = \frac{1 \times 1 + 2 \times 2 + 4 \times 3 + 4 \times 4}{11} = 3$$

在查找不成功时，会找到图中某个方形结点，则不成功时的平均查找长度：

$$ASLunsucc = \frac{4 \times 3 + 8 \times 4}{12} = 3.67$$

2. 已知一组关键字为｛25，18，46，2，53，39，32，4，74，67，60，11｝。按表中的元素顺序依次插入到一棵初始为空的二叉排序树中，画出该二叉排序树，并求在等概率的情况下查找成功的平均查找长度。

解：生成的二叉排序树如图 8－24 所示。

$$ASL = \frac{1 \times 1 + 2 \times 2 + 3 \times 3 + 3 \times 4 + 2 \times 5 + 1 \times 6}{12} = 3.5$$

3. 给定关键字序列 11，78，10，1，3，2，4，21，试分别用顺序查找、二分查找、二叉排序树查找、平衡二叉树查找来实现查找，试画出它们的对应存储形式（顺序查找的顺序表，二分查找的判定树，二叉排序树查找的二叉排序树及平衡二叉树查找的平衡二叉树），并求出每一种查找的成功平均查找长度。

解：

（1）顺序查找的顺序表（一维数组）如图 8－25 所示。

从图 8－25 可以得到顺序查找的成功平均查找长度为：

$ASL =$（1 +2 +3 +4 +5 +6 +7 +8）/8 =4.5；

（2）二分查找的判定树（中序序列为从小到大排列的有序序列）如图 8－26 所示。

从图 8－26 可以得到二分查找的成功平均查找长度为：

$ASL =$（1 +2 * 2 +3 * 4 +4）/8 =2.625；

（3）二叉排序树（关键字顺序已确定，该二叉排序树应唯一）如图 8－27 所示，平衡二叉树（关键字顺序已确定，该平衡二叉树也应该是唯一的），如图 8－28 所示。

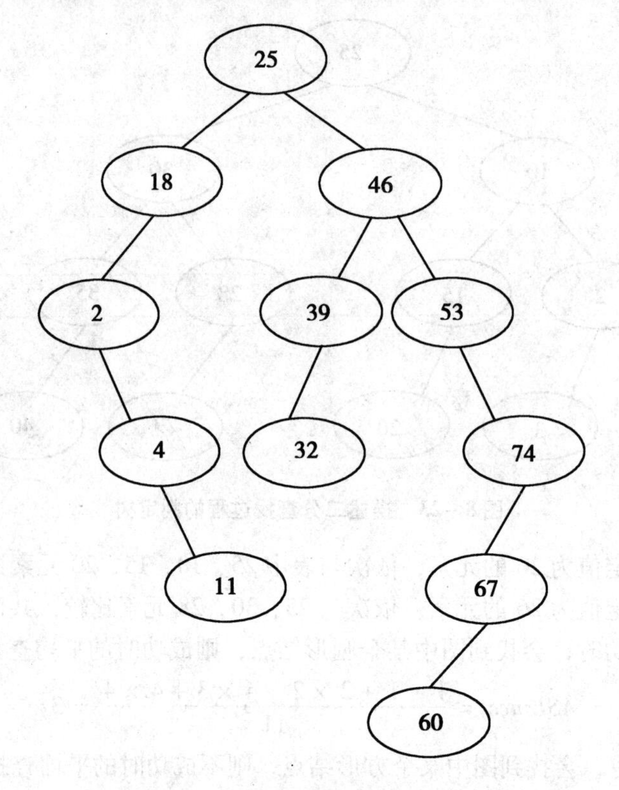

图 8-24　生成的二叉排序树

0	1	2	3	4	5	6	7
11	78	10	1	3	2	4	21

图 8-25　顺序存储的顺序表

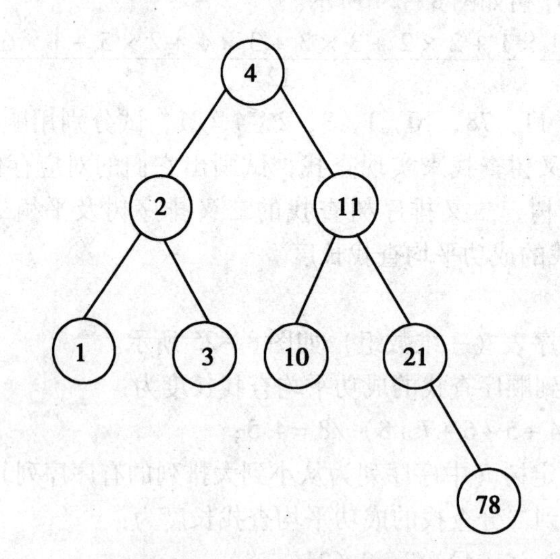

图 8-26　二分查找的判定树

从图 8-27 可以得到二叉排序树查找的成功平均查找长度为：

ASL = （1 +2 ∗2 +3 ∗2 +4 +5 ∗2）/8 =3. 125；

从图 8 –28 可以得到平衡二叉树的成功平均查找长度为：

ASL = （1 +2 ∗2 +3 ∗3 +4 ∗2）/8 =2. 75；

4. 表长为 11 的哈希表中已填有关键字为 17，60，29 的记录，H（key） = keyMOD11，现有第 4 个记录，其关键字为 38，按 3 种处理冲突的方法，将它填入下面的表中。

0	1	2	3	4	5	6	7	8	9	10
					60	17	29			

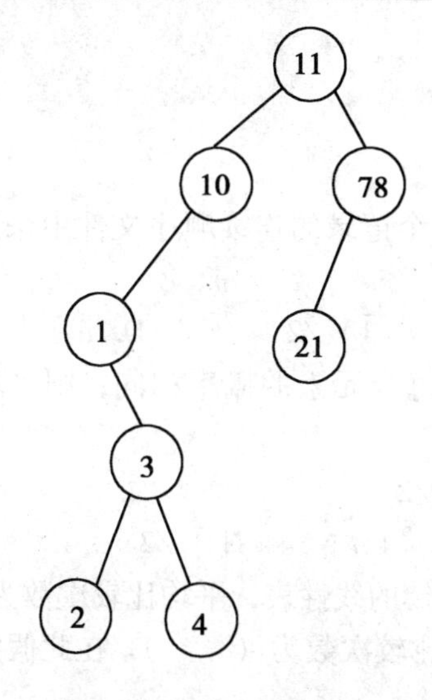

图 8 –27　二叉排序树图

8 –28　平衡二叉树

解：

（1）采用线性探测再散列法处理冲突。

H（38） =38MOD11 =5　　冲突

H_1 = （5 +1） MOD11 =6　　冲突

H_2 = （5 +2） MOD11 =7　　冲突

H_3 = （5 +3） MOD11 =8　　不冲突

由此得到关键字 38 应填入哈希表中的位置如下。

0	1	2	3	4	5	6	7	8	9	10
					60	17	29	38		

（2）采用二次探测再散列法处理冲突。

H（38） =38 MOD 11 =5　　冲突

H_1 = （$5 + 1^2$） MOD 11 =6　　冲突

H_2 = （$5 - 1^2$） MOD 11 =4　　不冲突

由此得到的哈希表如下：

0	1	2	3	4	5	6	7	8	9	10
				38	60	17	29			

（3）采用随机探测再散列法处理冲突。

H（38）=38 MOD 11=5　　　冲突

设伪随机数序列为9，则：

H_1 =（5+9）MOD 11=3　　　不冲突

由此得到的哈希表如下：

0	1	2	3	4	5	6	7	8	9	10
			38		60	17	29			

练习题目

一、单选题

1. 若查找每个记录的概率均等，则在具有 n 个记录的连续顺序文件中采用顺序查找法查找一个记录，其平均查找长度 ASL 为（　　）。

A.（n-1）/2　　B. n/2　　C.（n+1）/2　　D. n

2. 对 N 个元素的表做顺序查找时，若查找每个元素的概率相同，则平均查找长度为（　　）。

A.（N+1）/2　　B. N/2

C. N　　D. [（1+N）*N] /2

3. 顺序查找法适用于查找顺序存储或链式存储的线性表，平均比较次数为（　　），二分法查找只适用于查找顺序存储的有序表，平均比较次数为（　　）。在此假定 N 为线性表中结点数，且每次查找都是成功的。

A. N+1　　B. 2log2N　　C. logN　　D. N/2

E. Nlog2N　　F. N2

4. 下面关于二分查找的叙述正确的是（　　）。

A. 表必须有序，表可以顺序方式存储，也可以链表方式存储

B. 表必须有序且表中数据必须是整型，实型或字符型

C. 表必须有序，而且只能从小到大排列

D. 表必须有序，且表只能以顺序方式存储

5. 对线性表进行二分查找时，要求线性表必须（　　）。

A. 以顺序方式存储　　B. 以顺序方式存储，且数据元素有序

C. 以链接方式存储　　D. 以链接方式存储，且数据元素有序

6. 适用于折半查找的表的存储方式及元素排列要求为（　　）。

A. 链接方式存储，元素无序　　B. 链接方式存储，元素有序

C. 顺序方式存储，元素无序　　D. 顺序方式存储，元素有序

7. 用二分（对半）查找表的元素的速度比用顺序法（　　）。

A. 必然快　　B. 必然慢　　C. 相等　　D. 不能确定

8. 当在一个有序的顺序存储表上查找一个数据时，即可用折半查找，也可用顺序查找，但前者比后者的查找速度（　　）。

A. 必定快　　B. 不一定

C. 在大部分情况下要快　　　　D. 取决于表递增还是递减

9. 具有 12 个关键字的有序表，折半查找的平均查找长度（　　）。

A. 3.1　　B. 4　　C. 2.5　　D. 5

10. 折半查找的时间复杂性为（　）。

A. O（n2）　B. O（n）　C. O（nlogn）　D. O（logn）

11. 当采用分快查找时，数据的组织方式为　（　　）。

A. 数据分成若干块，每块内数据有序

B. 数据分成若干块，每块内数据不必有序，但块间必须有序，每块内最大（或最小）的数据组成索引块

C. 数据分成若干块，每块内数据有序，每块内最大（或最小）的数据组成索引块

D. 数据分成若干块，每块（除最后一块外）中数据个数需相同

12. 二叉查找树的查找效率与二叉树的（（1））有关，在（（2））时其查找效率最低。

（1）：A. 高度　　B. 结点的多少　　C. 树型　　D. 结点的位置

（2）：A. 结点太多　　B. 完全二叉树　　C. 呈单枝树 D. 结点太复杂。

13. 要进行顺序查找，则线性表（1）；要进行折半查询，则线性表（2）；若表中元素个数为 n，则顺序查找的平均比较次数为（3）；折半查找的平均比较次数为（4）。

（1）（2）：A. 必须以顺序方式存储

B. 必须以链式方式存储

C. 既可以以顺序方式存储，也可以链式方式存储

D. 必须以顺序方式存储，且数据已按递增或递减顺序排好

E. 必须以链式方式存储，且数据已按递增或递减的次序排好

（3）（4）：A. n　　B. n/2

C. n * n　　D. n * n/2

E. log2n　　F. nlog2n

G. （n+1）/2　　H. log2（n+1）

14. 在等概率情况下，线性表的顺序查找的平均查找长度 ASL 为（（1）），有序表的折半查找的 ASL 为（（2）），对静态树表，在最坏情况下，ASL 为（（3）），而当它是一棵平衡树时，ASL 为（（4）），在平衡树上删除一个结点后可以通过旋转使其平衡，在最坏情况下需（（5））次旋转。供选择的答案：

（1）（2）（3）（4）（5）：A. O（1）　B. O（log2n）　C. O（（log2n）2）　D. O（nlog2n）　E. O（n）

15. 对大小均为 n 的有序表和无序表分别进行顺序查找，在等概率查找的情况下，对于查找失败，它们的平均查找长度是（　　），对于查找成功，他们的平均查找长度是（　　）供选择的答案：

A. 相同的　　B. 不同的

二、判断题

1. 采用线性探测法处理散列时的冲突，当从哈希表删除一个记录时，不应将这个记录的所在位置置空，因为这会影响以后的查找。（　　）

2. 在散列检索中，“比较”操作一般也是不可避免的。（　　）

3. 散列函数越复杂越好，因为这样随机性好，冲突概率小。(　　)

4. 哈希函数的选取平方取中法最好。(　　)

5. Hash 表的平均查找长度与处理冲突的方法无关。(　　)

6. 负载因子（装填因子）是散列表的一个重要参数，它反映散列表的装满程度。(　　)

7. 散列法的平均检索长度不随表中结点数目的增加而增加，而是随负载因子的增大而增大。(　　)

8. 哈希表的结点中只包含数据元素自身的信息，不包含任何指针。(　　)

9. 若散列表的负载因子 $\alpha<1$，则可避免碰撞的产生。(　　)

10. 查找相同结点的效率折半查找总比顺序查找高。(　　)

三、填空题

1. 顺序查找 n 个元素的顺序表，若查找成功，则比较关键字的次数最多为________次；当使用监视哨时，若查找失败，则比较关键字的次数为________。

2. 在顺序表（8，11，15，19，25，26，30，33，42，48，50）中，用二分（折半）法查找关键码值 20，需做的关键码比较次数为________。

3. 在有序表 A［1..12］中，采用二分查找算法查等于 A［12］的元素，所比较的元素下标依次为________。

4. 在有序表 A［1..20］中，按二分查找方法进行查找，查找长度为 5 的元素个数是________。

5. 高度为 4 的三阶 B－树中，最多有________个关键字。

四、应用题

1. 设有一组关键字｛9，01，23，14，55，20，84，27｝，采用哈希函数：H（key）＝key mod 7，表长为 10，用开放地址法的二次探测再散列方法 Hi＝（H（key）＋di）mod 10（di＝12，22，32，…，）解决冲突。要求：对该关键字序列构造哈希表，并计算查找成功的平均查找长度。

2. 对下面的关键字集｛30，15，21，40，25，26，36，37｝若查找表的装填因子为 0.8，采用线性探测再散列方法解决冲突，做：

（1）设计哈希函数；　（2）画出哈希表；

（3）计算查找成功和查找失败的平均查找长度；

（4）写出将哈希表中某个数据元素删除的算法。

3. 对图 8－29 所示的 3 阶 B－树，依次执行下列操作，画出各步操作的结果。

（1）插入 90　（2）插入 25　（3）插入 45　（4）删除 60　（5）删除 80

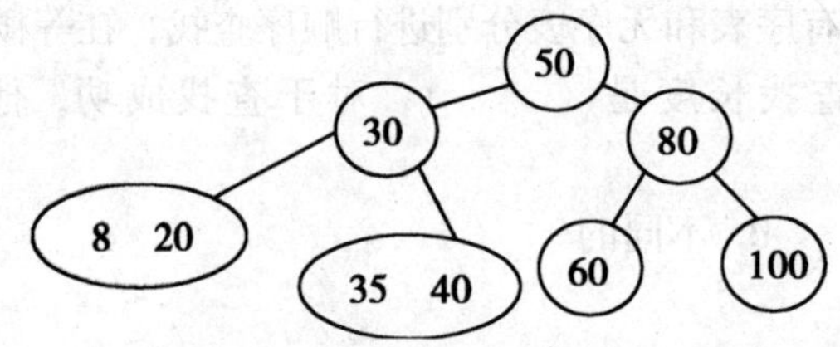

图 8－29　一棵 3 阶 B－树

实验题目

假设人名为中国人的汉语拼音形式。待填入哈希表的人名共有30个，取平均查找长度的上限为2。哈希函数用除留余数法构造，用伪随机探测再散列法处理冲突。

第九章

9 内部排序

本章要点

◎ 了解排序分类及各种排序算法的基本思想
◎ 掌握一般排序算法的设计与实现
◎ 掌握排序算法的效率分析

9.1　排序的基本概念

排序是程序设计中的重要内容，它的功能是按元素的关键码把元素集合排成一个关键码有序序列。排序有内部排序与外部排序之分，内部指计算机内部存储器，内部排序是元素待排序列在内存中，当内存不足以容下所有元素集合时，我们把它存储在外部存储器上进行排序运算，称为外部排序。我们首先给出排序定义，进而再讨论内部排序问题。

设有 n 个元素序列 $\{R_1, R_2, \cdots, R_n\}$，其相应的关键码序列是 $\{K_1, K_2, \cdots, K_n\}$，需确定 1，2，…，n 的一种排列 $P_1, P_2, \cdot\cdot\cdot, P_n$，使其相应的关键码满足如下非递减（或非递增）关系：

$$K_{p1} \leqslant K_{p2} \leqslant K_{p3} \leqslant, \cdots, \leqslant K_{pn}$$

即序列按 $\{R_{p1}, R_{p2}, R_{p3}, \cdots, R_{pn}\}$ 成关键码有序序列，这种操作的过程称为排序。

当 $K_1, K_2, \cdots, K_n$ 是元素主关键码时，即任何不同的元素有不同的关键码，此排序结果是唯一的，上面的等号不成立。当 $K_1, K_2, \cdots, K_n$ 是元素次主关键码时，排序结果不唯一，此时涉及排序稳定性问题，我们定义：

设 $K_i = K_j$，　　　$1 \leqslant i, j \leqslant n$，且 i 不等于 j

若排序前 R_i 在 R_j 之前（$i < j$），而排序后仍有 $R_{pi} < R_{pj}$，即具有相同关键码的元素其在序列中的相对顺序在排序前后不发生变化，则称此排序方法是稳定的。反之，若排序改变了 R_{pi}，R_{pj}的相对顺序，则称此排序方法是不稳定的。

在排序过程中主要有两种运算，即关键码的比较运算和元素位置的交换运算，我们以此衡量排序算法的效率。对于简单的排序算法，其时间复杂度大约是 $O(n^2)$，对于快速排序算法其时间复杂度是 $O(n \log n)$ 数量级的，对于基数排序方法，其时间复杂度是 $O(dn)$。我们要求必须掌握几种基本方法是插入排序、快速排序、堆排序，归并排序等。下面从最基本的直接插入排序方法开始，进而再研究快速排序方法的程序设计问题。

9.2　插入类排序

9.2.1　直接插入排序

直接插入排序是在插入第 i 个元素时，假设序列的前 $i-1$ 个元素 $R_1, R_2, \cdots, R_{i-1}$ 是已排好序的，我们用 K_i 与 $K_1, K_2, \cdots, K_{i-1}$ 依次相比较，找出 K_i 应插入的位置将其插入。原位置上的元素顺序向后推移一位，存储结构采用顺序存储形式。为了在检索插入位置过程中避免数组下界溢出，设置了一个监视哨在 R［0］处。

算法 9－1：

```
1. 待排序的 n 个元素在数组 ARRAY［n＋1］中，按递增排序。
2. for（i＝2；i＜＝n；i＋＋）{                    /＊第一个元素已经有序＊/
       array［0］＝array［i］;                    /＊监视哨＊/
       j＝i－1;
       while（array［0］.key＜array［j］.key）{
           array［j＋1］＝array［j］;              /＊顺序向后移动一位＊/
           j－－;
           }                                      /＊循环中止时 j＋1 指向第 i 个元素
                                                   应插入的位置＊/
       array［j＋1］＝array［0］;
       }
```

程序本身并不复杂，要注意监视哨的作用，当 $R_i < R_1$ 时程序也能正常中止循环，把 R_i 插入到 R_1 位置。一个具体的线性排序例子过程见图 9－1 所示。

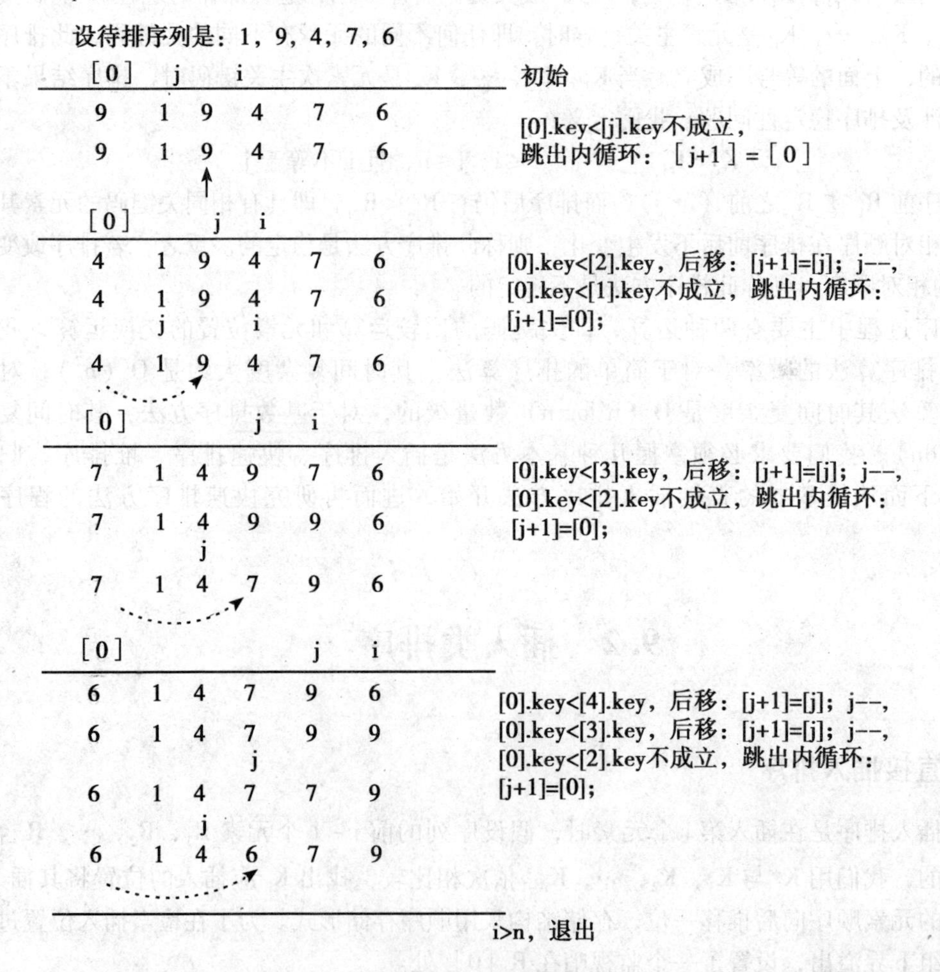

图 9－1　线性排序过程

效率分析：

直观上看，其两重循环最大都是n，因此其时间复杂度是O（n^2）。而在一个元素i排序过程中，要在已排好序的i-1个元素中插入第i个元素其比较次数C_i最多是i次，此时$R_i < R_1$被插到第一个元素位置。比较次数最少是1次，此时$R_i \geq R_{i-1}$，位置没有移动。因此n次循环的最小比较次数：

$$C_{min} = n - 1$$

最大比较次数：

$$C_{max} = \sum_{i=2}^{n} i = \frac{(n+2)(n-1)}{2}$$

而一次插入搜索过程中，为插入元素i所需移动次数其最大是C_{i+1}，最小是2次（包括array［0］的1次移动）。那么，n个元素排序时，其n-1个元素需2（n-1）次，所以最小移动次数：

$$M_{min} = 2 \times (n-1)$$

最大移动次数：

$$M_{max} = \sum_{i=2}^{n} (i+1) = (n-1) + \frac{(n+2)(n-1)}{2}$$

直接插入排序也可以考虑用链表来实现，此时没有元素移动问题，但最大、最小比较次数一样。

算法判别条件while（array［0］.key < array［j］.key）是当前j指向关键码若小于排序元素array［0］关键码，则序列顺序后移，找到有序的位置后交换元素；若等于或大于就不发生交换，因此，具有相同关键码的元素在排序前、后的相对位置不会发生变化，所以它是一个稳定的排序方法。

9.2.2　折半插入排序

对有序表可以进行折半查找，其性能优于顺序查找。那么直接插入排序算法中的搜索操作可以改变为在区间［1，i-1］上进行折半查找来实现。如此进行的插入排序称为折半插入排序（B inary insertion sort）时的算法如下。

算法9-2：

```
void B insort (keytype k [ ], int n)
{
  int i, j, low, high, mid;
  keytype temp;
  for (i=2; i<=n; i++)
    { temp=k [i];                    /*将当前被插入元素k [i] 保存在
                                     temp中*/
    low=1;
    high=i-1;
```

```
        while (low < =high)
         {mid = (low+high) /2;
          if (temp<k [mid])
            high=mid-1;
          else
          low=mid+1;
         }                              /*采用折半查找方法确定k [i] 的合适
                                        位置*/
        for (j=i-1; j> =low; j- -)
          k [j+1] =k [j];               /*有关元素依次后移一个位置*/
        k [low] =temp;                  /*插入k [i], 至此一趟结束*/
      }
   }
```

效率分析：

采用折半插入排序法，可以减少关键字的比较次数。每插入第 i 个记录，最多进行 $[\log_2 i]$ 次比较，因此插入 n－1 个记录的平均关键字的比较次数为 O（$n\log_2 n$）。而记录的移动次数不变，并未改变移动记录的时间耗费。因此，折半插入排序的时间复杂度为 O（n^2）。是一种稳定的排序方法。

9.2.3 希尔排序

shell 排序也称之为缩小增量法（diminishing increment sort）。它不是根据相邻元素的大小进行比较和交换，而是把总长度为 n 的待排序序列以步长 $d_i=\frac{n}{2^i}$进行分割，间隔为 d_i 的元素构成一组，组内用直接插入、或者是选择插入法排序。下标 i 是第 i 次分组的间隔，i＝1，2，…。随着间隔 d_i 的不断缩小，组内元素逐步地增多，但因为是在 d_{i-1} 的有序组内基础上新增待排元素，所以比较容易排序。

若 n 不是 2 的整数幂，不妨对排序数组长度补零到整数幂的长度为止。

图 9－2 显示了排序数组长度为 8 的排序过程。算法 9－3 是 shell 排序实现。

算法 9－3：

```
 void shellsort (struct node *p, int n)
 {
     for (int i=n/2; i>2; i/ =2)
         for (int j=0; j<i; j+ +) inssort2 ( (p+j), n-j, i);
     inssort2 (p, n, 1);
 }
 void inssort2 (struct node *p, int n, int incr)
 {for (int i=incr; i<n; i+ =incr)
          for (int j=i; (j> =incr) && (p [j] .key<p [j-incr] .key); j- =incr)
               swap ( (p+j), (p+j-incr));
 }
```

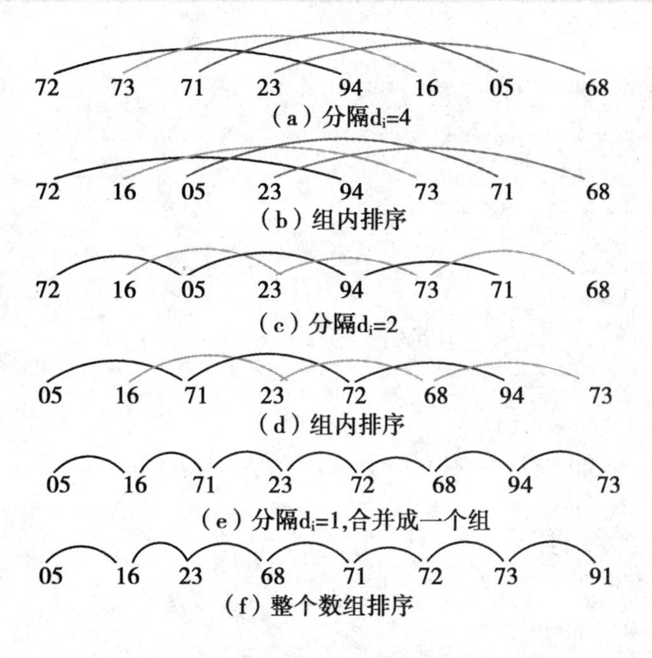

图 9－2　shell 排序过程

9.3　交换类排序

9.3.1　冒泡排序

冒泡（Bubble Sort）的意思是每一趟排序将数组内一个具有最小关键码的元素排出到数组顶部，算法有一个双重循环，其中内循环从数组底部开始比较相邻元素关键码大小，位居小者向上交换，并在内循环中通过两两交换将最小元素者直接排出到顶部，此时外循环减一指向数组顶部减一位置，继续内循环过程，将数组内具有次最小关键码的元素排出至数组顶部减一位置，如此直至循环结束，每次循环长度比前次减一，最终结果是一个递增排序的数组。图 9－3 是冒泡排序示意，直接见算法 9－4。

42	13	13	13	13	13	13	13
20	42	14	14	14	14	14	14
17	20	42	15	15	15	15	15
13	17	20	42	17	17	17	17
28	14	17	20	42	20	20	20
14	28	15	17	20	42	23	23
23	15	28	23	23	23	42	28
15	23	23	28	28	28	48	42

图 9－3　冒泡排序过程

算法9-4：

```
void Bubble Sort (struct node *p, int n)
{
struct node s;
for (int i=0; i<n-1; i++) {
int flag=0;
fot (int j=n-1; j>i; j--)
     if (*(p+j).key<*(p+j-1).key)
      {
             s=*(p+j);
             *(p+j)=*(p+j-1);
             *(p+j-1)=s;
             flag=1;
      }
   if (flag==0) retrun;
   }
}
```

算法9-4如果没有flag这个标志位，那么即使数组已经有序，程序也会继续双重循环直至结束为止。另外，我们注意到，如果*（p+j）.key>=*（p+j）.key，相邻元素不发生交换，所以冒泡排序是一个稳定的排序方法。

冒泡排序是一个双重循环过程，所以其比较次数是：

$$\sum_{i=1}^{n} i = O(n^2)$$

其最佳、平均和最差情况基本是相同的。

9.3.2 快速排序

对已知的元素序列排序，在一般的排序方法中，一直到最后一个元素排好序之前，所有元素在文件中（排序表）中的位置都有可能移动。所以，一个元素在文件中的位置是随着排序过程而不断移动的，造成了不必要的时间浪费。快速排序基于这样一种思想，第i次排序不是确定排序表中前i-1个元素的相对顺序，而是只确定第i个元素在排序表中的最终位置。方法是每次排序后形成前后两个子序列，关键码小于或等于该元素关键码的所有元素均处于它左侧，构成前子序列；关键码大于该元素关键码的所有元素均处于它右侧，形成后子序列。我们称此元素所处的位置为枢轴，元素为枢轴元素。这样，可以对每一子序列重复同样的处理过程，形成递归形式，直到每一元素子序列只剩一个元素为止。

此方法关键在于确定序列或子序列的哪一个元素作为枢轴元素，一般选取待排序列的第一个元素作为枢轴元素，首先给出算法。

算法9－5（A）：

```
设有序列{R［s］，R［s+1］，…，R［t］}
1. 设置指针i=s，j=t，R［s］.key为待排元素关键码k1，指针p=&R［s］；
2. 执行循环：
  while（i<j）do{
    while（（i<j）&&（*（p+j）.key>=k1））j--；//递增排序*（p+j）>
    枢轴k则顺序不变继续搜索
      *（p+i）<==>*（p+j）//由尾部起找到一小于枢轴的元素*（p+j），
      把它交换到前子序列i的位置
      while（（i<j）&&（*（p+i）.key<=k1））i++；//递增排序*（p+i）
      <枢轴k则顺序不变继续搜索
      *（p+i）<==>*（p+j）；//自头部起找到一大于枢轴的元素*（p+i）
      把它交换到后子序列j的位置
      }
3. 当i=j时一个元素被排好序，可以递归调用此过程直到全部排序结束。
```

图9－4给出了一个元素的排序过程示意，如果枢轴元素K_1选择合适，则每次平分前后子序列可以得到较高的效率，算法9－5（B）是C语言快速排序的完整程序。

算法9－5（B）：

```
void  qksort（struct node *p，int  l，int t）
{
  inti，j；
  struct node x；
  i=l；j=t；x=p［i］；                //取序列第一个元素作为枢轴
  do{
  while（（p［j］.key>x.key）&&（j>i））j--；//从尾部开始只要没找到小于
  X的元素就递减循环
  if（j>i）{
      p［i］=p［j］；            //向前单向交换，j位置空出会在后续循环中
                                 被另外元素补上
      i++；                     //准备开始从头部向尾部搜寻
      }
  while（（p［i］.key<x.key）&&（j>i））i++；
  if（j>i）{
      p［j］=p［i］；            //向后单向交换，i位置空出会在后续循环中
                                 被另外元素补上
      j--；
      }
  }while（i!=j）；          //只要i不等于j一趟排序尚未完成
  p［i］=x；                //找到枢轴，把X放到其在序列的最终位置上，一趟排
                             序完成
```

```
    i++;
    j--;
    if (l<j) qksort (p, l, j);          //对前子序列0~j元素递归排序
    if (i<t) qksort (p, i, t);          //对后子序列i~n-1元素递归排序
}
```

函数在主程序中调用形式为：

qksort（p，0，n-1）；

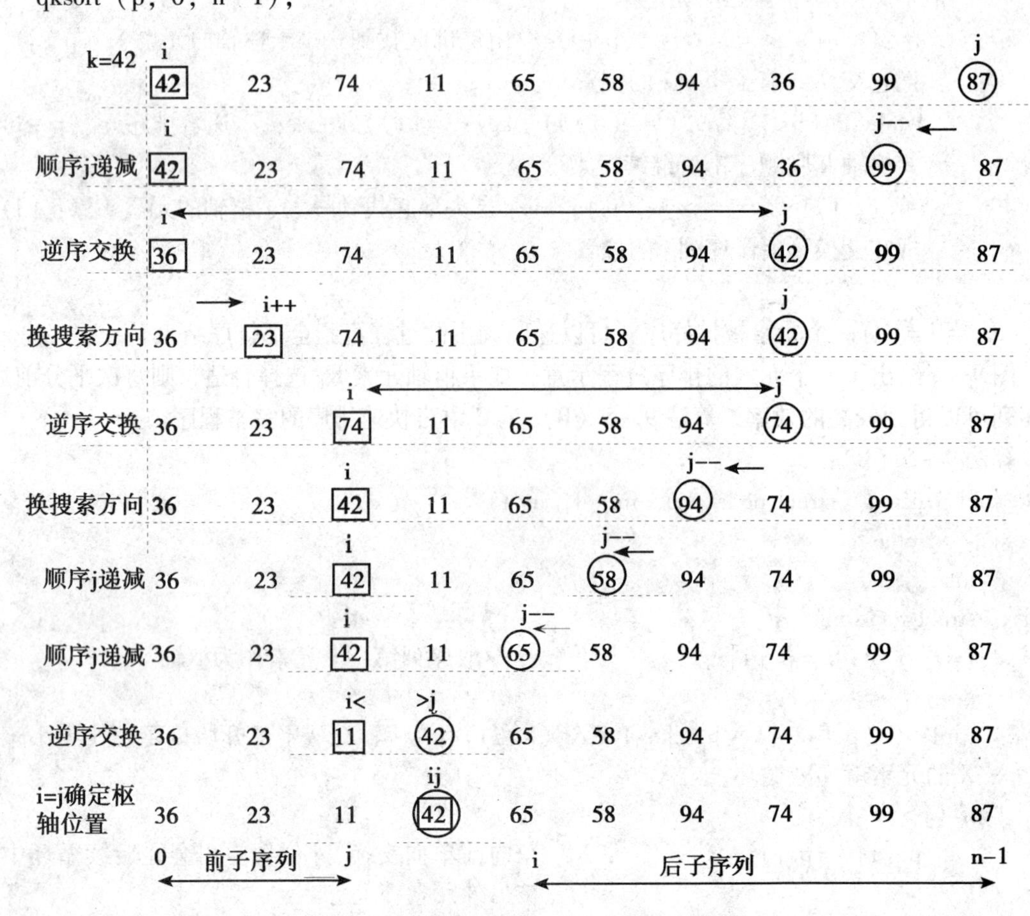

图9-4　快速排序的一个元素排序过程图解

效率分析：

快速算法的效率分析与枢轴元素选取密切相关，最差的情况是每趟排序选取的枢轴元素在排序后处于将长度为 n_i 的待排序列分割成一个子序列没有元素而另一个子序列有 n_i-1 个元素的位置上，于是，下次排序需要比较和交换的次数都是 n_i-1，如果在总长为n的排序数组中每次都发生这种情况，则其时间花费是 $\sum_{i=1}^{n} i = O(n^2)$，所以，最差情况下快速排序效率与冒泡排序相当，如果枢轴是随机选取的，发生这种情况的可能性不大。

快速排序最好的情况是每趟排序选取的枢轴元素在排序后处于将长度为 n_i 的待排序列分割成两个长度相等的子序列位置上，下次排序需要比较和交换的次数都是 $\frac{n_i}{2}$，如果每趟

排序都发生这种情况，则总长为 n 的排序数组会被分割 $\log_2 n$ 次，每次的交换和比较次数是 $\sum_{i=0}^{\log_2 n} \frac{n}{2^i}$，这里假设 n 是 2 的整数幂，其时间花费是 $O(n\log_2 n)$。

快速排序的平均效率在最好与最差情况之间，假定选取的枢轴元素位置将第 i 趟排序数组的长度分割成 0，1，2，…，n_i-2，n_i-1 情况的可能性相等，概率为 $\frac{1}{n_i}$，则平均效率是：

$$T(n) = cn + \frac{1}{n}\sum_{i=0}^{n-1}(T(i) + T(n-1-i)) \qquad T(0) = c, T(1) = c$$

它仍然为 $O(n\log_2 n)$ 数量级。快速排序算法中，我们要注意待排元素 K_1 的选取方法不是唯一的，它对排序效率有很大影响。

9.4 选择类排序

9.4.1 简单选择排序

简单选择排序（Selection sort）每次寻找待排序元素中最小的排序码，并与其最终排序位置上的元素一次交换到位，避免冒泡排序算法有元素在交换过程中不断变位的问题，比如，首先选择 n 个元素的最小排序码，将其与排序数组［0］位置的元素交换，然后是选择剩余 n－1 个元素的最小排序码，将其与排序数组［1］位置上的元素交换，即，第 i 次排序过程是选择剩余 n－i 个元素的最小排序码，并与排序数组［i］位置的元素交换，它的特点是 n 个元素排序最多只有 n－1 次交换。图 9－5 是选择排序过程示意，算法 9－6 是选择排序函数。

算法 9－6：

```
void selsort (struct node *p, int n)
{
struct node s;
for (int i=0; i<n-1; i++) {
        int lowindex=i;
        for (int j=n-1; j>i; j--) if (p[j].key<p[lowindex].key) lowindex
=j;
        s=p[i];
        p[i] =p[lowindex];
        p[lowindex] =s;
        }
}
```

选择排序实际上仍然是冒泡排序，程序记住最小排序元素的位置，并一次交换到位，它的比较次数仍然是 $O(n^2)$ 量级，但交换次数最多只有 n－1 次。如果＊（p+j）.key>=＊

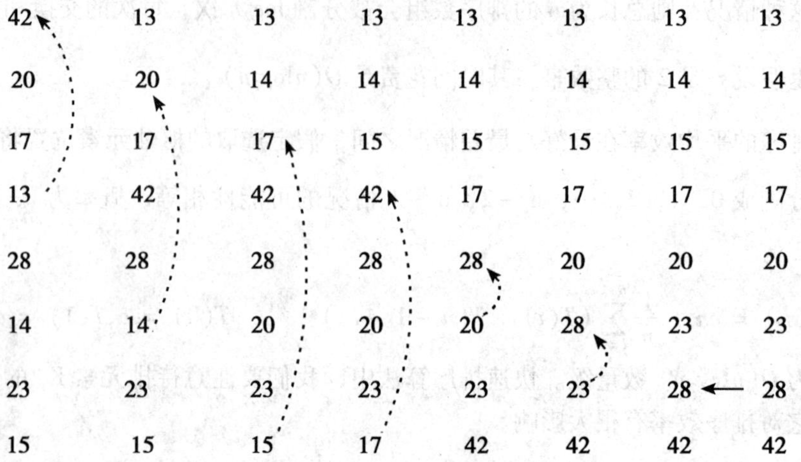

42	13	13	13	13	13	13	13
20	20	14	14	14	14	14	14
17	17	17	15	15	15	15	15
13	42	42	42	17	17	17	17
28	28	28	28	28	20	20	20
14	14	20	20	20	28	23	23
23	23	23	23	23	23	28 ←	28
15	15	15	17	42	42	42	42

图 9－5　选择排序过程

(lowindex) . key，不发生交换，所以选择排序是一个稳定的排序方法。

9.4.2　树形选择排序

直接插入排序的问题在于为了从 n 个排序码中找出最小的排序码，需要比较 n－1 次，然后又从剩下的 n－1 个排序码中比较 n－2 次，而事实上，这 n－2 次比较中有多个排序码已经在前面比较过大小，只是没有保留结果而已，以至有多次比较重复进行，造成效率下降。如果我们这样考虑，设 n 个排序元素为叶子，第一步是将相邻的叶子两两比较，取出较小排序码者作为子树的根，共有 $\left|\frac{n}{2}\right|$ 棵子树，然后将这 $\left|\frac{n}{2}\right|$ 棵子树的根再次按相邻顺序两两比较，取出较小排序码者作为生长一层后的子树根，共有 $\left|\frac{n}{4}\right|$ 棵，循环反复直至排出最小排序码成为排序树的树根为止，我们将树根移至另一个数组，并且将叶子数组中最小排序码标记为无穷大，然后继续从剩余的 n－1 个叶子中选择次最小排序码，重复上述步骤的过程，实际上只需要修改从树根到刚刚标记为无穷大的叶子结点这一条路径上的各结点的值，而不用比较其他的结点，除去第一次以外，等于每次寻找排序码的过程是走过深度为 $\log_2 n$ 的二叉树，即只需要比较 $\log_2 n$ 次，我们称之为树型选择排序。图 9－6 是树型排序的过程前三次循环示意，排序数组为 {72，73，71，23，94，16，5，68}，图 9－6（A）是构造选择排序二叉树，图 9－6（B）是标记最小排序码后调整得到的次最小排序码，图 9－6（C）是又一次循环过程。

因为第一次构造这棵二叉树需要比较 n－1 次才能找到最小的排序码，以后每次在这棵树上检索最小排序码需要比较 $\log_2 n$，共有 n－1 次检索，所以，树型选择排序总的比较次数为：

$$(n-1)+(n-1)\log_2 n$$

时间复杂度是 $O(n\log_2 n)$。

9.4.3　堆排序

快速排序在其枢轴元素每次都选到位于其前后子序列的中点时，相当于每次递归找到一

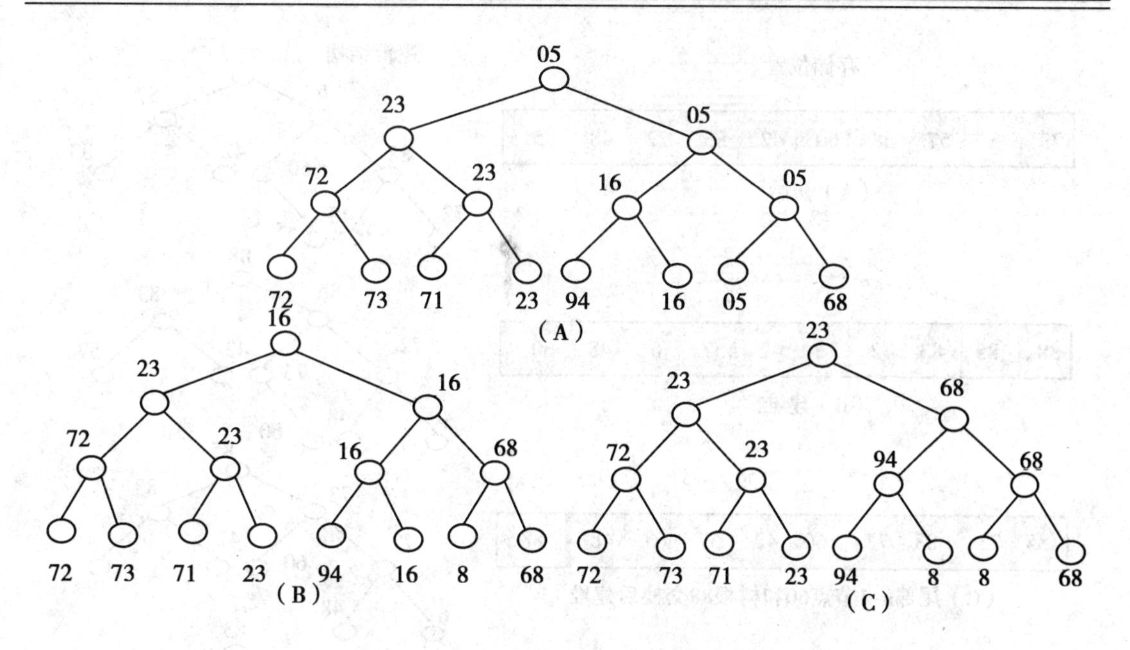

图 9－6　树型选择排序过程

棵平衡二叉树的根，这时其效率最高。显然，如果我们能找到总是在一棵平衡二叉树进行排序的方法，就有可能得到比快速排序更高的效率。堆是一棵完全二叉树，堆的特点又是根为最大值，那么基于最大值堆排序的思想就很简单，将待排序的 n 个元素组建一个最大值堆，把根取出放到排序数组的位置［n－1］处，重新对剩下的 n－1 个元素建堆，再次取出其根并放置到排序数组的［n－2］位置处，循环直至堆空，堆排序完成。

实际上，排序数组就是堆数组，每次取出的根直接和堆数组的［n－1］位置元素交换，根被放到堆数组的［n－1］位置，而原来［n－1］位置的元素成为树根，于是，堆数组［0～n－2］的那些剩余元素在逻辑上仍然保持了完全二叉树的形状，可以继续对这些 n－1 个剩余元素建堆，图 9－7 显示了一个堆排序过程的前四步情况，算法 9－7 是堆排序算法。

算法 9－7：

```
void heapsort (struct node * heap, int n) //heap 指向 heaparray [0], n 是堆数组长度
{
    int i;
    B uildMAXheap (heap, n);                      //在堆数组 [0~n-1] 建立堆
    swap ( (heap +0), (heap +n -1));    //将当前堆数组的最后一个结点与堆顶
                                                  结点交换
    n - -;                                        //堆元素减一
    while (n) {                                  //排序过程直至堆剩余一个元素为止
      B uildMAXheap (heap, n);
      swap ( (heap +0), (heap +n -1));
      n =n -1;
      }
}
```

效率分析：

因为建堆效率是 O（n），而将位置 i 上的元素与堆顶元素交换需要 n－1 次，并重建 n－

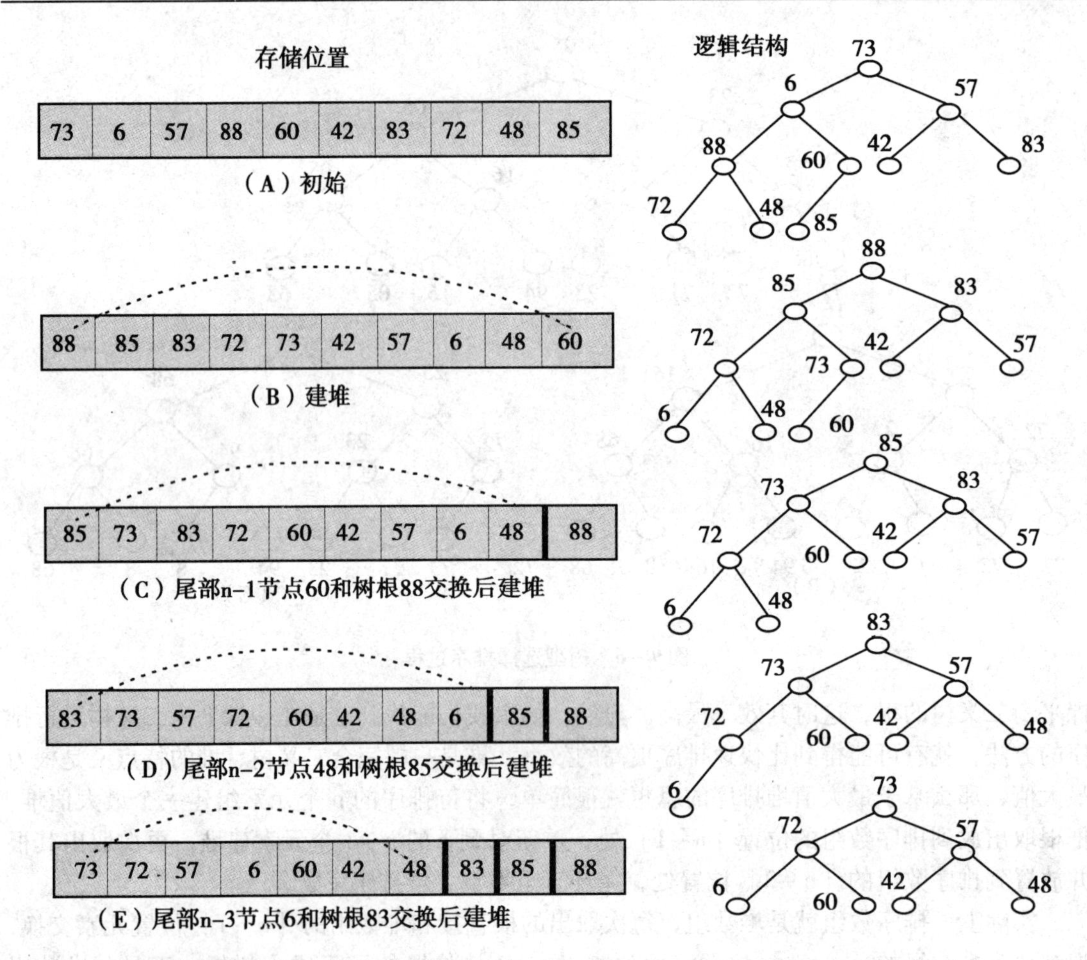

图9-7　{73，6，57，88，60，42，83，72，48，85} 堆排序的前四步过程

1 次堆，在最坏情况下，每次恢复堆的需要移动 $\log_2 i$ 次，那么，$\sum_{i=1}^{n-1}\log_2 i$ 次移动需要时间开销是 O（$n\log_2 n$），即堆排序最坏情况下的效率是 $O(n\log_2 n)$。

9.5　归并排序

两路归并排序思想：

将两个有序的数组合并为一个有序的数组称之为归并（Mergesort）。设待排序数组有 n 个元素 {R_1，R_2，…，R_n}，在前面讨论的直接插入排序方法中，我们对第 i 个元素排序时假定前 i-1 个元素是已经排好序的，初始 i 从 2 开始。与此类似，归并排序初始时将 n 个元素的数组看成是含有 n 个长度为 1 的有序子数组，然后将相邻子数组两两归并，归并后的子数组的长度倍增为 2，而个数减少一半为 $\frac{n}{2}$，反复归并子数组，直至最后归并到一个长度为 n 的数组为止。归并排序不同于快速排序，它的运行效率与元素在数组中的排列方式无关，因此避免了快速排序中最差的情形。

温馨提示

归并排序和增量排序有些类似，它们的区别在于，shell 是把长度为 n 的待排序序列以步长 $d_i = \frac{n}{2^i}$ 进行分割，以间隔为 d_i 的元素构成一组。而归并排序是相邻的元素为一组，继而以相邻组归并。

对包含 n 个元素的数组应用归并排序方法，需要一个长度为 n 的辅助数组暂存两路归并的中间结果，空间开销的增加是归并排序的一个弱点，但是，任何试图通过程序技巧来取消辅助数组的代价是程序变得极其复杂，这并不可取。

图 9－8 是两路归并排序示意。图中显示，一次归并结束时，序列尾部可能有 1 个子数组及元素不能归并，需要进行尾部处理。因为，一次归并过程中子数组能两两归并的条件是当前归并元素位置 $i \leq n-2L+1$，否则，余下的待排序元素一定不足两个子数组的长度，需要进行尾部处理。

方法有 2：①当前归并位置 $i < n-L+1$，即余数多于一个子数组，我们将它们看成是一个归并序列直接进行归并处理，并放入到归并结果序列的尾部；②$i > n-L+1$，余下元素个数少于一个子数组长度，我们将这些元素直接移入到归并结果序列的尾部。

两路归并算法

包含 n 个元素的数组两两归并排序的算法包含有两个函数，分别是：

①两组归并函数：

merge（归并起点，子数组 1 终点位置，子数组 2 终点位置，待排序数组，中间数组）；

②一趟归并函数：

mergepass（待排序数组长度，子数组长度，待排序数组，中间数组）。

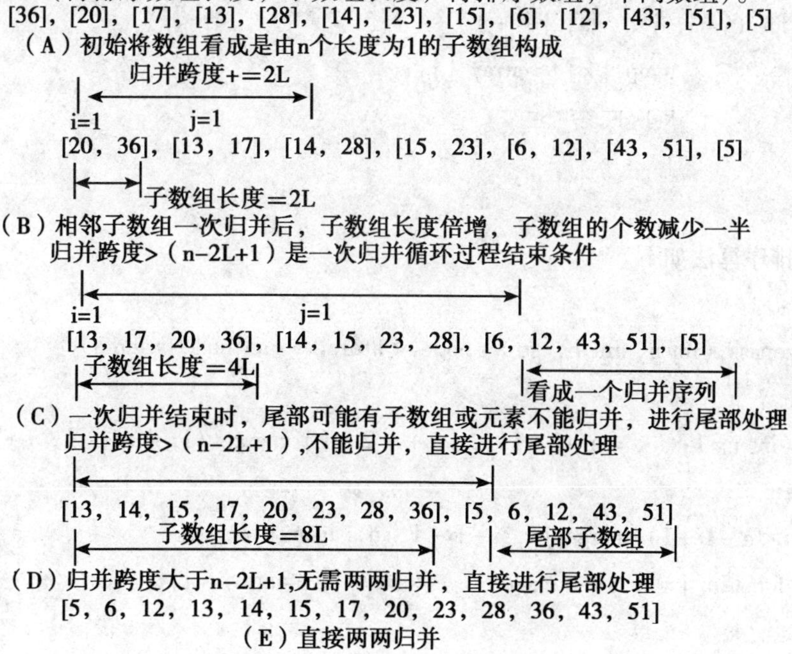

[36]，[20]，[17]，[13]，[28]，[14]，[23]，[15]，[6]，[12]，[43]，[51]，[5]

（A）初始将数组看成是由n个长度为1的子数组构成

归并跨度+=2L

i=1　　j=1

[20，36]，[13，17]，[14，28]，[15，23]，[6，12]，[43，51]，[5]

子数组长度=2L

（B）相邻子数组一次归并后，子数组长度倍增，子数组的个数减少一半

归并跨度>（n−2L+1）是一次归并循环过程结束条件

i=1　　j=1

[13，17，20，36]，[14，15，23，28]，[6，12，43，51]，[5]

子数组长度=4L　　看成一个归并序列

（C）一次归并结束时，尾部可能有子数组或元素不能归并，进行尾部处理

归并跨度>（n−2L+1），不能归并，直接进行尾部处理

[13，14，15，17，20，23，28，36]，[5，6，12，43，51]

子数组长度=8L　　尾部子数组

（D）归并跨度大于n−2L+1,无需两两归并，直接进行尾部处理

[5，6，12，13，14，15，17，20，23，28，36，43，51]

（E）直接两两归并

图 9－8　归并排序过程

我们先看子数组归并排序算法：

算法9-8：

```
void merge (int L, int m, int m1, struct node *array, struct node *temp)
{
    int i=L, k=L, j=m+1;
    while ((i<=m) && (j<=m1)) {
        if (array[i].key<=array[j].key) {
            temp[k] =array[i];
            i++;
        }
        else {
            temp[k] =array[j];
            j++;
        }
        k++;
    }
    if (i>m) for (i=j; i<=m1; i++) {
            temp[k] =array[i];
            k++;
        }
    else for (j=i; j<=m; j++) {
                temp[k] =array[j];
                k++;
            }
}
```

一趟归并排序算法如下。

算法9-9：

```
void mergepass (int n, int L, struct node *array, struct node *temp)
{
    for (int i=1; i<=n-2*L+1; i+=2*L) merge (i, i+L-1, i+2*L-1, 
array, temp);
    if (i<n-L+1) merge (i, i+L-1, n, array, temp);
    else for (int j=i; j<=n; j++) temp[j] =array[j];
}
```

最后，我们得到两路归并排序算法如下。

算法 9－10：

```
int mergesort (int n, struct node * array)
{
    int L=1;
    struct node temp [N+1]; //排序元素个数是 N
    while (L<n) {
        mergepass (n, L, array, temp);
        L* =2;
        if (L> =n) {
            for (int i=1; i< =n; i+ +) array [i] =temp [i];
            return (0);
            }
        mergepass (n, L, temp, array);
        L* =2;
        }
    }
```

当 $2^{i-1}<n\leqslant 2^i$ 时，mergepass（）调用了 i 次（$i\approx\log_2 n$），每次调用 mergepass（）的时间开销是 O（n）数量级，在 mergesort（）中，最后有可能需要从 temp［］向 array［］移动 n 次，所以，两路归并排序的时间花费是 O（$n\log_2 n$）数量级，相当于快速排序方法。

9.6　基数排序

基数排序法是利用数字位数作为排序的依据，所以不适用于字符串或文字的排序，其排序的流程是将键值分成几个单位，把同一单位的放在一堆，其比较方向可分为最有效键似 ost 5 高位优先（Most Significant Digit，MSD）或最低位优先（Least Significant Digit，LSD），也就是说可由右至左或由左至右分类，而实际上，基数排序法就是逐字检查由键值分成的基本单位。MSD 法是从最左边的位数开始比较，是采用分配、排序、收集 3 个步骤进行。LSD 是从最右边的位数开始比较，只需采用分配和收集两个步骤。

算法 9－11：

```
Radix_ Sort (int p [], int n)
{
  int i, j, m;
  int c [10], temp [10] [30];
  m=2;
  while (m>0)
   {
    for (i=0; i<10; i+ +) c [i] =0;
    for (i=0; i< =n; i+ +)
```

```
            for (j=0; j<n; j++)    temp [i] [j] =0;
          for (i=0; i<n; i++)
              {
        if (m==2)
    j=p [i]%10;
    else
      j=p [i] /10;
    c [j++];
    temp [j] [c [j]] =p [i];
    }
    k=0;
    for (i=0; i<10; i++)
      if (c [i]! =0)
        for (j=1; j<=c [i]; j++)
    {
      p [k] =temp [i] [j];
      k++;
    }
    m--;
    }
    }
```

假设原始数据如下：

92	16	9	95	27	75	42	69	34

方法1：采用LSD，依照十位数的大小排序。

0	09
1	16
2	27
3	34
4	42
5	
6	69
7	75
8	82
9	95

其排序结果：

9	16	27	34	42	69	75	82	95

方法 2：采用 MSD，先依照个位数的大小排序，再排序十位数。

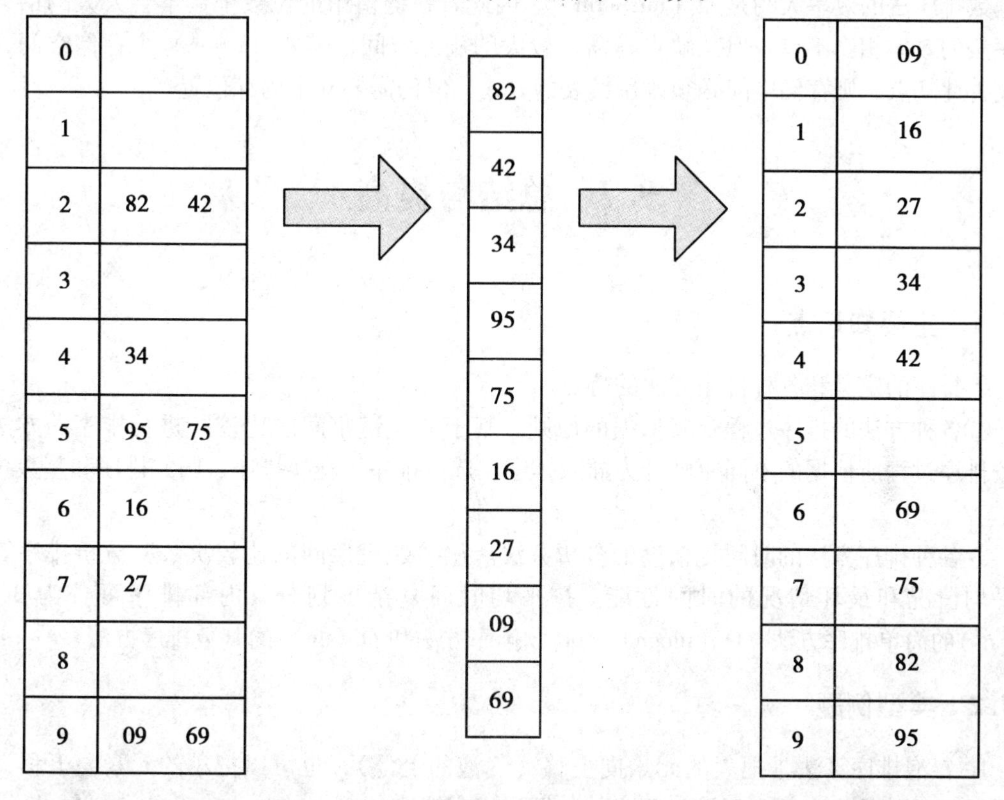

得到最后排序结果：

9	16	27	34	42	69	75	82	95

开始时，依个位数的值进行分配，例如个位是 2 的有 82 和 42 等，是 4 的有 34 等，第一趟排序后，把所有的元素值依序归并为：82，42，34，95，75，16，27，9 与 69；第二趟排序时，依十位数的值进行分配，如十位数是 0 的有 9 等，是 1 的有 16 等，分配完后再依序归并所有元素，就可得一排序的元素。

经由方法 1 和方法 2 的比较，我们可以清楚地知道 LSD 方法较好（因为少了一道排序的步骤）。

缺点：

①要排序的链表必须是一个连接链表，若用基数排序法来排序数组时，从两方面来说是很复杂的，第一是要以元素移动来取代指针处理，若元素很大时，这是很严重的事；

②每个字符链表必须能容纳整个要排序的链表，因此每个字符可能出现的值为 m，则基数排序法所需额外的内存大小为原来链表的 m 倍；

③另一个潜在的缺点是需要将字符值转换为适当字符串指针的工作量。

（注：基数排序法与其他排序法的差异是它可不进行任何比较的操作，其可用链表与链接，如果以链接方式处理，也无须移动元素）。

效率分析：

基数排序法的时间需求很明显的是依数据位数的数目（m）、基数（r），及文件中元素的数目（n）而定。在算法中的主要两个循环，外部循环执行 m 次，内部循环执行 n 次，所以基数排序法的效率大约是 O（$mn + rm^2$）。因此若在键值中的位数个数不会太大的话，此排序法的效率相当不错。但其缺点是需要较大的额外空间，需要（r * m）个存储空间，若要改善此缺点，则存储空间必须改用链表的方式，但仍需要 n 个内存位置。

9.7 总结与提高

9.7.1 主要知识点

①排序的定义和各种排序方法的特点。

②各种方法的排序过程及其依据的原则。基于“关键字间的比较”进行排序的方法可以按排序过程所依据的不同原则分为插入排序、选择排序、交换排序、归并排序和基数排序 5 类。

③各种排序方法的时间复杂度的分析方法。从“关键字间的比较次数”分析排序算法的平均情况和最坏情况的时间性能。按平均时间复杂度划分，内部排序可分为 3 类：O（n^2）的简单排序方法，O（nlogn）的高效排序方法和 O（dn）的基数排序方法。

9.7.2 典型例题

1. 冒泡排序算法是把大的元素向上移（气泡的上浮），也可以把小的元素向下移（气泡的下沉）请给出上浮和下沉过程交替的冒泡排序算法。

```
void Bubble Sort2 (int a [], int n)      //相邻两趟向相反方向起泡的冒泡排序算法
{change =1; low =0; high = n -1;         //冒泡的上下界
    while (low < high && change)
     {change =0;                          //设不发生交换
     for (i = low; i < high; i + +)       //从上向下起泡
      if (a [i] >a [i+1]) {a [i] < - - >a [i+1]; change =1;} //有交换，修改标志 change
       high - -; //修改上界
       for (i = high; i > low; i - -)     //从下向上起泡
        if (a [i] <a [i-1]) {a [i] < - - >a [i-1]; change =1;}
       low + +;                           //修改下界
      } //while
}
```

［算法讨论］题目中“向上移”理解为向序列的右端，而“向下移”按向序列的左端来处理。

2. 输入50个学生的记录（每个学生的记录包括学号和成绩），组成记录数组，然后按成绩由高到低的次序输出（每行10个记录）。排序方法采用选择排序。

```
typedef struct
        {int num; float score;}  RecType;
void SelectSort (RecType R [51], int n)
{for (i=1; i<n; i++)
{//选择第i大的记录，并交换到位
k=i;           //假定第i个元素的关键字最大
    for (j=i+1; j<=n; j++)          //找最大元素的下标
      if (R [j] .score>R [k] .score)    k=j;
if (i! =k)    R [i] <-->R [k];    //与第i个记录交换
} //for
    for (i=1; i<=n; i++) //输出成绩
      {printf ("%d,%f", R [i] .num, R [i] .score); if (i%10==0) printf
      (" \n");}
} //SelectSort
```

3. 设有一个数组中存放了一个无序的关键序列 K_1、K_2、…、Kn。现要求将Kn放在将元素排序后的正确位置上，试编写实现该功能的算法，要求比较关键字的次数不超过n。

```
int  Partition (RecType K [], int l, int n)
{//交换记录子序列K [l..n] 中的记录，使枢轴记录到位，并返回其所在位置，
//此时，在它之前（后）的记录均不大（小）于它
int i=l; j=n; K [0] = K [j]; x = K [j] .key;
    while (i<j)
{while (i<j && K [i] .key<=x)    i++;
if (i<j) K [j] =K [i];
while (i<j && K [j] .key>=x)    j--;
if (i<j) K [i] =K [j];
} //while
K [i] =K [0]; return  i;
}
```

4. 设有顺序放置的n个桶，每个桶中装有一粒砾石，每粒砾石的颜色是红，白，蓝之一。要求重新安排这些砾石，使得所有红色砾石在前，所有白色砾石居中，所有蓝色砾石居后，重新安排时对每粒砾石的颜色只能看一次，并且只允许交换操作来调整砾石的位置。

［题目分析］利用快速排序思想解决。由于要求“对每粒砾石的颜色只能看一次”，设3个指针i，j和k，分别指向红色、白色砾石的后一位置和待处理的当前元素。从k=n开始，从右向左搜索，若该元素是蓝色，则元素不动，指针左移（即k-1）；若当前元素是红色砾石，分i>=j（这时尚没有白色砾石）和i<j两种情况。前一情况执行第i个元素和第k个元素交换，之后i+1；后一情况，i所指的元素已处理过（白色），j所指的元素尚未处理，应先将i和j所指元素交换，再将i和k所指元素交换。对当前元素是白色砾石的情况，

也可类似处理。

为方便处理，将三种砾石的颜色用整数1、2和3表示。

```
void QkSort (rectype r [ ], int n)
// r为含有n个元素的线性表，元素是具有红、白和蓝色的砾石，用顺序存储结构存储，
//本算法对其排序，使所有红色砾石在前，白色居中，蓝色在最后。
{int i=1, j=1, k=n, temp;
while (k! =j)
   {while (r [k] .key = =3) k - -;             // 当前元素是蓝色砾石，指针左移
  if (r [k] .key = =1)                        // 当前元素是红色砾石
      if (i> =j) {temp=r [k]; r [k] =r [i]; r [i] =temp; i+ +;}
                                              //左侧只有红色砾石，交换r [k] 和r [i]
      else   {temp=r [j]; r [j] =r [i]; r [i] =temp; j+ +;
                                              //左侧已有红色和白色砾石，先交换白色砾石到位
temp=r [k]; r [k] =r [i]; r [i] =temp; i+ +;
                                              //白色砾石（i所指）和待定砾石（j所指）
}                                             //再交换r [k] 和r [i]，使红色砾石入位。
if (r [k] .key = =2)
      if (i< =j) {temp=r [k]; r [k] =r [j]; r [j] =temp; j+ +;}
                                              // 左侧已有白色砾石，交换r [k] 和r [j]
      else    {temp=r [k]; r [k] =r [i]; r [i] =temp; j=i+1;}
                                              //i、j分别指向红、白色砾石的后一位置
}
if (r [k] = =2) j+ +;                          //处理最后一粒砾石
else if (r [k] = =1)  {temp=r [j]; r [j] =r [i]; r [i] =temp; i+ +; j+ +;}
                                              //最后红、白、蓝色砾石的个数分别为：i-1; j-i; n-j+1
}
```

［算法讨论］若将j（上面指向白色）看作工作指针，将r [1..j-1] 作为红色，r [j..k-1] 为白色，r [k..n] 为蓝色。从j=1开始查看，若r [j] 为白色，则j=j+1；若r [j] 为红色，则交换r [j] 与r [i]，且j=j+1，i=i+1；若r [j] 为蓝色，则交换r [j] 与r [k]；k=k-1。算法进行到j>k为止。

练习题目

一、单选题

1. 内部排序方法的稳定性是指（　　）。

A. 该排序算法不允许有相同的关键字记录　　B. 该排序算法允许有相同的关键字记录

C. 平均时间为 0（nlogn）的排序方法　　D. 以上都不对

2. 若需在 O（$nlog_2n$）的时间内完成对数组的排序，且要求排序是稳定的，则可选择的排序方法是（　　）。

A. 快速排序　　B. 堆排序　　C. 归并排序　　D. 直接插入排序

3. 12 排序趟数与序列的原始状态有关的排序方法是（　　）排序法。

A. 插入　　B. 选择　　C. 冒泡　　D. 快速

4. 对一组数据（84，47，25，15，21）排序，数据的排列次序在排序的过程中的变化为

（1）84 47 25 15 21　（2）15 47 25 84 21　（3）15 21 25 84 47　（4）15 21 25 47 84，则采用的排序是（　　）。

A. 选择　　B. 冒泡　　C. 快速　　D. 插入

5. 有一组数据（15，9，7，8，20，-1，7，4）用快速排序的划分方法进行一趟划分后数据的排序为（　　）（按递增序）。

A. 下面的 B，C，D 都不对　　B. 9，7，8，4，-1，7，15，20

C. 20，15，8，9，7，-1，4，7　　D. 9，4，7，8，7，-1，15，20

6. 如果只想得到 1000 个元素组成的序列中第 5 个最小元素之前的部分排序的序列，用（　　）方法最快。

A. 起泡排序　　B. 快速排列　　C. Shell 排序　　D. 堆排序

E. 简单选择排序

7. 从未排序序列中依次取出一个元素与已排序序列中的元素依次进行比较，然后将其放在已排序序列的合适位置，该排序方法称为（　　）排序法。

A. 插入　　B. 选择　　C. 希尔　　D. 二路归并

8. 在排序算法中，每次从未排序的记录中挑出最小（或最大）关键码字的记录，加入到已排序记录的末尾，该排序方法是（　　）。

A. 选择　　B. 冒泡　　C. 插入　　D. 堆

9. 对关键码序列 28，16，32，12，60，2，5，72 快速排序，从小到大一次划分结果为（　　）。

A.（2，5，12，16）26（60，32，72）　B.（5，16，2，12）28（60，32，72）

C.（2，16，12，5）28（60，32，72）　D.（5，16，2，12）28（32，60，72）

10. 归并排序中，归并的趟数是（　　）。

A. O（n）　　B. O（logn）　　C. O（nlogn）　　D. O（n * n）

二、判断题：

1. 内部排序要求数据一定要以顺序方式存储。（　　）

2. 排序算法中的比较次数与初始元素序列的排列无关。（　）

3. 排序的稳定性是指排序算法中的比较次数保持不变，且算法能够终止。(　　)

4. 堆肯定是一棵平衡二叉树。(　　)

5. 堆排序是稳定的排序方法。(　　)

6. 归并排序辅助存储为 O（1）。(　　)

7. 快速排序和归并排序在最坏情况下的比较次数都是 O（$n\log_2 n$）。(　　)

三、填空题

1. 若不考虑基数排序，则在排序过程中，主要进行的两种基本操作是关键字的________和记录的________。

2. 直接插入排序用监视哨的作用是________。

3. 设用希尔排序对数组｛98，36，-9，0，47，23，1，8，10，7｝进行排序，给出的步长（也称增量序列）依次是 4，2，1 则排序需________趟，写出第一趟结束后，数组中数据的排列次序________。

4. 设有字母序列｛Q，D，F，X，A，P，N，B，Y，M，C，W｝，请写出按 2 路归并排序方法对该序列进行一趟扫描后的结果________。

实验题目

1. 给出关键字序列（27，18，21，77，26，45，66，34），采用快速排序方法将其由小到大排序。

2. 采用冒泡排序对关键字序列（18，16，14，12，10，8），进行从小到大的排序。

3. 对关键字序列（50，72，43，85，75，20，35，45，65，30），进行简单选择排序。

第十章

10 外部排序

本章要点

◎ 了解外部排序的两个阶段

◎ 掌握实现多路归并败者树的方法

◎ 熟悉置换—选择排序的过程

◎ 掌握最佳归并树的构造方法

10.1 外部排序的基本方法

外部排序基本上由两个相互独立的阶段组成。首先，按可用内存大小，将外存上含 n 个记录的文件分成若干长度为 k 的子文件，依次读入内存并利用有效的内部排序方法对它们进行排序，并将排序后得到的有序子文件重新写入内存。通常称这些有序子文件为归并段。然后，对这些归并段进行逐趟归并，使归并段逐渐由小到大，直至得到整个有序文件为止。

第一阶段的工作已经在前面讨论过。以下主要讨论第二阶段即归并的过程。下面看一个例子。

例如，某文件含有 10 000个记录，首先通过 10 次内部排序得到 10 个初始归并段 R1，R2，R3，…，R10，其中每一段都含 1 000个记录。然后对它们做如图 10－1 所示的两两归并法，直至得到一个有序文件为止。

从图中可以看到，由 10 个初始归并段到一个有序文件，共进行了 4 趟归并，每一趟从 m 个归并段得到 m/2 个归并段。这种方法称为 2-路平衡归并。

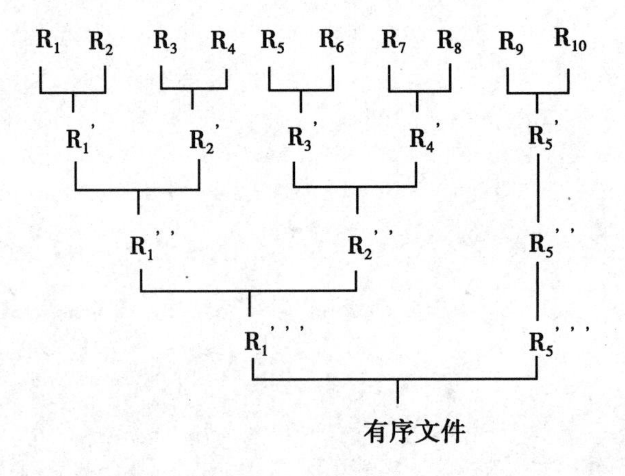

图 10－1　两两归并法

将两个有序段归并成一个有序段的过程，若在内存中进行则很简单，前面讨论的 2-路归并排序中的 mergesort 函数便可实现此归并。但是，在外部排序中实现两两归并时，不仅要调用 mergesort 函数，而且要进行外存的读/写，这是由于不可能将两个有序段及归并结果同时放在内存中的缘故。对外存上信息的读/写是以“物理块”为单位。假设在上例中每个物理块可以容纳 200 个记录，则每一趟归并需进行 50 次“读”和 50 次“写”，4 趟归并加上内部排序时所需要进行的读/写，使得在外部排序中总共需进行 500 次的读/写。

一般情况下，外部排序所需总时间 = 内部排序（产生初始归并段）所需时间 m ∗ tis +

外部信息读写的时间 d ∗ tio + 内部归并排序所需时间 s ∗ utmg。

其中：tis 是为得到一个初始归并段进行的内部排序所需时间的均值；tio 是进行一次外存读/写时间的均值；utmg 是对 u 个记录进行内部归并所需时间；m 为经过内部排序之后得到的初始归并段得个数；s 为归并的趟数；d 为总的读/写次数。由此可知，上例 10 000个记录利用 2-路归并进行排序所需总的时间为 10 ∗ tis + 500 ∗ tio + 4 ∗ 10 000tmg。

其中：tio 取决于所用的外存设备，显然，tio 较 tmg 要大得多。因此，提高排序效率应主要着眼于减少外存信息读写的次数 d。

下面来分析 d 和“归并过程”的关系。若对上例中所得的 10 个初始归并段进行 5-平衡归并（即每一趟将 5 个或 5 个以下的有序子文件归并成一个有序子文件），则从图 10－2 可见，仅需进行二趟归并法，外部排序时总的读/写次数便减少至 2 * 100 + 100 = 300，比 2-路归并减少了 2 000次的读/写。

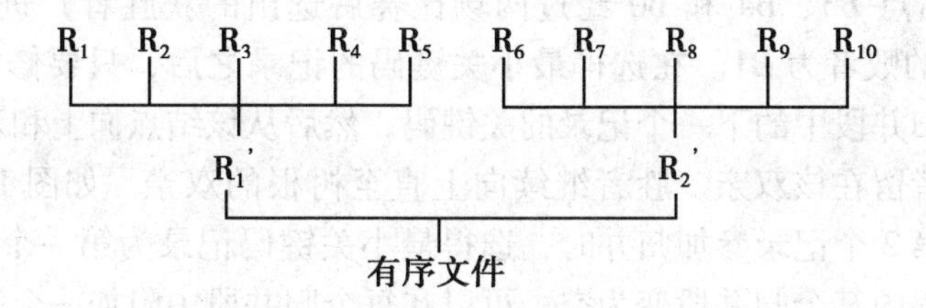

图 10－2　二趟归并法

可见，对同一文件而言，进行外部排序时所需读/写外存的次数和归并的趟数 s 成正比。而在一般情况下，对 m 个初始归并段进行 k-路平衡归并时，归并的趟数为 $s = \lceil \log_k m \rceil$。

可见，若增加 k 或减少 m 便能减少 s。下面分别就这两个方面讨论之。

10.2　多路平衡归并的实现

从上式可见，增加 k 可以减少 s，从而减少外存读/写的次数。但是，从下面的讨论中又可发现，单纯增加 k 将导致增加内部归并的时间 utmg。那么，如何解决这个矛盾呢？

先看 2-路归并。令 u 个记录分布在两个归并段上，按 mergesort 函数进行归并。每得到归并后的含 u 个记录的归并段需进行 u-1 次比较。

再看 k-路归并。令 u 个记录分布在 k 个归并段上，显然，归并后的第一个记录应是 k 个归并段中关键码最小的记录，即应从每个归并段的第一个记录的相互比较中选出最小者，这需要进行 k-1 次比较。同理，每得到归并后的有序段中的一个记录，都要进行 k-1 次比较。显然，为得到含 u 个记录的归并段需进行（u－1）（k－1）次比较。由此可知，对 n 个记录的文件进行外部排序时，在内部归并过程中进行的总的比较次数为 s（k－1）（n－1）。假设所得初始归并段为 m 个，则可得内部归并过程中进行比较的总的次数为

$$\lfloor \log_k m \rfloor (k-1)(n-1)\, t_{mg} = \left\lfloor \frac{\log_2 m}{\log_2 k} \right\rfloor (k-1)(n-1)\, t_{mg}$$

因 k 的增加而减少外存信息读写时间所得效益，这是我们所不希望的。然而，若在进行 k－路归并时，利用“败者树”，则可使在 k 个记录中选出关键码最小的记录时仅需进行 $\lfloor \log_2 k \rfloor$ 次比较，从而使总的归并时间变为 $\lfloor \log_2 m \rfloor (n-1) t_{mg}$。显然，这个式子和 k 无关，它不再随 k 的增长而增长。

何谓“败者树”？它是锦标赛排序的一种变型。“胜者树”是每个非终端结点均表示其

左右子女结点中“胜者”，反之，若在双亲结点中记下刚进行完的这场比赛中的败者，而让胜者去参加更高一层的比赛，便可得到一颗“败者树”。

图 10－3（A）即为一棵实现 5-路归并的败者树 LS［0…4］，图中方形结点表示叶子结点（也可看成是为外结点），分别为 5 个归并段中当前参加归并的待选择记录的关键码；败者树中根结点 LS［1］的双亲结点 LS［0］为冠军，在此指示各归并段中的最小关键码记录为第 3 段中的记录；结点 LS［3］指示 B1 和 B2 两个叶子结点中的败者即是 B2，而胜者 B1 和 B3（B3 是叶子结点 B3、B4 和 B0 经过两场比赛后选出的获胜者）进行比较，结点 LS［1］则指示它们中的败者为 B1。在选得最小关键码的记录之后，只要修改叶子结点 B3 中的值，使其为同一归并段中的下一个记录的关键码，然后从该结点向上和双亲结点所指的关键码进行比较，败者留在该双亲，胜者继续向上直至树根的双亲。如图 10－3（B）所示，当第 3 个归并段中第 2 个记录参加归并时，选得最小关键码记录为第一个归并段中的记录。为了防止在归并过程中某个归并段变为空，可以在每个归并段中附加一个关键码为最大的记录。当选出的冠军记录的关键码为最大值时，表明此次归并已完成。由于实现 k-路归并的败者树的深度为［$\log_2 k$］＋1，则在 k 个记录中选择最小关键码仅需进行［$\log_2 k$］次比较。败者树的初始化也容易实现，只要先令所有的非终端结点指向一个含最小关键码得叶子结点，然后从各叶子结点出发调整非终端结点为新的败者即可。

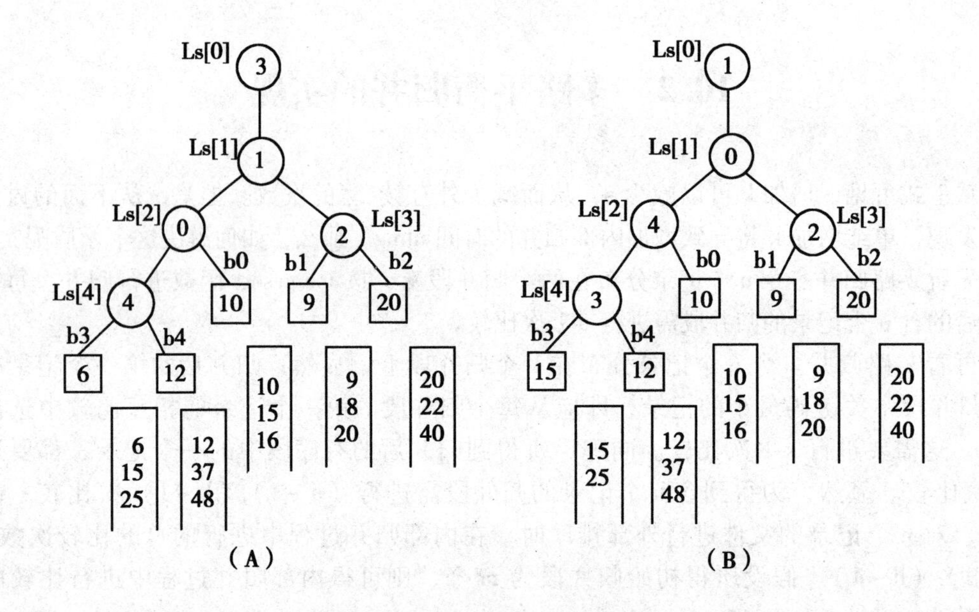

图 10－3 实现 5-路归并的败者树

每选出一个当前排序码最小的对象，就需要在将它送入输出缓冲区之后，从相应归并段的输入缓冲区中取出下一个参加归并的对象，替换已经取走的最小对象，再从叶结点到根结点，沿某一特定路径进行调整，将下一个排序码最小对象的归并段号调整到位，直至排序完成。

温馨提示

归并路数 k 不是越大越好。归并路数 k 增大，相应需增加输入缓冲区个数。如果可供使用的内存空间不变，势必要减少每个输入缓冲区的容量，使内外存交换数据的次数增大。k 值的选择并非越大越好，如何选择合适的 k 是一个需要综合考虑的问题。

10.3　置换—选择排序

前面已经讲过，为了减少读写磁盘次数，除了增加归并路数 k 外，还可以减少初始归并段个数 m。在总对象数 n 一定时，要减少 m，必须增大初始归并段的长度，而初始归并段的长度又受到内部排序时内存工作区容量的限制。这里将要讨论的置换选择排序提供了一种不受内存工作区容量限制而产生初始归并段的方法。

假设要排序的文件为 f1，建立一个能容纳 w 条记录的内存工作区 work，设立一个工作变量 min，排序的结果将写到文件 f0 上。

这种方法的基本步骤可以归结如下：

①从 f1 中顺序读 w 条记录到 work 中。

②从 WORK 的 w 条记录中选择一个关键字值最小的记录，把它的关键字写入变量 min。

③把关键字为 min 的记录写到 f0。

④若 f1 非空，则顺序读下一条记录到 work 中，替换已写到 f0 上的那条记录。

⑤在 work 的所有关键字大于 min 的记录中选择一条关键字值最小的记录，把它的关键字读写到 min 中。

⑥重复第 3 至第 5 步，直到 WORK 中选不出新的 min 的记录。这时，在 f0 上写一个归并段的结束标志，意味着此时已产生了一个归并段。

⑦重复第 2 至第 6 步，直到 workK 为空。

例如，设 f1 = {14，20，5，55，10，18，91，25，17，33，27，8，22}（为了说明问题，这里给出的仅是记录的关键字值），工作区容量 w = 3。按通常的内部排序方法将得到下列 5 个归并段。

R1：5，14，20

R2：10，18，55

R3：17，25，91

R4：8，27，33

R5：22

用置换选择排序方法则可得到下列 3 个归并段。

R1：5，14，20，55，91

R2：10，17，18，25，27，33

R3：8，22

具体排序过程如下表所示。

表　用置换选择排序方法产生初始归并段的例子

f1	f0	工作区 work
14，20，5，55，10，18，91，25，17，33，27，8，22		
55，10，18，91，25，17，33，27，8，22		14，20，5
10，18，91，25，17，33，27，8，22	5	14，20，55
18，91，25，17，33，27，8，22	5，14	10，20，55
91，25，17，33，27，8，22	5，14，20	10，18，55
25，17，33，27，8，22	5，14，20，55	10，18，91
17，33，27，8，22	5，14，20，55，91	10，18，25
17，33，27，8，22	5，14，20，55，91（第 1 个归并段结束）	10，18，25
33，27，8，22	5，14，20，55，91*，10	17，18，25
27，8，22	5，14，20，55，91*，10，17	18，25，33
8，22		25，27，33
22	5，14，20，55，91*，10，17，18，25	8，22，33
	5，14，20，55，91*，10，17，18，25，27	8，22，33
	5，14，20，55，91*，10，17，18，25，27，33	8，22
	5，14，20，55，91* 10，17，18，25，27，33（第 2 个归并段结束）	8，22
	5，14，20，55，91*，10，17，18，25，27，33*，8	22
	5，14，20，55，91*，10，17，18，25，27，33*，8，22	

10.4　最佳归并树

归并树是描述归并过程的 m 叉树。因为每一次做 m 路归并都需要有 m 个归并段参加，因此，归并树是只有度为 0 和度为 m 的结点的正则 m 叉树。下面举一个例子。设有 13 个长度不等的初始归并段，其长度（对象个数）分别为 0，0，1，3，5，7，9，13，16，20，24，30，38。其中长度为 0 的是空归并段。对它们进行 3 路归并时的归并树如图 10－4 所示。

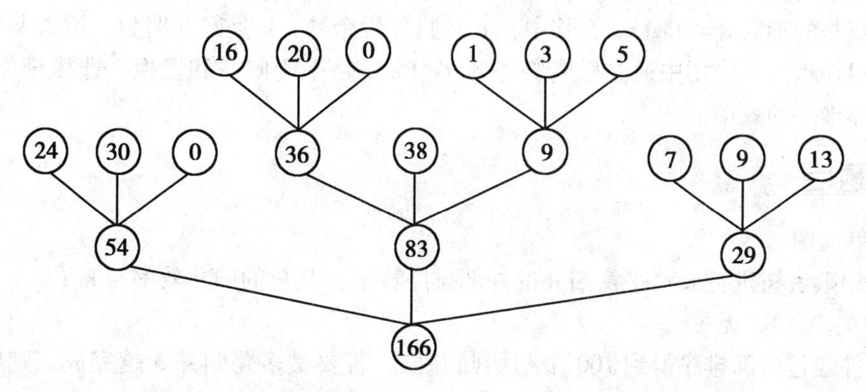

图 10－4　3-路归并树

此归并数的带权路径长度为

WPL＝（24＋30＋38＋7＋9＋13）＊2＋（16＋20＋1＋3＋5）＊3＝377

因为在归并树中，各叶结点代表参加归并的各初始归并段，叶结点上的权值即为该初始归并段中的对象个数，根结点代表最终生成的归并段，叶结点到根结点的路径长度表示在归并过程中的读对象次数，各非叶结点代表归并出来的新归并段，则归并树的带权路径长度 WPL 即为归并过程中的总读对象数。因而，在归并过程中总的读写对象次数为 2＊WPl＝754。

不同的归并方案所对应的归并树的带权路径长度各不相同。为了使得总的读写次数达到最少，需要改变归并方案，重新组织归并树。为此，可将哈夫曼树的思想扩充到 m 叉树的情形。在归并树中，让对象个数少的初始归并段最先归并，对象个数多的初始归并段最晚归并，就可以建立总的读写次数达到最少的最佳归并树。

10.5　总结与提高

10.5.1　主要知识点

①外部排序的两个阶段，归并过程。

②外部排序过程中进行外存读/写次数的计算方法。

③实现多路归并败者树的方法。

④置换—选择排序的过程。

⑤最佳归并树的构造方法。

10.5.2 典型例题

以归并算法为例，比较内排序和外排序的不同，说明外排序如何提高操作效率。

内部排序中的归并排序是在内存中进行的归并排序，辅助空间为 O（n）。外部归并排序是将外存中的多个有序子文件合并成一个有序子文件，将每个子文件中记录读入内存后的排序方法可采用多种内排序方法。外部排序的效率主要取决于读写外存的次数，即归并的趟数。因为归并的趟数 s = élogkmù，其中，m 是归并段个数，k 是归并路数。增大 k 和减少 m 都可减少归并趟数。应用中通过败者树进行多（k）路平衡归并和置换—选择排序减少 m，来提高外部排序的效率。

练习题目

一、单选题

1. 采用败者树进行 k 路平衡归并的外部排序算法，其总的归并效率与 k（　　）。

A. 有关　　B. 无关

2. 文件经过内部排序得到 100 个初始归并段，若要是多路归并 3 趟完成，则应取归并的路数至少为（　　）。

A. 3　　B. 4　　C. 5　　D. 6

二、判断题

1. 外部排序是把外存文件调入内存，可利用内部排序的方法进行排序，因此排序所花的时间取决于内部排序的时间。(　　)

2. 在外部排序时，利用选择树方法在能容纳 m 个记录的内存缓冲区中产生的初始归并段的平均长度为 2m 个记录。(　　)

3. 为提高在外排序过程中，对长度为 N 的初始序列进行“置换—选择”排序时，可以得到的最大初始有序段的长度不超过 N/2。(　　)

4. 排序速度，进行外排序时，必须选用最快的内排序算法。(　　)

5. 在完成外排序过程中，每个记录的 I/O 次数必定相等。(　　)

6. 影响外排序的时间因素主要是内存与外设交换信息的总次数。(　　)

三、填空题

1. 外部排序的基本操作过程是______和______。

2. 设输入的关键字满足 k1 > k2 > … > kn，缓冲区大小为 m，用置换—选择排序方法可产生______个初始归并段。

实验题目

设输入文件包含以下记录：14，22，7，24，15，16，11，100，10，9，20，12，90，17，13，19，26，38，30，25，50，28，110，21，40。现采用败者树生成初始归并段，请将其排序。

附　录

数据结构试卷 I

一、选择题（每空 2 分，共 30 分）

1. 一个完整的算法应该具有的特性是……………………………………………………（　　）

A. 确定性、有穷性和稳定性

B. 输入、输出、可行性、确定性和有穷性

C. 易读性、稳定性和安全性

D. 可行性、确定性和有穷性

2. 分析以下程序段的时间复杂度…………………………………………………………（　　）

```
i=1; j=0;
while (i+j<=n)
if (i>j) j++;
elsei++;
```

A. O（n/2）　　B. O（nlogn）　　C. O（n）　　D. O（n^2）

3. 单链表中，增加一个头结点的目的是为了……………………………………………（　　）

A. 使单链表至少有一个结点

B. 标识表结点中首结点的位置

C. 方便运算的实现

D. 说明单链表是线性表的链式存储

4. 以下数据结构中，是线性数据结构……………………………………………………（　　）

A. 树　　B. 图

C. 散列　　D. 栈

5. 设 p 结点是带表头结点的双循环链表中的结点，则在 p 结点前插入 s 结点的语句序列中正确的是 ……………………………………………………………………………（　　）

A. p->prior=s; p->prior->next=s; s->prior=p->prior; s->next=p

B. p->prior->next=s; p->prior=s; s->prior=p->prior; s->next=p

C. p->prior=s; s->next=p; p->prior->next=s; s->prior=p->prior

D. s->prior=p->prior; p->prior->next; p->prior=s; s->next=p

6. 一个栈的入栈序列是 a，B，c，d，e，则栈的不可能的输出序列是 …………（　　）

A. edcBa　　B. decBa　　C. dceaB　　D. aBcde

7. 一个 n 个顶点的连通无向图，其边的个数至少为……………………………………（　　）

A. n－1　　B. n

C. n＋1　　D. nlogn

8. 在文件“局部有序”或文件长度较小的情况下，最佳内部排序的方法是 …（　　）

A. 直接插入排序　　B. 冒泡排序　　C. 简单选择排序　　D. 快速排序

9. 关于哈希查找说法正确的是……………………………………………………………（　　）

A. 哈希函数构造的越复杂越好，因为这样随即性好，冲突小

B. 除留数法是所有哈希函数中最好的

C. 不存在特别好与坏的哈希函数，要视情况而定

D. 若需要在哈希表中删除一个元素，不管用何种方法解决冲突都只要简单地将该元素删除即可

10. 在一个链队中，设 f 和 r 分别表示队头和队尾，则删除一个结点的运算为 ……………………………………………………………………………………（ ）

A. r = f- > next； B. r = r- > next； C. f = f- > next； D. f = r- > next

11. 设栈 s 和队列 q 均为空，先将 a，B，c，d 依次进队列 q，再将队列 q 中顺次出队的元素进栈 s，直至队空。再将栈 s 中的元素逐个出栈，并将出栈元素顺次进队列 q，则队列 q 的状态是 ……………………………………………………………………………（ ）

A. aBcd　　B. dcBa

C. Bcad　　D. dBca

12. 若用一个大小为 6 的数组来实现循环队列，且当前 front 和 rear 的值分别为 3 和 0，当从队列中删除一个元素，再加入两个元素后，front 和 rear 的值分别为 ……………（ ）

A. 5 和 1　B. 4 和 2　C. 2 和 4　D. 1 和 5

13. 有关二叉树下列说法正确的是 ……………………………………………………（ ）

A. 二叉树的度为 2

B. 一颗二叉树的度可以小于 2

C. 二叉树中至少有一个结点的度为 2

D. 二叉树中任何一个结点的度都为 2

14. 下述编码中哪一个不是前缀码 ………………………………………………（ ）

A. （00，01，10，11）　B. （0，1，00，11）

C. （0，10，110，111）　D. （1，01，000，001）

15. 对 N 个元素的表做顺序查找时，若查找每个元素的概率相同，则平均查找长度为（ ）。

A. （N + 1）/2　B. N/2　C. N　D. ［（1 + N）∗N］/2

二、填空题（每空 1 分，共 12 分）

1. i = 1

```
while (i < n)
i * =2;
```

写出上面算法的时间复杂度______________。

2. 在单链表 p 结点之后插入 s 结点的操作是________________、__________。

3. 在队列结构中，允许插入的一端称为________，允许删除的一端称为__________。

4. 队列的特点是____________。

5. 深度为 H 的完全二叉树至少有______个结点；至多______个结点；H 和结点的总数 N 之间的关系是______________。

6. 若用 n 表示图中顶点数目，则有____________条边的无向图为完全图。

7. 对于 n 个记录的表 r［1…n］进行简单选择排序，所需进行的关键字比间的比较次数为________。

8. 在一个长度为 n 的顺序表中第 i 个元素（1 < = i < = n）之前插入一个元素时，需要后移____________个元素。

三、应用题（每题 8 分，共 48 分）

1. 设一颗二叉树的前序、中序遍历序列分别为：

前序：ABDFCEGH 中序：B FDAGEHC

（1）画出这棵二叉树。

（2）画出这棵二叉树的先序线索树。

（3）将这棵二叉树转换为对应的树（或森林）。

2. 有 7 个带权结点，其权值分别为 3，7，8，2，6，10，14，请构造相应的哈夫曼树，并计算其带权路径长度。

3. 以顶点①出发的广度优先搜索和深度优先搜索序列。

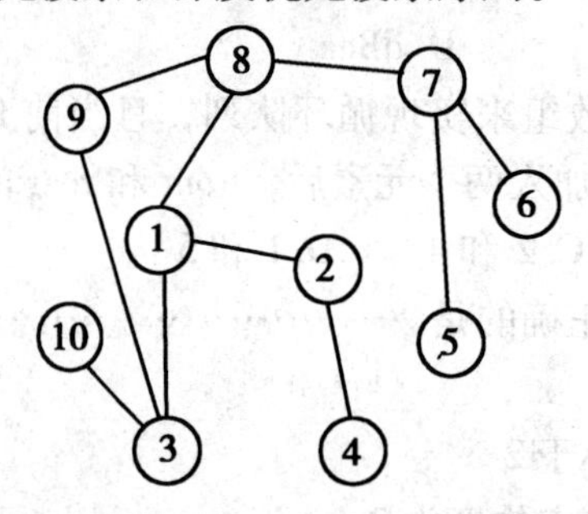

4. 已知一个无向图如下图所示，要求分别用 Prim 和 Kruskal 算法生成最小生成树（假设以 1 为起点，试画出构造过程）。

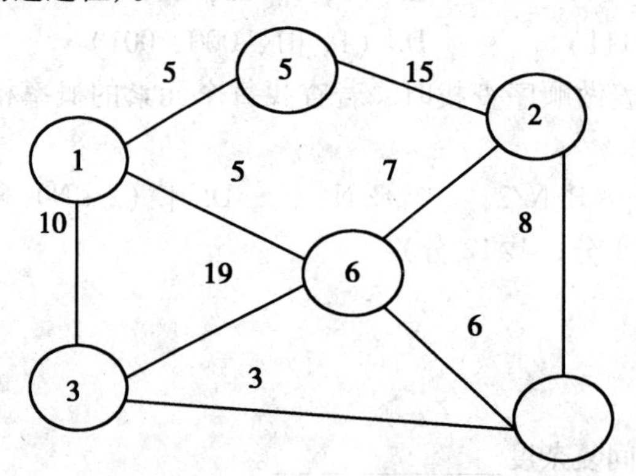

5. 给出一组关键字：18，12，16，31，9，29，14，20。写出快速排序的结果。

6. 设有键值序列｛25，40，33，47，12，66，72，87，94，22，5，58｝散列表长为 12，散列函数为 H（key）= key%11，请用链地址法处理冲突，画出散列表，在等概率情况下，求查找成功的平均查找长度。

四、程序设计题（每空 2 分，共 10 分）

1. 下面是中序线索树的遍历算法，树有头结点且由指针 thr 指向。树的结点有五个域，分别为数据域 data，左、右孩子域 lchild、rchild 和左、右标志域 ltag，rtag。规定，标志域为 1 是线索，0 是指向孩子的指针。

```
InOrderThread（thr）
    {p = thr- > lchild;
    while （ p！ =thr_ ）{
        while（（1） ________________）
p = （2） ____________;
printf（p- > data）;
        while（（3） ________________________）{
p = （4） ________________; printf（p- > data）;}
        p = （5） __________________;}}
```

数据结构试卷Ⅱ

一、选择题（每空 2 分，共 40 分）

1. 以下数据结构中，是非线性数据结构的是………………………………………………（　　）

A. 树　B. 字符串　C. 数组　D. 栈

2. 下面关于算法说法错误的是…………………………………………………………………（　　）

A. 算法最终必须由计算机程序实现

B. 为解决某问题的算法同为该问题编写的程序含义是相同的

C. 算法的可行性是指指令不能有二义性

D. 以上几个都是错误的

3. 程序段

```
FOR   i = n-1   DOWNTO   1   DO
    FORj = 1TO i DO
      IF A [j] > A [j+1]
        THEN   A [j] 与 A [j+1] 对换;
```

其中 n 为正整数，则最后一行的语句频度在最坏情况下是 ………………………（　　）

A. O（n）　　B. O（nlogn）　　C. O（n^3）　　D. O（n^2）

4. 下面关于线性表的叙述中，错误的是哪一个…………………………………………（　　）

A. 线性表采用顺序存储，必须占用一片连续的存储单元。

B. 线性表采用顺序存储，便于进行插入和删除操作。

C. 线性表采用链接存储，不必占用一片连续的存储单元。

D. 线性表采用链接存储，便于插入和删除操作。

5. 完成在双循环链表结点 p 之后插入 s 的操作是 ……………………………………（　　）

A. p->next = s；s->prior = p；p->next->prior = s；s->next = p->next；

B. p->next->prior = s；p->next = s；s->prior = p；s->next = p->next；

C. s->prior = p；s->next = p->next；p->next = s；p->next->prior = s；

D. s->prior = p；s->next = p->next；p->next->prior = s；p->next = s；

6. 输入序列为 ABC，可以变为 CBA 时，经过的栈操作为 ………………………（　　）

A. push，pop，push，pop，push，pop　　B. push，push，push，pop，pop，pop

C. push，push，pop，pop，push，pop　　D. push，pop，push，push，pop，pop

7. 若用一个大小为 6 的数组来实现循环队列，且当前 rear 和 front 的值分别为 0 和 3，当从队列中删除一个元素，再加入两个元素后，rear 和 front 的值分别为多少 ………（　　）

A. 1 和 5　　B. 2 和 4　　C. 4 和 2　　D. 5 和 1

8. 设栈 S 和队列 Q 的初始状态为空，元素 e1，e2，e3，e4，e5 和 e6 依次通过栈 S，一个元素出栈后即进队列 Q，若 6 个元素出队的序列是 e2，e4，e3，e6，e5，e1 则栈 S 的容量至少应该是 ………………………………………………………………………………（　　）

A. 6　　B. 4　　C. 3　　D. 2

9. 栈和队列的共同点是…………………………………………………………………………（　　）

A. 都是先进先出　　　　　　　　　　　B. 都是先进后出

C. 只允许在端点处插入和删除元素　　　D. 没有共同点

10. 设有数组 A［i，j］，数组的每个元素长度为 3 字节，i 的值为 1 到 8，j 的值为 1 到 10，数组从内存首地址 BA 开始顺序存放，当用以列为主存放时，元素 A［5，8］的存储首地址为 ……………………………………………………………………………（　　）

A. BA + 141　　B. BA + 180　　C. BA + 222　　D. BA + 225

11. 对稀疏矩阵进行压缩存储目的是 ……………………………………………（　　）

A. 便于进行矩阵运算　　　　　　　B. 便于输入和输出

C. 节省存储空间　　　　　　　　　D. 降低运算的时间复杂度

12. 设树 T 的度为 4，其中度为 1，2，3 和 4 的结点个数分别为 4，2，1，1　则 T 中的叶子数为 ……………………………………………………………………………（　　）

A. 5　　B. 6　　C. 7　　D. 8

13. 一棵完全二叉树上有 1001 个结点，其中叶子结点的个数是 …………………（　　）

A. 250　B. 500　C. 254　D. 505　E. 以上答案都不对

14. 下面几个符号串编码集合中，不是前缀编码的是 ……………………………（　　）

A. ｛0，10，110，1111｝　　　　B. ｛11，10，001，101，0001｝

C. ｛00，010，0110，1000｝　　　D. ｛B ，c，aa，ac，aBa，aBB，aBc｝

15. 一个 n 个顶点的连通无向图，其边的个数至少为 …………………………（　　）

A. n-1　　B. n　　C. n + 1　　D. nlogn

16. 下列关于 AOE 网的叙述中，不正确的是 ……………………………………（　　）

A. 关键活动不按期完成就会影响整个工程的完成时间

B. 任何一个关键活动提前完成，那么整个工程将会提前完成

C. 所有的关键活动提前完成，那么整个工程将会提前完成

D. 某些关键活动提前完成，那么整个工程将会提前完成

17. 下列关于 m 阶 B-树的说法错误的是 …………………………………………（　　）

A. 根结点至多有 m 棵子树

B. 所有叶子都在同一层次上

C. 非叶结点至少有 m/2（m 为偶数）或 m/2 + 1（m 为奇数）棵子树

D. 根结点中的数据是有序的

18. 下面关于哈希（Hash，杂凑）查找的说法正确的是 …………………………（　　）

A. 哈希函数构造的越复杂越好，因为这样随机性好，冲突小

B. 除留余数法是所有哈希函数中最好的

C. 不存在特别好与坏的哈希函数，要视情况而定

D. 若需在哈希表中删去一个元素，不管用何种方法解决冲突都只要简单的将该元素删去即可

19. 下面给出的四种排序方法中，排序过程中的比较次数与排序方法无关的是
……………………………………………………………………………………（　　）

A. 选择排序法　B. 插入排序法　C. 快速排序法　D. 堆积排序法

20. 在下列排序算法中，哪一个算法的时间复杂度与初始排序无关（　　）

A. 直接插入排序　B. 气泡排序　C. 快速排序　D. 直接选择排序

二、填空题（每题2分，共20分）

1. 当线性表的元素总数基本稳定，且很少进行插入和删除操作，但要求以最快的速度存取线性表中的元素时，应采用______存储结构。

2. 在一个长度为n的顺序表中第i个元素（1 < = i < = n）之前插入一个元素时，需向后移动______个元素。

3. 在单链表中，指针p指向元素为x的结点，实现“删除x的后继”的语句是________________。

4. 设有一个空栈，栈顶指针为1000H（十六进制），现有输入序列为1，2，3，4，5，经过PUSH、PUSH、POP、PUSH、POP、PUSH、PUSH之后，输出序列为____________。

5. 若用n表示图中顶点数目，则有__________条边的无向图为完全图。

6. 在一棵平衡二叉树中，每个结点的左子树高度与右子树高度之差的绝对值不超过______________。

7. 对于n个记录的表r［1…n］进行简单选择排序，所需进行的关键字比间的比较次数为__________。

8. 具有N个结点的二叉树，采用二叉链表存储，共有______个空链域。

9. 采用邻接表存储的图的广度优先遍历算法类似于二叉树的按______遍历。

10. 含4个度为2的结点和5个叶子结点的二叉树，可有______个度为1的结点。

三、应用题（每题10分，共40分）

1. 已知关键字序列R = {11，4，3，2，17，30，19}，请按算法步骤：构造一棵哈夫曼树，给出哈夫曼编码，并计算出它的带权路径长度WPL。

2. 已知一有向图的邻接表存储结构，求根据深度优先遍历算法和广度优先算法，从顶点v1出发，所得到的顶点序列。

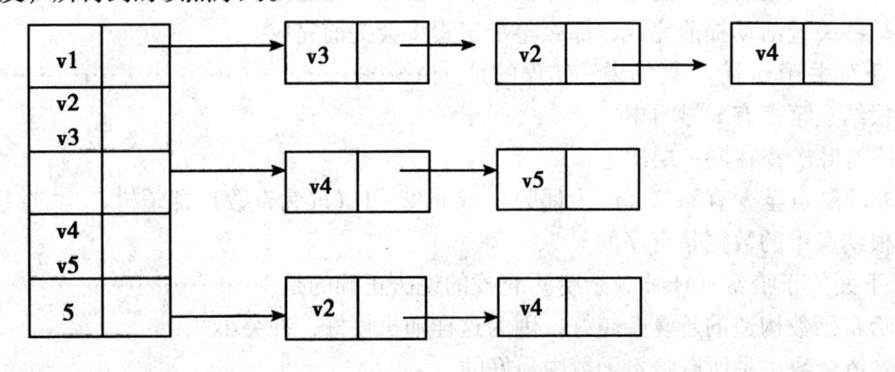

3. 假定一个数据集合{38，52，25，74，68，16，30，54，90，72}，画出按此集合中元素的次序生成的一棵二叉排序树，画出删除后的树结构。

4. 对于排序码值序列{10，18，14，13，16，12，11，9，15，8}，给出希尔排序（dl = 5，d2 = 2，d3 = 1）的每一趟排序结果。

参考文献

[1] 耿国华．数据结构——C 语言描述［M］．北京：高等教育出版社，2005.

[2] 张晓莉，王苗等．数据结构与算法［M］．北京：机械工业出版社，2008.

[3] 严蔚敏，吴伟民．数据结构（C 语言版）［M］．北京：清华大学出版社，2010.

[4] 朱明芳，吴及．数据结构与算法［M］．北京：清华大学出版社，2010.

[5] 李筠，姜学军．数据结构［M］．北京：清华大学出版社，2008.

[6] 唐发根．数据结构教程［M］．北京：北京航空航天大学出版社，2005.

[7] 陈小平．数据结构导论［M］．北京：经济科学出版社，2000.

[8] 谭浩强．实用数据结构基础［M］．北京：中国铁道出版社，2003.

[9] 李春葆．数据结构习题与解析［M］．北京：清华大学出版社，2005.